国外航空发动机简明手册

黄维娜　李中祥　主编

西北工业大学出版社

【内容简介】《国外航空发动机简明手册》是介绍国外主要航空发动机产品技术参数的参考书。全书分为军用航空发动机和民用航空发动机两篇,每篇均按照涡扇、涡喷、涡轴和涡桨进行分章。从技术参数、结构与系统、应用三个方面简洁明了地介绍罗·罗、普·惠、通用电气、斯奈克玛等国外航空发动机公司的主要航空发动机产品。其中,技术参数包括推力/功率、尺寸、质量等关键参数;结构与系统包括风扇、压气机、燃烧室、涡轮等主要结构,以及滑油、控制、起动等系统的主要特征;应用部分涵盖各型航空发动机及其衍生航空发动机产品的装机对象,取证和投入使用时间等应用信息。

本书分类明确、内容简洁,可为从事航空发动机相关科研、生产、经营管理和教学人员提供参考。

图书在版编目(CIP)数据

国外航空发动机简明手册/黄维娜,李中祥主编 . —西安:西北工业大学出版社,2014.1
(2017.1 重印)

ISBN 978 - 7 - 5612 - 3924 - 7

Ⅰ.①国… Ⅱ.①黄…②李… Ⅲ.①航空发动机—国外—技术手册 Ⅳ.①V23 - 62

中国版本图书馆 CIP 数据核字(2014)第 019214 号

出版发行:西北工业大学出版社
通信地址:西安市友谊西路 127 号   邮编:710072
电　　话:(029)88493844　88491757
网　　址:www.nwpup.com
印 刷 者:陕西宝石兰印务有限责任公司
开　　本:787 mm×1 092 mm　　1/16
印　　张:23
字　　数:551 千字
版　　次:2014 年 3 月第 1 版　　2017 年 1 月第 2 次印刷
定　　价:88.00 元

本书编委会

主　任　刘廷毅　颜建兴
委　员　黄维娜　侯敏杰　王永明　徐　国　王明昇
　　　　李中祥　吴忠跃　杨　林　向传国　康　涌
　　　　黄顺洲　罗在康　李晓明　赵光敏　曹　磊

编　写　组

主　　编　黄维娜　李中祥
副主编　蒋明夫　陈小丽
编　审　周人治　刘志友　钟华贵　田金虎
　　　　何爱杰　石小江　王惠儒　李美金
编　者　蒋明夫　陈小丽　黄春峰　李　龙
　　　　王　鹏　张　娜　钟　滔　王　乐
审　定　李美金　黄　单　余秋霞　王月贵
　　　　魏　勇　吴　锋　毛茂华　刘冬根

序

  1903 年,美国莱特兄弟实现了世界首次动力飞行。百余年来,以飞机为主要标志的航空飞行器及产业,对世界政治、经济、军事、科学技术和人类生活方式,都产生了极其重大的影响。推动航空产业发展的航空动力技术,自 20 世纪中叶跨入涡轮喷气技术时代之后飞速发展,涡喷、涡扇发动机单台推力从不足 1kN 提高到 550kN 以上,推重比从 1～2 提高到 10 以上;涡轴、涡桨发动机功率从 100kW 左右提高到 9000kW 以上,功重比从 2 左右提高到 8 以上,极大地促进了航空事业的不断发展和持续繁荣。

  进入 21 世纪,全球性环境问题的日益严峻和能源危机的加剧,促使航空动力技术的发展再次跨上更高的技术台阶,"安全、高效、洁净、可维护、长寿命"逐渐成为航空发动机发展的重要方向,齿轮风扇、开式转子等一系列新型航空动力装置应运而生。目前,随着美国的"空天一体化战略"和"重返亚太地区的战略再平衡"政策的实施,以及国际形势复杂化和新军事作战战略的出现,促使航空武器装备逐步向高度智能无人机和高超声速空天飞行器的新时代迈进。航空动力装置家族中以超燃冲压发动机、脉冲爆震发动机、冲压组合发动机等高超声速发动机为代表的非传统航空动力技术开始进入人们的视野,前景广阔。可以说,世界航空发动机技术正呈现出前所未有的加速发展态势。

  众所周知,航空动力装置的研制和生产,是集高、精、尖技术之大成,具有高难度、长周期、高投入、高风险的特点。从某种意义上讲,航空发动机能反映一个国家的工业技术水平和综合国力,在很大程度上决定着航空装备/产品研制的能力和水平。党的十八大以来,"中国梦"以其清新的理念和亲和的风格迅速为全中国所认同。对于长期从事航空动力研制的航空人来说,这个"中国梦"就是"航空动力的强国之梦"。多年来,航空发动机科研生产工作者在自主研发道路上,上下求索,力求突破,梦想着能够自主研制出先进、可靠的航空发动机,为中国战鹰装上"中国心",打破航空动力受制于人的被动局面,满足航空武器装备建设和国民经济发展的紧迫需要,使我国屹立于航空强国之林。

  《国外航空发动机简明手册》一书,收录了罗·罗公司(罗尔斯·罗伊斯公司)、普·惠公司(普拉特·惠特尼集团公司)、通用电气公司、斯奈克玛公司等国外知名航空发动机制造商的典型和最新的航空发动机产品,在一定程度上能够反映世界航空发动机的研制与发展水平,相信该书能为行业内外从事和关注航空发动机事业的人士提供有益的参考和帮助。

颜建兴

2013 年 8 月 26 日于四川江油

  颜建兴,研究员,现任中航空天发动机研究院分党组书记、副院长;中航工业燃气涡轮研究院党委书记、副院长。

编 者 的 话

中国燃气涡轮研究院黄维娜总师、李中祥副院长组织科技人员,通过长时间收集、整理、编写这本《国外航空发动机简明手册》,是为了方便从事航空发动机相关工作的科研、生产、教学和经贸人员在工作中查询、比对和了解所涉及的国外相关航空发动机产品的技术参数。

本书选取美、俄、英、法等当今世界航空大国的发动机制造商的主要产品,共收录230多型国外典型航空发动机产品及衍生产品,在一定程度上反映了国外航空发动机的研制脉络及发展水平。根据产品主要应用领域或装机对象,大致从军用和民用的角度,按照涡喷、涡扇、涡轴、涡桨的类别,分别对每型发动机的性能、结构、系统以及研制、应用和发展等情况进行了介绍。所提供的主要参数包括发动机的推力/功率、耗油率、空气流量、压比、尺寸等;结构与系统介绍了发动机风扇、压气机、燃烧室、涡轮、尾喷管和控制系统等结构与系统的特点;应用部分主要列举了各型号发动机及其派生型号的装机对象、取证及投入使用时间等内容。

本书的数据主要来源于 *HIS Jane's Aero-Engines*、*Турбореактивные двухконтурные двигатели для магистральных пассажирских и транспортных самолетов*、《世界航空发动机手册》、《世界中小型航空发动机手册》等中外文资料,以及其他大量的杂志、报告、公司出版物和公司官网。在编写过程中,排除了年代相对较久远的活塞式发动机和目前使用较少的型号,重点放在三代机、四代机等较先进的航空发动机以及21世纪之后的新型发动机产品上。其术语尽量保持与原文含义一致,并符合中文语义和行业习惯用法。

本书在文献资料收集、整理编辑和校对工作中,中国燃气涡轮研究院总体性能技术研究室、整机试验室和档案馆的黄红超、龚小琦、马前容、黄莺、唐丽、杨松萍、徐玉梅、梁宁宁、田霞、龙泉、徐冰瑶、李坤、胡红等同志给予了大力支持和帮助,中航工业商用发动机公司的杨志军同志在资料收集过程中提供了帮助,中航工业黎阳公司信息资源部的镇咸生同志,在中国燃气涡轮研究院档案馆挂职交流期间,也参与了本书的校对修改工作。在此谨向他们表示衷心的感谢!

尽管我们通过各种渠道努力对收集到的参数进行甄别,力求数据的准确性,但是由于能力有限,难免存在纰漏,恳请大家提出宝贵意见。

编 者

2013 年 9 月

目　　录

第一篇　军用航空发动机

第二篇　民用航空发动机

第一篇　军用航空发动机

第一章 军用涡扇发动机

一、罗·罗公司军用涡扇发动机

1. RB168

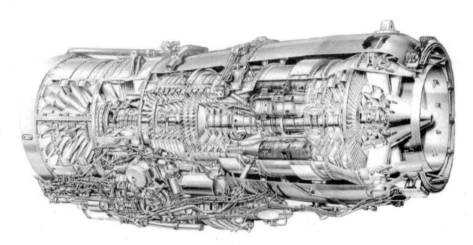

Mk807

RB168 军用系列是由民用斯贝改型发展而来的。1963 年装在英国皇家空军"掠夺者"攻击机上进行首次飞行的军用斯贝是 Mk101,1964 年为满足作战时要求的更大推力,又以民用斯贝 Mk511 和 Mk512 为基础发展加力型军用斯贝 Mk202。

Mk250/251 是以民用 Mk512 发展来的一种海军用航空发动机,采用了一些抗腐蚀零件,现已停产。Mk807 以 Mk101 和 Mk555 为基础改型发展而来,1983 年意大利获得生产专利,后由意大利和巴西共同生产。

技术参数

发动机型号	Mk202	Mk250/251	Mk807
国际标准大气海平面			
最大起飞推力/lbf[①](kN)	20515(91.25)		
中间推力/lbf(kN)	12250(54.5)	12500(55.6)/ 12140(53.99)	11030(49.06)
推重比	5.01(加力)	4.56/4.43	4.56
涵道比	0.62	0.71	1.0
总增压比	20	21.0	

---

① 1lbf≈4.45N

续 表

涡轮进口温度/℃	1167		
空气流量/(lb① · s⁻¹(kg · s⁻¹))	204.2(92.5)	208(94.35)	202(91.6)
起飞耗油率/(lb · h⁻¹ · lbf⁻¹(kg · h⁻¹ · daN⁻¹②))	1.85(1.89)(加力)	0.58(0.60)	0.56(0.57)

尺寸

长度/in(m)	204.9(5.204)(加力)	117.0(2.972)	96.7(2.456)
直径*/in(m)	44.0(1.1176)(最大)	32.5(0.825)	32.5(0.825)
干重/lb(kg)	4093(1857)	2740(1243)	2417(1096)

* 除特别说明外,一般指发动机进口直径。

结构与系统(Mk202)

进气装置	整体式钢制机匣,19 个固定进口导叶,热空气防冰
风扇	5 级轴流式风扇
压气机	12 级高压压气机
主燃烧室	环管形燃烧室,装有 10 个双油路燃油喷嘴,10 个火焰筒
涡轮	2 级轴流式高压涡轮,2 级轴流式低压涡轮
尾喷管	主喷口面积可调,副喷口为不可调的引射喷口
控制系统	机械-液压式控制系统
燃油系统	普莱赛公司 BP240/Mk9 低压燃油泵;卢卡斯公司 P1001 高压燃油泵,出口压力为 6865kPa,燃油规格 MIL－T－5624,JP4 或 JP5
滑油系统	回路系统,压力为 245kPa,滑油规格 DERD2487,2493
起动系统	普莱赛公司 Solent Mk200 燃气涡轮起动机

应用

发动机型号	Mk202	Mk250/251	Mk807
装机对象	"幻影"YF－4K/FG.1/FGA2 中国 FBC－1	"猎迷"MR	AMX,AMX－T
投入使用时间	1969	1969	1984
备注	使用中		

---

① 1lb＝0.454kg

② 1daN＝10N

2. BR710 - B3 - 40

BR710 - B3 - 40

英国使用的 BR710 - B3 - 40 编号为 BR710 Mk101,是民用 BR700 - 710A1 - 10 的衍生型舰用飞机发动机,最大起飞推力为 69.1kN(15577lb),配装 BAE "猎迷" MRA.4 飞机。研制合同最初签订于 1997 年,订单数量为 87 台,用于配装 21 架当时由斯贝发动机提供动力的"猎迷" MR.2 飞机,后来调整为配装 2002 年服役的 MRA.4 标准飞机。2004 年 7 月,装机对象减少为 12 架,计划 2009 年投入使用。2010 年 10 月,计划在尚无任何飞机投入使用的情况下取消。

与早期的 BR710 型号相比,Mk101 将镁材质的推力轴承环和齿轮箱更换为铝材质,并采用了高功率交流电机驱动装置,略微改进 FADEC 控制和 EICAS 与 MRA.4 系统的接口,采用了新的混合器和尾锥体以匹配较长的尾喷管。首台发动机于 1998 年 7 月在 Dahlewitz 开始试验。1999 年 6 月,Mk101 发动机成功完成 150h 疲劳试验,为 1200h 的抗盐腐蚀试验奠定了基础。1998 年底在皮斯托克完成高空试验的同时也在罗·罗 Hucknall 完成了进气道校准和侧风试验。

技术参数

国际标准大气海平面

最大起飞推力/lbf(kN)	15577(69.1)	起飞耗油率/(lb·h⁻¹·lbf⁻¹ (kg·h⁻¹·daN⁻¹))	0.63(0.642)
涵道比	4.2	额定耗油率/(lb·h⁻¹·lbf⁻¹ (kg·h⁻¹·daN⁻¹))	0.40(0.41)
总增压比	24	空气流量/(lb·s⁻¹(kg·s⁻¹))	445(201.9)

尺寸

风扇直径/in(m)	48(1.2)
长度/in(m)	89(2.3)
干重/lb(kg)	4640(2104.7)

结构与系统

风扇	单级轴流式风扇,26 片钛合金宽弦无凸台叶片
压气机	2 级轴流式低压压气机,10 级轴流式高压压气机(4 排静子可调)
燃烧室	环形燃烧室,装有 20 个气动雾化喷嘴
涡轮	2 级轴流式高压涡轮,2 级轴流式低压涡轮
尾喷管	混合排气尾喷管
控制系统	全权限数字式电子控制系统(FADEC)

应用

装机对象	"猎迷" MRA4 反潜侦察机
获得许可时间	2000
首飞试验时间	2002
投入使用时间	2004

3. AE3007H/AE3007A1P

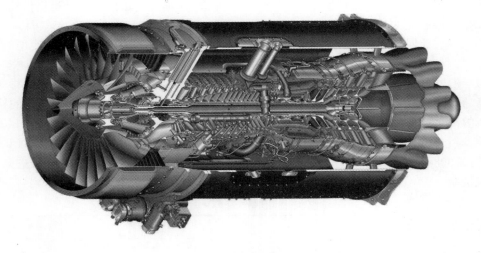

AE3007

　　AE3007 系列涡扇发动机研发用于配装支线客机和中大型公务机,军用编号为 F137。AE3007H 改型用于配装格鲁门 RQ-4A/B 全球鹰无人驾驶飞行器,1997 年开始研制,1998 年春进行飞行试验。在美国空军 2006 年的预算中,包括了 450 万美元用于 120 架全球鹰用该型发动机研制的费用。2008 年 3 月,美国海军也选择了该型发动机配装 RQ-4N 全球鹰用于广阔海域的海上监视。德国空军也提出了 5 架 RQ-4 欧洲鹰飞机的要求,首架于 2011 年交付使用。

技术参数(AE3007H/AE3007A1P)

国际标准大气海平面

最大起飞推力/lbf(kN)	8600(38.3)/ 7580(33.7)	起飞耗油率/(lb·h^{-1}·lbf^{-1} (kg·h^{-1}·daN^{-1}))	0.33(0.336)
涵道比	4.8/4.8	巡航耗油率/(lb·h^{-1}·lbf^{-1} (kg·h^{-1}·daN^{-1}))	0.625(0.637)
总增压比	20.0/19.0	空气流量/(lb·s^{-1}(kg·s^{-1}))	280(127)/ 260(118.0)

尺寸

长度/in(m)	106.5(2.705)
进口直径/in(m)	38.5(0.98)
干重/kg	745.7/719.4

结构与系统

风扇	单级轴流式风扇,宽弦设计,风扇叶片可单独更换
压气机	14级轴流式高压压气机,可调进口导向器叶片和前5级静子叶片排都采用钢材料
燃烧室	环形燃烧室,带16个气动雾化燃油喷嘴,双路电容器放电点火
涡轮	2级轴流式高压涡轮(带气冷式单晶叶片),3级轴流式不冷却低压涡轮
控制系统	全权限数字式电子控制系统

应用

装机对象	全球鹰
投入使用时间	2001/2002
备注	使用中

4. Pegasus

Pegasus(飞马)系列是配备矢量推进喷管提供正推力、垂直升力或飞行中制动的双转子涡扇发动机,设计用于短距起飞/垂直降落飞机。1969年4月,将起飞推力为84.52 kN 的飞马6发动机命名为飞马 Mk101,将起飞推力为91.19~95.64 kN 的飞马10,11系列发动机命名为飞马 Mk102~Mk104。美国海军陆战队则将这一量级系列的发动机编号为F402-RR-402。配装"鹞""海鹞"和 AV-8战斗机/歼击机和教练机。

1978—1982年由飞马11发展而来的飞马11-21(F402-RR-406)最大起飞推力为97.86kN(22000lbf),用于配装 MD/BAe(现为波音/BAE)AV-8B"鹞"Ⅱ;改进了弯头管中介机匣、高压涡轮冷却、低压涡轮等结构,能够提供更好的可靠性并持续降低维护成本,同时略微提升推力。

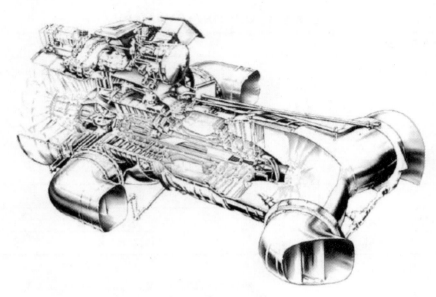

飞马 11 - 61

飞马 11 - 61(F402 - RR - 408)最大起飞推力为 105.87kN(23800lbf),但最终批生产型号在高温环境条件下比飞马 11 - 21 的推力大 13.37kN(3000lbf)。大修时间间隔为飞马 11 - 21 的两倍。通过使用数字式发动机控制与发动机监控系统,并改进检验设备和模块结构将维护成本降到最低。

技术参数

发动机型号	飞马 11 - 21(F402 - RR - 406)	飞马 11 - 61(F402 - RR - 408)
国际标准大气海平面		
最大起飞推力/lbf(kN)	22000(97.86)	23800(105.87)
涵道比	1.4	1.2
总增压比	15.3	16.3
空气流量/(lb·s^{-1}(kg·s^{-1}))	454(205)	461(209)
起飞耗油率/(lb·h^{-1}·lbf^{-1}(kg·h^{-1}·daN^{-1}))	0.74(0.75)	0.76(0.77)
额定耗油率/(lb·h^{-1}·lbf^{-1}(kg·h^{-1}·daN^{-1}))	0.62(0.63)	0.67(0.68)
尺寸		
长度/in(m)(含喷管)	137.2(3.485)	137.2(3.485)
风扇直径/in(m)	48(1.22)	48.1(1.222)
干重/lb(kg)	3960(1796)	4260(1932)

结构与系统

风扇	3级风扇,外悬于前轴承前部,钛合金叶片
压气机	8级压气机,钛合金转子叶片和轮盘
燃烧室	环形燃烧室,带T形燃油蒸发器
涡轮	2级高压涡轮,气冷单晶转子叶片;2级低压涡轮,第1级为不冷却单晶转子叶片
喷管	2个钢制嵌接前(冷)喷管,2个镍基合金后(热)喷管
起动装置	卢卡斯燃气涡轮起动机/APU驱动装置
控制系统	"鹞"发动机采用的是由双套数字式发动机控制装置(DECU)和液压机械燃油计量装置(FMU)组成的全权限数字式电子控制系统;"海鹞"发动机完全采用机械-液压式控制系统
滑油系统	带燃油冷却式冷油器的自主式滑油系统

应用

发动机型号	飞马11-21(F402-RR-406)	飞马11-61(F402-RR-408)
装机对象	USMC AV-8B"鹞"Ⅱ	AV-8B,AV-8B+,TAV-8B和"斗牛士"Ⅱ
投入使用时间	1984.12	1990.7
备注	停产	停产

5. FJ44-1C

FJ44-1C

　　FJ44原是由巡航导弹发动机改进发展的一种轻型公务机用涡扇发动机,美国军用编号为F129,1989年开始FJ44-1研制计划。FJ44-1C是FJ44-1的派生型号,最大起飞推力为8.04kN(1808lbf),可用于特技飞行,用于配装萨伯SK60W双发教练机。瑞典皇家空军总计订购了244台用于重新配装其原有的105架飞机,配装新发动机的飞机于1995年10月6日完成首飞。

技术参数

国际标准大气海平面

最大起飞推力/lbf(kN)	1808(8.04)	总增压比	10.3
额定推力/lbf(kN)	1500(6.7)	空气流量/(lb·s⁻¹(kg·s⁻¹))	58.4(26.5)
涵道比	3.4	额定耗油率/(lb·h⁻⁴·lbf⁻¹(kg·h⁻¹·daN⁻¹))	0.456(0.465)

尺寸

长度/in(m)	47(1.19)
风扇直径/in(m)	21(0.53)
干重/lb(kg)	459(208.2)

结构与系统

风扇	1级风扇,整体钛合金叶盘,有20片宽弦叶片
压气机	1级轴流式低压压气机,1级离心式高压压气机
燃烧室	环形燃烧室
涡轮	1级高压涡轮,2级低压涡轮
尾喷管	固定面积尾喷管

应用

装机对象	军用萨伯SK60W双发教练机,艾伯特宇航公司"凤凰"
首次飞行时间	1995.10
投入使用时间	1996.9

二、普·惠公司军用涡扇发动机

1. F100/F401

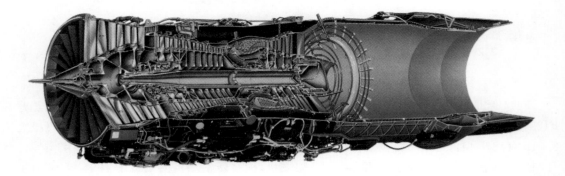

F100/F401

　　F100/F401（JTF22）发动机是美国普·惠公司为美国空军 F-15 空中优势战斗机研制的一种双转子加力式军用涡扇发动机,是世界上最早投入使用的高推重比军用发动机。推重比达 8,采用了先进技术和高强度、耐高温的轻型合金材料、变弯度的风扇进口导向叶片（这种叶片在 2/3 叶弦处分开,前缘固定,后缘全程调节）。与 20 世纪 60 年代初投入使用的发动机相比,其推重比大约提高 85%。单机最长使用时间达 1350h,翻修寿命为 1250h。

　　F100 发动机从 1968 年到 1972 年 2 月进行飞行前规定试验期间,完成了 3000h 规定科目的试验。至 1981 年 1 月,投入使用的两千多台发动机运转时间超过了 $120×10^4$ h,其中包括在 F-15 飞机上进行的 $66×10^4$ h 和在 F-16 上完成的 $4×10^4$ h。目前,世界上大约有 7500 台各型 F100 发动机在 23 个国家使用,累计运行时数达 $2300×10^4$ h。

　　F100 发动机是首次使用单元体结构的战斗机发动机,由 5 个单元体组成,即进气装置/风扇、核心机（压气机、燃烧室、高压涡轮）、低压涡轮、加力燃烧室/喷管及附件齿轮箱组成。各单元体都具有互换性。

　　F401 发动机是 F100-PW-100 发动机的改进型,推力为 13340daN。1972 年 9 月开始试验,1973 年 9 月 12 日装在 F-14B 飞机上试飞。后因飞机研制经费超支,F-14B 飞机停止发展,F401 计划也随之撤销。

技术参数

发动机型号	F100-PW-100	F100-PW-220	F100-PW-229	F100-PW-232
国际标准大气海平面				
最大推力/kN	100.53	105.72	129.45	144.85
中间推力/kN	65.26	63.9	79.18	98(理想进气道)
最大耗油率/$(kg·h^{-1}·daN^{-1})$	2.14(加力)	2.14(加力)	1.98(加力)	1.95(加力)
中间耗油率/$(kg·h^{-1}·daN^{-1})$	0.68	0.704	0.663	0.663
推重比	7.18	7.3	7.7	8.0
涵道比	0.7	0.6	0.36	0.34
总增压比	25	24.5	32.4	35
空气流量/$(kg·s^{-1})$	101.1	103.4	112.4	122.5
涡轮前温度/℃	1399	1399	＞1399	
尺寸				
风扇直径/m	0.928			
最大直径/m	1.18	1.19	1.19	1.18
总长度/m(不包括进气锥)	4.851	4.85	4.85	4.84

结构与系统

进气装置	环形进气道,直接进气,固定整流罩。单排 21 片进口导流叶片,叶片前缘固定,后缘全程可调
风扇	3 级风扇,由 2 级低压涡轮驱动,风扇叶片有凸台,采用 8-1-1 钛合金材料,风扇盘采用 6-2-4-6 钛合金材料
压气机	10 级轴流式压气机,前 3 级静子可调,总增压比为 8

续 表

燃烧室	全环形燃烧室。气膜冷却。采用大直径的双路气动雾化燃油喷嘴。电容放电点火
高压涡轮	2级轴流式高压涡轮。第1级转子叶片采用冲击冷却,第2级转子叶片采用对流冷却
低压涡轮	2级轴流式低压涡轮。叶片是非冷却铸造 Inco100 带涂层的,F100 - PW - 229/232 为非冷却单晶(PWA1484)。F100 发动机最大转速为 10400r/min;F401 发动机最大转速为 9400r/min
加力燃烧室	在核心发动机气流中有 5 个同心喷射环,火焰稳定器装在喷嘴下游,采用高能电点火装置
喷管	采用平衡梁式收敛-扩散喷管。喷口面积比为 1.55。F100 - PW - 232 型为推力矢量型,能在全加力状态下全方位偏转 20°,带飞发综控器*。
控制系统	机械-液压式控制系统。控制燃油和喷口面积。提高推力型 F100 - PW - 220/229/232 采用全权限数字式电子控制和健康管理系统

　* 飞机与发动机一体化综合控制调节器。

应用

派生型	最大推力/kN	装机对象	获得适航证或投入使用时间
F100 - PW - 100	100.53	F - 15A/B	1974 年 11 月交付空军使用
F100 - PW - 200	100.53	F - 15C/D,F - 16C/D	
F100 - PW - 220E	105.72	F - 16,F - 15C/D	1988 年投入使用
F100 - PW - 229	129.45	F - 15,F - 16	1991 年年初投入使用
F100 - PW - 220P	120.01	F - 15,F - 16	
F100 - PW - 232	142.00	F - 16s,F - 16C/D	232 也称 229A,2003 年换装
F401	133.40	F - 14B(计划)	F401 计划撤销

2. TF30

TF30 - P - 414A

　　TF30 是美国普·惠公司研制的高总增压比轴流式双转子涡扇发动机。1958 年,该公司以私人经营计划开始研制,首先研制了民用 JTF10A,于 1950 年 12 月首次运转,但未获得应用。1961 年末,美国空、海军提出 F-111 战术战斗机的设计要求,并选中了 JTF10A 的军用加力型 TF30-P-1。该型发动机于 1962 年夏在 B-45 飞行试验台上开始飞行试验,1964 年12 月装于 F-111A 首次飞行,1965 年 8 月完成定型试验,并用于 F-111A 的发展型和头 5 架生产型。

　　初期 TF30 的翻修寿命只有 150h。到 1972 年,TF30-P-3 和-P-6 的翻修寿命达到了1000h。之后,各型 TF30 的翻修寿命达 1500h。

技术参数(TF30-P-414A)

国际标准大气海平面

最大推力/lbf(kN)	20900(93.0)	涡轮前温度/℃	1137
涵道比	0.9	空气流量/$(lb \cdot s^{-1}(kg \cdot s^{-1}))$	260.0(118.0)
总增压比	19.8	起飞耗油率/$(kg \cdot h^{-1} \cdot daN^{-1})$	2.55(加力)
推重比	5.0		

尺寸

迎风面积/m²	1.31
长度/in(m)	235.7(5.987)
直径/in(m)	50.9(1.293)
干重/lb(kg)	4251(1928)

结构与系统(TF30-P-414A)

进气装置	皮托管式环形。装有 23 个固定的空心进口导流叶片
风扇	3 级轴流式风扇。除钢制包容机匣外,其他均为钛合金制造。3 级转子叶片均有减振凸台
低压压气机	6 级轴流式低压压气机。与风扇成一整体,构成一个 9 级转子。钢制静子叶片,其他均为钛合金制造
高压压气机	7 级轴流式高压压气机,主要由镍基合金制成
燃烧室	环管形燃烧室。钢制机匣和 8 个火焰筒。每个火焰筒有 4 个双路式燃油喷嘴
高压涡轮	单级轴流式高压涡轮。钴基合金气冷式导向叶片和镍基合金气冷式转子叶片
低压涡轮	3 级轴流式低压涡轮,均为镍基合金制造
加力燃烧室	平行进气。扩压器后的燃烧段由双层壁外壳和内衬套构成,内有分 5 个区供油的燃烧系统
喷管	主喷管面积可调,装有 6 个用燃油压力作动筒驱动的扇形片。引射喷管装有 18 个鱼鳞片
控制系统	机械-液压式控制系统

应用

派生型	最大起飞推力/kN	装机对象
TF30 - P - 1	84.0(加力)	F - 111A 的发展型和头 5 架生产型
TF30 - P - 3	84.0(加力)	F - 111A,C,E,K
TF30 - P - 6	51.5(军用)	A - 7A
TF30 - P - 7	92.3(加力)	FB - 111A
TF30 - P - 8	56.7(军用)	A - 7A
TF30 - P - 9	94.5(加力)	F - 111D
TF30 - P - 12	90.7(加力)	F - 111b
TF30 - P - 100	114.0(加力)	F - 111F
TF30 - P - 408	60.80(军用)	A - 7B,TA - 7C
TF30 - P - 412A	93.0(加力)	F - 14A
TF30 - P - 414	93.0(加力)	F - 14A
TF30 - P - 414A	93.0(加力)	F - 14C

3. TF33

TF33

  TF33 是民用 JT3D 发动机的军用发动机型号。

  TF33 - P - 3 起飞推力为 75.56kN,用作 B - 52 轰炸机的动力,在双发短舱内风扇机匣需要通过外侧曲面香蕉形喷管排气。

  TF33 - P - 5 起飞推力为 80.10kN,后升级为 TF33 - PW - 105。

  TF33 - P - 7/7A(JT3D - 8A) 军用改型,起飞推力为 93.40kN,将高压压气机级数增加到 8 级,用于洛克希德 C - 141A 飞机。

  TF33 - P - 9 起飞推力为 80.10kN,用作波音 EC - 135 和 RC - 135 飞机的动力。

  TF33 - PW - 100A(JT3D - 8B) 在 TF33 - P - 7 基础上改进而得,起飞推力为 93.40kN,

1973 年被选为波音 E-3A 预警机的动力(法国、沙特阿拉伯和英国使用的除外)。

TF33-PW-102/102A 在 JT3D-8B 基础上改进得到,起飞推力为 80.10kN。用于 KC-135E,E-8C 和 C-18A 飞机。

TF33-PW-102B 在 TF33-PW-100A 基础上改进得到,起飞推力为 80.10kN,1996 年配装首批 E-8C 预警机。

TF33-PW-102C 改进型发动机,起飞推力为 85.78kN,用于 E-8C 预警机,增强了电力输出。

TF33-P-103 在 TF33-P-3 基础上改进而得,起飞推力为 75.56kN,用于 B-52H 轰炸机。

TF33-PW-105 起飞推力为 80.10kN,用于配装部分美国空军 C-135 运输机,带增加电力输出的双发电机,后用于 RC-135、TC-135 和 WC-135 飞机。

技术参数(TF33-P-7/7A)

国际标准大气海平面			
最大推力/lbf(kN)	21000(93.40)	总增压比	15.6
起飞耗油率/(lb·h^{-1}·lb^{-1} (kg·h^{-1}·daN^{-1}))	0.56(0.57)	推重比	4.52
涵道比	1.36	空气流量/(lb·s^{-1}(kg·s^{-1}))	460(209)
尺寸			
直径/in(m)	54(1.372)		
长度/in(m)	142(3.607)		
干重/lb(kg)	4650(2109)		

结构与系统(TF33-P-7/7A)

进气装置	固定的进口导流叶片
风扇	2 级轴流式风扇。钛合金叶片,中部带有减振凸台
低压压气机	6 级轴流式低压压气机,与风扇一起由低压涡轮驱动
高压压气机	对开机匣,8 级轴流式,由高压涡轮驱动
燃烧室	环管形燃烧室
高压涡轮	单级轴流式高压涡轮
低压涡轮	3 级轴流式低压涡轮
控制系统	机械-液压式控制系统,带自动起动和加速系统

应用

派生型	起飞推力/kN	装机对象	获得适航证时间
TF33-P-3	75.56	B-52H	
TF33-P-5	80.10	C-135B,WC-135B,RC-135V/W	

续 表

派生型	起飞推力/kN	装机对象	获得适航证时间
TF33 - P - 7/7A(JT3D - 8A)	93.4	洛克希德 C - 141A/B	
TF33 - P - 7A	93.4	C - 141A/B/C	1974
TF33 - P - 9	80.10	KC - 135B,ER/RC - 135C	
TF33 - PW - 100A(JT3D - 8B)	93.40	E - 3A 预警机	
TF33 - PW - 102/102A	80.10	C - 135E,KC - 135E,E - 8C,C - 18A	
TF33 - PW - 102B	80.10	E - 8C	
TF33 - PW - 102C	85.78	E - 8C	
TF33 - PW - 103	75.56	B - 52H	
TF33 - PW - 105	80.10	C - 135	1990

4. F119

F119

F119 是普·惠公司为美国第四代战斗机研制的先进双转子加力式涡扇发动机,最大推力为 155.68～166.3kN,中间推力为 97.86～111.8kN。其设计目标是,不加力超声速巡航能力、非常规机动和短距起落能力、隐身能力(即低的红外和雷达信号特征)、寿命期费用降低至少 25%、零件数量减少 40%～60%、推重比提高 20%。在 20 世纪 80 年代初确定的循环参数范围是,涵道比为 0.2～0.3;总增压比为 23～27;涡轮进口温度为 1649～1760℃;节流比为 1.10～1.15。

1983 年 9 月,美国空军同时与普·惠公司和通用电气公司签订金额均为 2 亿美元,为期 50 个月的验证机合同。普·惠公司的 PW5000 是一种强调应用成熟技术的常规设计;而通用电气公司的 GE37 则是一种新颖的变循环发动机,其涵道比可在 0～0.25 之间变化。后来,这两种验证机分别编号为 YF119 和 YF120,并于 1986 年 10 月和 1987 年 5 月开始地面试验。经过广泛的地面试验和安装在 YF - 22 和 YF - 23 上的初步飞行试验后,1991 年 4 月,F - 22/F119 组合被选中。据美国军方有关人士谈到选择 F119 的原因时说,F120 技术复杂,尚未经实际验证,因而研制风险较大,而且变循环设计也增加了结构和控制系统的复杂性和质量,因而维修比较困难,寿命期费用较高。在选择时,风险和费用是主要考虑因素,技术先进性没有起到关键作用。在此之前,F119 已积累 3000 多小时地面试验,其中 1500h 带二元矢量喷管试验。

在 F119 上采用的新技术主要有,三维黏性叶轮机设计方法、整体叶盘结构、高紊流度强旋流主燃烧室头部、浮壁燃烧室结构、高低压涡轮转向相反、整体式加力燃烧室设计、二元矢量喷管和第三代双余度 FADEC。此外,还采用了耐温 1070～1100℃ 的第三代单晶涡轮叶片材料、双性能热处理涡轮盘、阻燃钛合金 Alloy C、高温树脂基材料外涵机匣以及用陶瓷基复合材料或碳-碳材料的一些静止结构。在研制中,注意了性能与可靠性、耐久性和维修性之间的恰当平衡。与 F100 - PW - 220 相比,F119 的外场可更换件拆卸率、返修率、提前换发率、维修工时、平均维修间隔时间和空中停车率分别改进了 50%,74%,33%,63%,62% 和 29%。新的四阶段研制程序和综合产品研制方法,保证发动机研制结束时即具有良好的可靠性、耐久性和维修性,并能顺利转入批量生产。在研制中,为满足提高推力的要求而增大风扇直径,还遇到了风扇效率低、耗油率高和低压涡轮应力大的问题。1994 年年中 F119 开始进行初步飞行试验,同时还进行了 3000h 的地面试验。1997 年交付第 1 台生产型发动机,配装 F119 的 F - 22 战斗机于 2002 年具备初步作战能力。

技术参数

发动机型号	F119 - PW - 100
国际标准大气海平面	
最大推力/kN	166.3
中间推力/kN	111.80
推重比	＞10
涡轮前温度/℃	1704
涵道比	0.3
总增压比	35
中间耗油率/$(kg \cdot h^{-1} \cdot daN^{-1})$	0.622
尺寸	
长度/m	4.8
直径/m	1.143
干重/kg	1360.8

结构与系统(F119 - PW - 100)

风扇	宽弦风扇动叶的三级风扇。无进口导流叶片
压气机	6 级高负荷轴流压气机。采用整体叶盘结构
燃烧室	环形燃烧室,三维高紊流度的强旋流结构。浮壁结构
高压涡轮	单级高压涡轮。采用单晶叶片材料、隔热涂层和先进冷却结构

续 表

低压涡轮	单级低压涡轮,与高压转子对转
加力燃烧室	一般采用曲壁截锥短环形扩压器与菊花形或裙边形或平行混合器相结合,喷油杆和火焰稳定装置紧接扩压器出口
喷管	二元矢量收敛-扩散喷管
控制系统	一流的全权限数字式电子控制系统

应用

派生型	最大起飞推力/kN	装机对象
F119 - PW - 100	166.3	F - 22A

5. F135

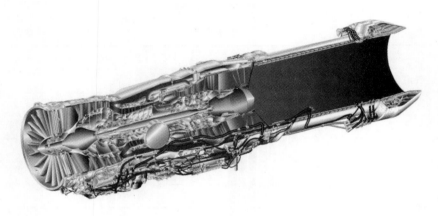

F135

　F135 是由美国普·惠公司研制的新型发动机,是装备在 F - 22A 战斗机上的 F119 -PW-100 发动机的改进型号,其最大推力达 191.3 kN,比 F119 - PW - 100 的最大推力高出 20%。F135 的最大军用推力达到 128 kN,而 F119 - PW - 100 的最大军用推力仅为 104 kN。因此,F135 是有史以来最为强劲的战斗机发动机。

　F135 发动机于 2002 年 5 月成功地通过了初步设计评审,2003 年 5 月通过了关键设计评审。2003 年 9 月,第 1 台 F135 生产型发动机组装工作完成。2003 年 10 月,F135 常规起落型发动机(FX631 发动机)开始进行地面试验,检查了发动机是否有液体泄漏、从地面慢车到空中慢车的油门特性。2003 年 11 月 8 日,普·惠公司第 1 台 F135 FX631 生产型发动机首次进行加力试验。2008 年 11 月 25 日,普·惠公司 F135 发动机成功完成首次超声速飞行,最高飞行马赫数达 1.05。截至 2007 年年底,F135 推进系统完成了 3600h 的方案验证试验、8500h 的系统验证试验,4300h 的垂直起飞推进系统试验和 19 次飞行试验。此后常规起落型 F135 -PW - 100 于 2010 年年初正式定型,获得服役许可。短距起飞垂直降落型 F135 - PW - 600 即将完成研制,预计 2015 年以后投产。

技术参数

发动机型号	F135 - PW - 100	F135 - PW - 600 (短距起飞垂直降落)	F135 - PW - 400 (舰载型)
国际标准大气海平面			
最大推力/kN	191.35	191.35	191.35
中间推力/kN	128.1	169.1/174.54(短距起降/悬停)	124.6
中间耗油率/$(kg \cdot h^{-1} \cdot daN^{-1})$	0.737	0.737	
涵道比	0.57	0.514～0.56	0.57
空气流量/$(kg \cdot s^{-1})$	139.6		
总增压比	28	34(带升力风扇时为29)	35
涡轮进口温度/℃	1649	1649	1649
尺寸			
进口直径/m	1.17	1.17	1.17
外径/m	1.30	1.30	1.30
长度/m	5.59	9.37(含升力风扇系统)	5.59

结构与系统

风扇	3级风扇。采用超中等展弦比、前掠叶片、线性摩擦焊的整体叶盘和失谐技术
压气机	6级压气机与F119发动机的基本相同。关键轴承采用氮化硅混合陶瓷材料
燃烧室	浮壁式火焰筒的短环形燃烧室。采用带陶瓷涂层的镍基合金铸件。气膜冷却
高压涡轮	1级轴流式高压涡轮。高压涡轮转向与低压涡轮相反
低压涡轮	2级轴流式低压涡轮
加力燃烧室	具有大容积、先进火焰稳定系统
喷管	三轴承旋转主喷管加滚转控制喷管。可在2.5s内矢量偏转95°
升力风扇	2级对转风扇,空心叶盘技术
控制系统	BAE系统公司的全权限数字式电子控制系统

应用

派生型	最大起飞推力/kN	装机对象
F135 - PW - 100	191.35	F35A
F135 - PW - 600	191.35	F35B
F135 - PW - 400	191.35	F35C

三、通用电气公司军用涡扇发动机

1. F101

F101-GE-102

F101 双转子加力式涡扇发动机是为美国空军 B-1 轰炸机而设计的。1967 年,通用电气公司在空军系统司令部的赞助下发展了高级有人驾驶战略飞机发动机 GE9,该发动机结构非常紧凑,高压涡轮为 1 级,且只在主轴上安了两个轴承,设计推力为 133.4kN,后通用电气公司对其进行发展,产生了其第一个加力型涡扇发动机 F101-GE-100。1992 年年初,通用电气公司获得了价值 1.82 亿美元的 F101-GE-102 发动机研发合同,对 F101-GE-100 进行改进,由此发展成的 F101-GE-102 和之前的结构形式一样采用了双转子、涵道比为 2 的设计,但是简化了尾喷管设计以减轻质量,中间位置的引气口确保发动机安装方便,不论是以高亚声速的速度高空巡航还是低空穿越都能保证燃油有效燃烧,发动机不熄火。

技术参数(F101-GE-102)

国际标准大气海平面			
最大推力/lbf(kN)	30780(136.9)	总增压比	26.5
中间推力/lbf(kN)	17000(75.6)	中间耗油率/(lb · h^{-1} · lbf^{-1} (kg · h^{-1} · daN^{-1}))	0.66(0.67)
推重比	6.91	涡轮进口温度/℃	1427
涵道比	2.01	空气流量/(lb · s^{-1}(kg · s^{-1}))	350(159)
尺寸			
直径/in(m)	55(1.40)		
长度/in(m)	181(4.60)		
干重/lb(kg)	4400(1995.8)		

结构与系统

风扇	2级风扇,转子叶片为带叶冠的实心钛合金叶片
压气机	9级压气机。前3级静子级和进口导流叶片可调
燃烧室	短环形燃烧室,带高能和低能点火器
加力燃烧室	混合流型加力燃烧室
涡轮	1级高压涡轮,2级低压涡轮
控制系统	机械-液压式控制系统

应用

装机对象	B-1B"枪骑兵"战略轰炸机
投入使用时间	1985
备注	现停产

2. F110

F110-GE-129

F110-GE-132

F110 双转子加力式涡扇发动机最初被称为 F101DFE 发动机,DFE 即衍生型战斗机发动机。20 世纪 70 年代,通用电气的爱德华·沃尔领导一个团队开始对 F101 进行改进升级,减少了风扇叶片组件和直径以降低迎风面积,这个升级版起初的名字是 F101X,到 1979 年年中,美国空军给了通用电气一份价值 7970 万美元的研制合同,F101X 被重新命名为 F101DFE,并于 1979 年第一次运行。在以 F110 的身份推入市场后,该发动机得到了进一步的发展,衍生出了多个型号:F110 - GE - 100/100A/100B/100C/400/129/129C/129EFE/132 等。其中的 F110 - GE - 129 是 F110 - GE - 100 的继承者,通过改进设计和材料,工作温度和速度以及压力都有所升高,使其在保持与 F110 - GE - 100 80% 相似的前提下,在整个飞行包线内某些区域的推力增高 30%。

技术参数

发动机型号	F110 - GE - 129	F110 - GE - 132	F110 - GE - 400
国际标准大气海平面			
最大推力/lbf(kN)	29000(129.0)	32130(142.95)	26800(119.2)
中间推力/lbf(kN)	17600(78.3)	19100(85.05)	16080(71.6)
涵道比	0.76	0.68	0.76
总增压比	30.70	33.3	29.90
空气流量/(lb·s^{-1}(kg·s^{-1}))	270(122.5)	275(124.7)	265(120.2)
耗油率/(lb·h^{-1}·lbf^{-1} (kg·h^{-1}·daN^{-1}))	0.640(0.616)		0.676(0.690)
尺寸			
长度/in(m)	181.9(4.62)	185.3(4.707)	232.0(5.89)
直径/in(m)	46.5(1.18)	46(1.17)	46.5(1.18)
干重/lb(kg)	3980(1805)	4150(1882)	4400(1995.8)

结构与系统

风扇	3 级轴流式风扇,实心钛合金转子叶片,第 1 级带减振凸台,机匣有很强的包容性
压气机	9 级轴流式压气机,进口导流叶片和前 3 级静子叶片可调
燃烧室	环形燃烧室
高压涡轮	单级轴流式高压涡轮,采用气冷转子叶片
低压涡轮	2 级轴流式低压涡轮,叶片带冠
加力燃烧室	采用径向火焰稳定器
控制系统	双余度全权限数字式电子控制系统,可连续调节尾喷管喉道面积

应用

发动机型号	F110 - GE - 129	F110 - GE - 132	F110 - GE - 400
装机对象	洛克希德·马丁 F - 16C/D 三菱重工 F - 2 波音 F - 15K"鹰"	F - 16E/F F - 15E	F - 14B/D3"雄猫"
投入使用时间	1990	2002 年进行飞行试验和全面验证 2003 年首次交付洛克希德·马丁公司(LM)	1987

3. F118

F118

F118 发动机是专门为满足美国空军的高级技术轰炸机(ATB)设计的不带加力双转子涡扇发动机。1993 年以前,ATB 飞机就已经开始在诺斯罗普·格鲁门 B-2A 幽灵机队服役了,其动力源自 F101 和 F110,但是相比它们,F118 又有了很重要的改动。相比于 F110 的早先版本来说,F118 的质量流量和总增压比都有所增大,从而使不开加力的最大推力变大。该发动机不带加力燃烧室,减少了红外信号输出,提高了隐身性能。其第一版的尾喷管为不掺混固定几何形状尾喷管。F118-GE-100 作为初始版本,首次运行是在 1982 年,1987 年取证,1993年 12 月实现交付。为适应超高空飞行环境,彻底更换了 F118-GE-100 的附件系统,形成了新的 F118-GE-101。

技术参数

发动机型号	F118-GE-100	F118-GE-101
国际标准大气海平面		
起飞推力/lbf(kN)	19000(84.6)	17000(75.7)
涵道比		0.8
总增压比	35.10	27.0
空气流量/(lb·s⁻¹(kg·s⁻¹))	290(131.5)	290(131.5)
耗油率/(lb·h⁻¹·lbf⁻¹(kg·h⁻¹·daN⁻¹))	0.670(0.683)	0.658(0.671)
尺寸		
长度/in(m)	100.5(2.55)	110(2.79)
直径/in(m)	46.5(1.18)	47(1.19)
干重/lb(kg)	3200(1451.5)	3150(1428.8)

结构与系统

风扇	3级轴流式风扇。与F110相比,转子叶片数减少。采用钛合金材料,机匣为上下对开机匣
压气机	9级轴流式压气机。结构与F110相似,但总压比明显大于F110
燃烧室	环形燃烧室,在F110基础上有所改进
高压涡轮	单级轴流式高压涡轮。与F110相似,但采用了气冷单晶转子叶片
低压涡轮	2级轴流式低压涡轮,在F110基础上改进而成
控制系统	全权限数字式电子控制系统

应用

发动机型号	F118 - GE - 100	F118 - GE - 101
装机对象	B - 2A "幽灵"隐身战略轰炸机	U - 2S 高空侦察机
投入使用时间	1993	

4. F404

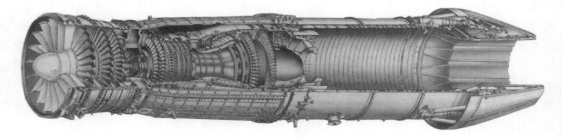

F404 - GE - 400

　　F404 由 GE15 带加力燃烧室的涡喷发动机升级而来。1966 年,当 GE15 装备在诺斯罗普 YF - 17 上时,被改名为 YJ101。F404 和 YJ101 的主要区别在于 F404 的低压压气机直径稍微有所增大,可以将其当成一个风扇,因此它被认为是涵道比较低的涡扇发动机。F404 的首次整机试验发生在 1976 年 12 月,首飞试验于 1978 年 6 月完成。1979 年 12 月交付首台生产型发动机,这是第 1 台从设计开始就贯彻可靠性设计的发动机。后续在 F404 的基础上发展了 F404 - GE - 400/400D/100/100D/102/102D/F1D2/RM12/F2J3/IN20/402 等涡扇型号。

技术参数

发动机型号	F404 - GE - 400	F404 - GE - 100D	F404 - GE - 102
国际标准大气海平面			
最大推力/lbf(kN)	16000(71.2)		17700(79.0)
中间推力/lbf(kN)	11000(49.0)	11000(49.0)	11950(53.3)
涵道比	0.27	0.27	0.27
总增压比	26	24	26

续　表

空气流量/(lb・s⁻¹(kg・s⁻¹))	145(65.8)	146(66.2)	146(66.2)
最大耗油率/(kg・h⁻¹・daN⁻¹)	1.89		1.77
中间耗油率/(lb・h⁻¹・lbf⁻¹(kg・h⁻¹・daN⁻¹))	0.812(0.828)	0.8(0.82)	0.84(0.857)

尺寸			
长度/in(m)	154(3.91)	89(2.26)	154(3.91)
直径/in(m)	34.8(0.88)	34.8(0.88)	34.8(0.88)
干重/lb(kg)	2195(995.7)	1820(825.6)	2282(1035.1)

结构与系统

风扇	3级轴流式风扇。带可调进口导流叶片
压气机	7级轴流式压气机。进口导流叶片和第1,2级静子叶片可调
燃烧室	环形燃烧室。整体机械加工环形火焰筒及机匣,有新型热障涂层
高压涡轮	单级轴流式高压涡轮。带气冷单晶叶片
低压涡轮	单级轴流式低压涡轮。带气冷单晶叶片
控制系统	F404-GE-400带电子控制装置(ECU)和主燃油控制装置(MFC),404-GE-100D的ECU由数字发动机控制装置(DEC)替换,F404-GE-102采用了由F414派生而来的FADEC系统

应用

发动机型号	F404-GE-400	F404-GE-100D	F404-GE-102
装机对象	F/A-18A/B"大黄蜂" F/A-18C/D"大黄蜂" 格鲁门 X-29 MBB X-31	SIA TA-4SU 超级"空中之鹰"	T-50 A-50
投入使用时间	1981		2003
备注	F404-GE-102韩国占44％股份;F404-GE-102D推重比7.24用于X-45B/C		

技术参数

发动机型号	F404-GE-F1D2	F404-GE-402
国际标准大气海平面		
最大推力/lbf(kN)		17700(78.7)
中间推力/lbf(kN)	10540(46.9)	11950(53.2)
涵道比	0.27	0.27
总增压比	24.4	26
空气流量/(lb・s⁻¹(kg・s⁻¹))	146(66.2)	146(66.2)
中间耗油率/(lb・h⁻¹・lbf⁻¹(kg・h⁻¹・daN⁻¹))	0.79(0.806)	0.84(0.857)

续 表

尺寸

长度/in(m)	83(2.11)	154(3.91)
直径/in(m)	34.8(0.88)	34.8(0.88)
干重/lb(kg)	1730(784.7)	2282(1035.1)

结构与系统

风扇	3级轴流式风扇。带可调进口导流叶片
压气机	7级轴流式压气机。进口导流叶片和第1,2级静子叶片可调
燃烧室	环形燃烧室。整体机械加工环形火焰筒及机匣,有新型热障涂层
高压涡轮	单级轴流式高压涡轮。带气冷单晶叶片
低压涡轮	单级轴流式低压涡轮。带气冷单晶叶片
控制系统	采用了先进的FADEC系统。F404-GE-402带电子控制装置(ECU)和主燃油控制装置(MFC)

应用

发动机型号	F404-GE-F1D2	F404-GE-402
装机对象	F-117"夜鹰"	F/A 18C/D"大黄蜂"
投入使用时间		1991

技术参数

发动机型号	F404-GE-RM12	F404-GE-IN20
国际标准大气海平面		
最大推力/lbf(kN)	18100(80.0)	19250(85.08)
中间推力/lbf(kN)	12140(54.0)	12250(53.9)
涵道比	0.27	0.34
总增压比	27	28
空气流量/(lb·s^{-1}(kg·s^{-1}))	152(68.9)	146(66.2)
涡轮进口温度/℃		1382
中间耗油率/(lb·h^{-1}·lbf^{-1}(kg·h^{-1}·daN^{-1}))	0.842(0.859)	0.84(0.857)
尺寸		
长度/in(m)	159(4.04)	154(3.91)
直径/in(m)	35(0.89)	34.8(0.88)
干重/lb(kg)	2315(1050.1)	2360(1070.5)

结构与系统

风扇	3级轴流式风扇。带可调进口导流叶片
压气机	7级轴流式压气机。进口导流叶片和第1,2级静子叶片可调
燃烧室	环形燃烧室。整体机械加工环形火焰筒及机匣,有新型热障涂层
高压涡轮	单级轴流式高压涡轮。带气冷单晶叶片
低压涡轮	单级轴流式低压涡轮。带气冷单晶叶片
控制系统	带数字发动机控制装置(DEC)和主燃油控制装置(MFC)

应用

发动机型号	F404-GE-RM12	F404-GE-IN20
装机对象	JAS-39"鹰狮"	HAL Tejas 单发轻型战斗机
投入使用时间	1993	2006
备注	通用电气持60%股份,沃尔沃持40%股份	2002年恢复生产,派生型是F2J3

5. F414

F414-GE-400

　　F414涡扇发动机是F404的带加力燃烧室升级版,是通用电气公司从1991年开始为美国海军F/A-18E/F"超级大黄蜂"舰载战斗攻击机研制的加力式涡扇发动机。该发动机于1993年5月首次运转,1995年11月在F/A-18E/F上实现首飞,1998年8月生产定型并交付首台生产型发动机。

技术参数

发动机型号	F414-GE-400	F414-EDE
国际标准大气海平面		
最大推力/lbf(kN)	22000(97.9)	26400(117.43)
中间推力/lbf(kN)	14756(65.64)	15000(66.72)

续 表

涵道比	0.27	0.27
总增压比	30.0	
空气流量/(lb·s^{-1}(kg·s^{-1}))	170(78.0)	
推重比	9.1	

尺寸

长度/in(m)	154(3.91)	
直径/in(m)	32(0.813)	
最大直径/in(m)	35(0.889)	
干重/lb(kg)	2470(1120.4)	

结构与系统

风扇	3级轴流式风扇,第1级风扇叶片可拆卸,带中间凸肩,第1级静子叶片可调,第2,3级转子为整体叶盘
压气机	F414-GE-400为7级轴流式压气机,前3级为整体叶盘结构,带可调进口导流叶片,第1,2级静子叶片可调;F414-EDE为6级轴流式压气机,采用3-D叶片,翻修间隔时间(TBO)从4000h增加到6000h
燃烧室	环形燃烧室,带有涂层的多孔火焰筒和18个燃油喷嘴
高压涡轮	单级轴流式高压涡轮。F414-GE-400采用气冷单晶叶片;F414-EDE采用3-D叶片和新的叶盘和叶片材料
低压涡轮	单级轴流式低压涡轮,采用气冷单晶叶片
加力燃烧室	在YF120加力燃烧室基础上改进了冷却和可维修性,采用径向火焰稳定器
控制系统	带故障隔离功能的双通道全权限数字式电子控制系统

应用

发动机型号	F414-GE-400	F414-EDE	
装机对象	F/A-18E/F"超级大黄蜂"	F/A-18"超级大黄蜂"	
投入使用时间	2001	2009	
计划中的其他派生型	F414G	F414M	F414BJ
中间推力/lbf(kN)		16860(75)	13000(57.8)
装机对象	萨伯"鹰狮"验证机	EADS"鲨鱼"超声速教练机,轻型攻击机	达索超声速公务机
投入使用时间	若竞争对手"鹰狮"下一代发动机投产便不再生产	依所装备的飞机项目时间节点而定	目前尚处于研究项目阶段

6. TF34

TF34 - GE - 400A

TF34 - GE - 100

　　TF34 是美国通用电气公司研制的一种双转子高涵道比涡扇发动机,是为满足海军舰载反潜机长距离低空巡逻和巡航要求而设计制造的。1966 年年末,美国海军航空系统司令部分别与通用电气和艾利逊公司签订了研制反潜飞机动力装置的合同。1968 年 4 月,通用电气公司的 TF34 设计方案被选中。1972 年 8 月,TF34 - 2 通过了定型试车,9 月,首台生产型交付海军使用。1975 年 1 月,TF34 - GE - 400A 开始出厂,1972 年 7 月开始研制 TF34 - GE - 100,1974 年 10 月正式定型生产。

技术参数

发动机型号	TF34 - GE - 400A	TF34 - GE - 100
国际标准大气海平面		
最大推力/lbf(kN)	9275(41.3)	9065(39.9)
涵道比	6.2	6.2

续 表

总增压比	21	
空气流量/(lb·s⁻¹(kg·s⁻¹))	338(153.3)	388(176.0)
耗油率/(lb·h⁻¹·lbf⁻¹(kg·h⁻¹·daN⁻¹))	0.363(0.370)	0.37(0.377)
尺寸		
长度/in(m)	100(2.54)	100(2.54)
直径/in(m)	52(1.32)	49(1.24)
干重/lb(kg)	1478(670.4)	1440(653.2)

结构与系统

发动机型号	TF34 - GE - 400A/TF34 - GE - 100
压气机	1 级轴流式低压,14 级轴流式高压
燃烧室	环形
涡轮	2 级轴流式高压,4 级轴流式低压
控制系统	配电子放大器的机械-液压式

应用

发动机型号	TF34 - GE - 400A	TF34 - GE - 100
装机对象	S - 3A/B "海盗"	A - 10A "雷电"
投入使用时间	1975	1972

四、霍尼韦尔公司军用涡扇发动机

1. TFE731

TFE731 - 2

TFE731 - 5

TFE731 最初是霍尼韦尔公司为满足 20 世纪七八十年代喷气公务机的需要而研制的一种齿轮传动双转子涡扇发动机。后来,该系列发动机还用于军用教练机和轻型攻击机,军用型包括 TFE731 - 2/2A/2C/5。

技术参数

发动机型号	TFE731 - 2	TFE731 - 5
国际标准大气海平面		
最大推力/lbf(kN)	3500(15.6)	4304(19.1)
涵道比	2.66	3.48
总增压比	14	14.6
空气流量/(lb·s^{-1}(kg·s^{-1}))	113(51.3)	143(64.9)
耗油率/(lb·h^{-1}·lbf^{-1}(kg·h^{-1}·daN^{-1}))	0.815(0.831)	0.802(0.818)
尺寸		
长度/in(m)	59.83(1.52)	65.54(1.66)
直径/in(m)	34.2(0.87)	33.79(0.86)
干重/lb(kg)	743(337.0)	852(386.5)

结构与系统

发动机型号	TFE731 - 2	TFE731 - 5
风扇	1 级	1 级
压气机	4 级低压,1 级离心式高压	4 级低压,1 级离心式高压
燃烧室	回流式环形	回流式环形
涡轮	1 级高压,3 级低压	1 级高压,低压压气机在 TFE731 - 2 的基础上进行了改进
控制系统	机械-液压式	FADEC,带机械-液压备份

应用

发动机型号	TFE731 - 2	TFE731 - 5
装机对象	C101,IA63,K8,AT - 3,"隼" 10	霍克 125 - 800,C101,"隼" 20
投入使用时间	1972	1983

2. TFE1042

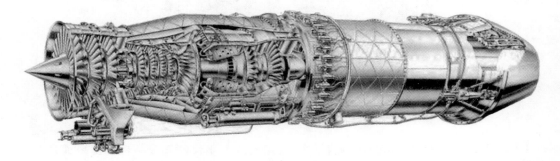

TFE1042 - 70(F125)

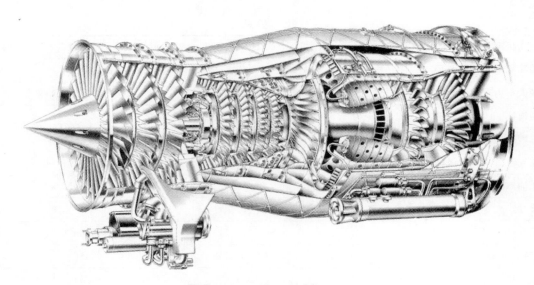

TFE1088 - 16(F124 - GA - 100)

1978 年 3 月,美国加雷特涡轮发动机公司(现霍尼韦尔公司)与瑞典沃尔沃航空发动机公司签订了一项合作协议:在 TFE731 核心机的基础上,联合研制一种高性能军用涡扇发动机。1979 年 8 月,首台 TFE1042 发动机在沃尔沃航空发动机公司试验厂如期运转,采用的部件有70%与 TFE731 发动机的相同。1982 年,沃尔沃航空发动机公司退出。1983 年 4 月,加雷特涡轮发动机公司与中国台湾航空工业发展中心(AIDC)合作成立一个联合研制公司,即国际涡轮发动机公司(ITEC),联合研制 TFE1042 - 70 发动机,作为台湾 IDF 战斗机的发动机。随着项目的进行,到目前为止,后续衍生型有 TFE1042 - 70/F125(基本加力型),TFE1088 - 12/F125x,TFE1088 - 13/F125xx,TFE1088 - 16/F124 - GA - 100(无加力型),TFE1088 - 17/F124xx,TFE1088 - 18/F124xx。

技术参数

发动机型号	TFE 1042 - 70(F125)	TFE1088 - 16 (F124 - GA - 100)
国际标准大气海平面		
最大推力/lbf(kN)	9250(41.1)	
中间推力/lbf(kN)	6025(26.8)	6300(28.0)
涵道比	0.4	0.4
总增压比	18.45	18.45
空气流量/(lb·s^{-1}(kg·s^{-1}))	95(43.1)	94.1(42.7)
耗油率/(lb·h^{-1}·lbf^{-1}(kg·h^{-1}·daN^{-1}))	0.800(0.816)	0.81(0.826)
尺寸		
长度/in(m)	140.2(3.56)	66.8(1.70)
直径/in(m)	23.25(0.59)	23.25(0.59)
干重/lb(kg)	1360(616.9)	1110(503.5)

结构与系统

发动机型号	TFE 1042 - 70(F125)/TFE1088 - 16(F124 - GA - 100)
风扇	3 级风扇
压气机	5 级(4 级轴流加 1 级离心组合式)
燃烧室	环形
涡轮	1 级高压,1 级低压
控制系统	带机械-液压备份的全权限数字式

应用

发动机型号	TFE 1042 - 70(F125)	TFE1088 - 16(F124 - GA - 100)
装机对象	台湾"经国"1 号 IDF 战斗机	T45"苍鹰"教练机
首次运转时间	1979	
投入使用时间	1991	1998

五、斯奈克玛公司军用涡扇发动机

1. M53

M53

M53 是斯奈克玛公司研制的单转子小涵道比加力式涡扇发动机,用于配装 20 世纪 80 年代的高速、高性能多用途战斗轰炸机。M53 在 1967—1969 年间设计,最初被称为"超级阿塔",其设计目的是比斯奈克玛 TF306 发动机更加简洁且成本更低。

技术参数

发动机型号	M53 - 5	M53 - P2
国际标准大气海平面		
最大推力/lbf(kN)	19830(88.2)	21385(95.13)
中间推力/lbf(kN)	12230(54.4)	14466(64.35)
涵道比	0.35	0.4
总增压比	9.3	9.8
空气流量/(lb·s^{-1}(kg·s^{-1}))	187.4(85.0)	189.6(86.0)
涡轮进口温度/℃	1235	1273
最大耗油率/(kg·h^{-1}·daN^{-1})	2.05	2.08
中间耗油率/(lb·h^{-1}·lbf^{-1}(kg·h^{-1}·daN^{-1}))	0.870(0.887)	0.900(0.918)
尺寸		
长度/in(m)	191.0(4.85)	199.6(5.07)
直径/in(m)	42(1.07)	42(1.07)
干重/lb(kg)	3130(1420)	3307(1500.1)

结构与系统

风扇	3 级风扇
压气机	5 级压气机
燃烧室	环形燃烧室
涡轮	2 级涡轮
加力燃烧室	内外涵气流混合式加力燃烧室。3 个带燃油喷射环的主火焰稳定器稳定槽,最外边的一个位于涵道气流中
控制系统	机械-液压式电子控制系统,由 Elecma 计算机监控。M53 - P2 为全权限数字式电子控制系统

应用

派生型	国际标准大气海平面推力/kN	装机对象	投入使用时间
M53 - 2	83.36	"幻影"F1 - M53,"幻影" 4000,"幻影"2000	
M53 - 5	88.21	"幻影"2000	1980
M53 - P2	95.13	"幻影"2000N	1984
M53 - P20	98.06		

2. M88

M88

　　M88 是法国斯奈克玛公司于 1980 年开始研制的第一种军用双转子加力式涡扇发动机,是法国"阵风"战斗机的发动机。斯奈克玛早在 20 世纪 70 年代晚期就开始研发全新且更小的战斗机发动机。首要的目标是比阿塔 9K50 发动机的推重比大 50%,且加力推力为 75～85kN。

技术参数

发动机型号	M88 - 2	M88 - 3
国际标准大气海平面		
最大推力/lbf(kN)	16404(72.97)	20300(90.24)
中间推力/lbf(kN)	10950(48.71)	13490(60.0)
涵道比	0.3	
总增压比	24	26
空气流量/(lb·s⁻¹(kg·s⁻¹))	148(67.1)	160(72.6)
涡轮进口温度/℃	1577	
最大耗油率/(lb·h⁻¹·lbf⁻¹(kg·h⁻¹·daN⁻¹))	1.72(1.75)	1.75(1.79)
中间耗油率/(lb·h⁻¹·lbf⁻¹(kg·h⁻¹·daN⁻¹))	0.80(0.82)	0.78(0.80)
尺寸		
长度/in(m)	143.1(3.65)	143.7(3.66)
最大直径/in(m)	30.3(0.77)	31.1(0.79)
直径/in(m)	26.3(0.67)	27.4(0.7)
干重/lb(kg)	1978(897)	2013(913)

结构与系统

风扇	3级轴流式风扇
压气机	6级压气机
燃烧室	环形燃烧室
涡轮	1级低压涡轮,1级高压涡轮
加力燃烧室	高强度燃烧室,旨在提供更长的最大加力推力时间
尾喷管	轮廓、面积可调尾喷管,有10个首级和次级鱼鳞片
起动系统	微型燃气涡轮起动机
控制系统	全余度FADEC,具备安全维护功能

应用

派生型	国际标准大气海平面推力/kN	装机对象	获得适航证时间	投入使用时间
M88 - 2	75	"阵风"	1996	1996
M88 - 2K	75	KTX - 2		
M88 - 3	90.24	"阵风"Mk2		
M88 - 4E				2011

3. Larzac

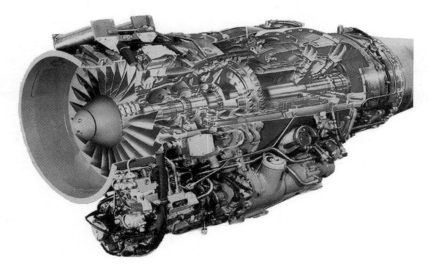

Larzac

Larzac(拉扎克)发动机是法国透博梅卡公司与斯奈克玛公司联合研制生产的一种双转子小涵道比涡扇发动机,最初是为军用、民用飞机研制的,后来主要用于军用教练机/攻击机。研制工作始于 1968 年,透博梅卡公司负责风扇、压气机和附件传动齿轮箱,斯奈克玛负责燃烧室、涡轮和燃油控制系统。

技术参数(拉扎克 04 – C20)

国际标准大气海平面			
最大推力/lbf(kN)	3170(14.1)	空气流量/(lb · s⁻¹(kg · s⁻¹))	63.05(28.6)
涵道比	1.04	耗油率/(lb · h⁻¹ · lbf⁻¹(kg · h⁻¹ · daN⁻¹))	0.740(0.755)
总增压比	11.1		
尺寸			
长度/in(m)	46.7(1.18)		
直径/in(m)	23.7(0.60)		
干重/lb(kg)	666(302.1)		

结构与系统(拉扎克 04 – C20)

进气装置	简单的环形铝制结构进气口
风扇	2 级轴流式风扇
压气机	4 级轴流式压气机
燃烧室	环形燃烧室
涡轮	1 级低压涡轮,1 级高压涡轮
尾喷管	固定面积尾喷管,内外涵分别排气,没有掺混器
控制系统	带计算机辅助的机械-液压式控制系统

应用

派生型	国际标准大气海平面推力/kN	装机对象	获得适航证时间	投入使用时间
拉扎克 04 - C6	13.19	"阿尔法"喷气机	1975	
拉扎克 04 - C20	14.12	"阿尔法"喷气机		1984
拉扎克 04 - H20	14.03			
拉扎克 04 - R20	14.12			
拉扎克 04 - U3	16.65	MIG - AT		
拉扎克 04 - V3	14.12	1997 年项目取消		

六、俄罗斯军用涡扇发动机

1. AL - 31F

AL - 31F

AL - 31F(АЛ - 31Ф)为留里卡设计局在 1976—1985 年间研制的加力式涡扇发动机,在研制中曾遇到极大的困难。一是超重,后成功减轻了 70kg,实现了原定的质量目标;二是涡轮效率比设计值低 4%,但为了达到设计性能,将涡轮进口温度由 1350℃ 提高到 1392℃。结果涡轮叶片出现裂纹,为此改进了冷却流路,采用了旋流冷却。采用了新的工艺和高性能材料,表面加钴、镍、铝涂层。1976—1985 年间,共解决 685 个难题。AL - 31F 设计总共获得 128 项专利,使用 51 台发动机进行了 22900h 试验,其中台架试车 16625h,试飞 6275h。

AL - 31F 发动机是苏-27 拥有极高机动性能的关键。换装 AL - 31F 的苏-27 比安装 AL - 21 时质量减轻 2t。AL - 31F 最独特的地方是采用了模块化设计,损坏部件只需要更换模块即可立即修复。85% 的零件可以在野战机场进行拆除,甚至更换压气机叶片也变得非常简单。AL - 31F 的大修时间是 1000 h,寿命是 3000 h。发动机寿命与机体基本一致。此外,

AL－31F 引进了电子控制技术，可以让发动机在本身实际状态下工作。电子控制设备与飞行控制设备有接口，发动机对极限操纵与发射导弹吸入气流引起的气流变化有极佳反应。

AL－31F 还有带矢量喷管的改进型号，即 AL－31F/VCN。

技术参数

发动机型号	AL－31F	AL－31FN	AL－31FN－M1
最大起飞推力/kN	125	127	135
中间推力/kN	76.2	82.86	102.86
涵道比	0.571		
总增压比	23.5		
最大耗油率/(kg·h^{-1}·daN^{-1})	2.0	1.998	
中间耗油率/(kg·h^{-1}·daN^{-1})	0.685	0.705	0.685
空气流量/(kg·s^{-1})	112	112	118
进口直径/m	0.905	0.905	0.924
最大外廓尺寸/m	1.140	1.180	1.140
最大长度/m	4.945	5.000	4.945
干重/kg	1530	1538	1520

结构与系统

进气装置	进气机匣为全钛结构，有 23 个可变弯度的进口导流叶片，导流叶片前缘固定，由来自高压压气机第 7 级的空气防冰
风扇	4 级轴流式风扇，总增压比为 3.6。整个风扇为全钛结构。前 3 级转子叶片带有阻尼凸台，整个风扇转子用电子束焊焊为一个整体构件。第 4 级转子叶片对应的外机匣上，带有机匣处理环腔，开有 400 个斜槽，用以提高风扇的稳定工作裕度。第 4 级出口整流叶片为双排的串列叶栅
压气机	9 级轴流式压气机。进口导流器和第 1～2 级导流器，共三排是可调的，1～8 级导流器均为悬臂式结构，出口导流器也是双排串列叶栅
燃烧室	环形燃烧室。28 个双油路离心式喷嘴，两个点火装置和半导体电嘴
高压涡轮	1 级高压涡轮。高压涡轮导向器共有 14 组，每组 3 个叶片
低压涡轮	1 级低压涡轮
加力燃烧室	进口处有混合器，分 5 区供油
尾喷管	收敛-扩张式喷口，各有 16 个调节片和封严片
控制系统	主要系统为综合电子调节器，备份系统为机械-液压式系统。AL－31FM1 发动机安装了 KR99 数字控制模块和 TASU－234 数字控制器

应用

派生型	装机对象
AL－31F	苏－27
AL－31FP	苏－30MKI
AL－31FN	歼－10（中国空军）
AL－31FN－M1	苏－27,苏－27CM,苏－30,苏－33,苏－34
AL－31FN－M2/ M3	预计推力提高到141kN,性能参数接近俄罗斯第五代发动机指标

2. AL－37FU

AL－37FU

AL－37FU（AЛ－37ФУ）是留里卡设计局研制的一款先进军用双转子加力式涡扇发动机,由 AL－31 和 AL－35 系列衍生而来,但却具备了矢量喷管和新型风扇等大量的先进技术特征。但由于研制困难重重又缺乏政府在资金方面的支持,设计局仅仅研制了 3 台原型机,第 1 台用于 1994 年开始台架试验,另外 2 台用于 1996 年分两个阶段完成的飞行试验计划。同样地由于资金缺乏,到 2004 年 AL－37FU 尚未签订任何合同,但留里卡"土星"科研生产联合体股份公司表示目前仍在考虑关于 AL－37FU 系列的提案。

技术参数

最大起飞推力/lbf(kN)	31967(142.2)	耗油率/(lb·h^{-1}·lbf^{-1}) (kg·h^{-1}·daN^{-1}))	0.677(0.690)
中间推力/lbf(kN)	18740(83.36)	长度/in(m)	197(≈5)
涵道比	≈0.65	进口直径/in(m)	36.7(0.932)
总增压比	25	干重/lb(kg)	3660(1660)

结构与系统

风扇	4 级风扇,带宽弦叶片,空气流量明显大于 AL – 31F
压气机	9 级压气机,前 3 级静子叶片可调,全部 9 级的叶片都可更换
燃烧室	环形燃烧室,带 28 个喷嘴
高压涡轮	单级高压涡轮,带冷却叶片,空/空换热器控制主动叶尖间隙系统
低压涡轮	单级低压涡轮
加力燃烧室	几何结构与 AL – 31F 相似,带风扇的声学连杆机构避免了压力脉动的转移
喷管	轴对称收敛-扩张喷管
控制系统	全权限数字式电子控制系统,与飞机的遥控飞行控制系统连接在一起

应用

发动机型号	装机对象
AL – 37FU	计划用于 S – 55,苏 – 30MK

3. AL – 41F

AL – 41F

　　AL – 41(AЛ – 41)是俄罗斯未来战斗机飞机用先进发动机,由 AL – 31 衍生而来,于 1985年开始研制,AL – 41F 为其加力型。该型发动机在尺寸上与 AL – 31 相似,但空气流量提高了30％以上,相当于质量降低至少 20％,预计寿命周期成本也将降低 25％。1991 年,首台原型机开始台架试验。AL – 41 系列发动机的研制,从一开始就计划采用最先进的材料,其核心机正在研发用于民用涡扇发动机系列的核心机,而涡轴型号也在研制中。

　　AL – 41F1 代号"产品 117",是俄罗斯"土星"科研生产联合体股份公司在 AL – 41F 和AL – 31F 基础上研制的,能满足第 5 代歼击机动力的要求,且具备在不开加力时实现超声速巡航能力的加力式涡扇发动机。

　　AL – 41F1 与 AL – 31F 相比,有 80％的零部件为全新设计,其中包括低压压气机、高压压气机、燃烧室、加力燃烧室。AL－41F1 发动机的最大加力推力达到 150kN,推重比约为 11.09。寿命从 1000h 提高到 4000h,可靠性高,耗油率低。通过采用等离子点火装置,确保发动机在空中具有不补氧起动的能力。2009 年,配装 AL－41F1 的 T－50－1 原型机开始滑行试验,并于 2010 年 1 月首飞。

技术参数

最大起飞推力/lbf(kN)	31966(142.2)	总增压比	29.375
中间推力/lbf(kN)	≈25600(113.9)	进口直径/in(m)	36.69(0.932)
推重比	～11.09	干重/lb(kg)	≈4078(1850)

结构与系统

风扇	4 级风扇,带宽弦叶片。48 片可调静子叶片构成一圈,最大级数取决于每级的最大功率。尽管级数少于 AL－31F,但空气流量明显大于 AL－31F,总增压比提高 25％。攻角范围为 0°～360°
压气机	与最新的 AL－31 极其相似,但降低了泄漏并完善了空气动力学特性
燃烧室	环形燃烧室
高压涡轮	与最新的 AL－31 相似,单级高压涡轮,负载增加,采用单晶叶片,采用了新的冷却技术,主动间隙控制。涡轮进口温度比第四代战斗机发动机高出 12％,即 155～200℃
低压涡轮	全新的先进设计,采用先进冷却的单级低压涡轮
加力燃烧室	高强度径向燃烧加力燃烧室
喷管	带推力矢量控制系统的多模态喷管
控制系统	全权限数字式电子控制系统,并有机械-液压式备用控制系统

应用

派生型	最大额定推力/kN	装机对象	投入使用时间
AL－41F1	150.00	T－50－1	2010
AL－41F1A		苏－35	
AL－41F2			
"产品 129"	176.00	T－50	
AL－41F1S	145.00	苏－35	

4. AL-55

AL-55

AL-55(AЛ-55)是由俄罗斯留里卡"土星"科研生产联合体研制,由"礼炮"发动机制造联合企业生产的一种涡扇发动机,最初设计用于换装米格-AT中的法国拉扎克发动机,后重新设计用于配装印度HJT-36 Sitara教练机。AL-55最初亮相于1998年的莫斯科航展,由多家公司联合研制,包括乌法发动机工业联合体股份公司。AL-55系列发动机在未来的教练机和作战教练机上具有较为广阔的应用前景,除用于俄罗斯研制的米格-AT和雅克-130型教练机外,也计划用于轻型前线战斗机。最初大修间隔时间(TBO)目标是2000h,目前在研的有4种型号,这些型号都采用共同的核心机。

AL-55是基本型,最大起飞推力为21.76kN,不带加力,带矢量喷管,拟用于米格-AT和雅克-130。

AL-55I几乎是完全重新设计的型号,2004年5月被选定用于配装印度批量生产型单发教练机HJT-36 Sitara。印度空军和海军分别提出187台和24台需求,最初签订的订单数为250台。于2006年3月开始台架试验,2009年5月配装HJT-36首飞,2010年开始限量批产,2011年投入使用。

带矢量控制喷管的AL-55是作战教练机用发动机,表示为AL-55V。

AL-55F是加力型号,用于轻型双发战斗机。带矢量控制喷管的AL-55F表示为AL-55FV。

技术参数

发动机型号	AL-55I	AL-55V	AL-55F	AL-55FV
国际标准大气海平面				
最大起飞推力/lbf(kN)	4894(21.78)	4850(22.2)	7716(34.34)	7716(34.34)
涵道比	0.552	0.552	0.552	0.552

续 表

总增压比	21.0	21.0	21.0	21.0
空气流量/(lb·s⁻¹(kg·s⁻¹))	65.7(29.8)	65.7(29.8)	65.7(29.8)	65.7(29.8)
起飞耗油率/(lb·h⁻¹·lbf⁻¹ (kg·h⁻¹·daN⁻¹))	0.71(0.77)	0.71(0.77)	1.65	1.65
巡航($H=11000m,Ma=0.8$)				
巡航耗油率/(lb·h⁻¹·lbf⁻¹ (kg·h⁻¹·daN⁻¹))	0.91(0.93)	0.91(0.93)	0.91(0.93)	0.91(0.93)
尺寸				
干重/lb(kg)	694(315)	716.5(325)	848.8(385)	892.9(405)
长度/in(m)	47.64(1.21)	52.76(1.34)	99.21(2.52)	101.97(2.59)
直径/in(m)	23.23(0.59)	24.41(0.62)	23.23(0.59)	24.41(0.62)

结构与系统

进气装置	固定几何结构进气口,带 18 个固定的径向支板,直径为 17.8in(452mm)
风扇	4 级轴流式风扇
压气机	6 级轴流式压气机,总增压比为 21.0
燃烧室	环形燃烧室,带下游喷嘴
高压涡轮	单级轴流式高压涡轮,最大涡轮进口温度为 1525℃(1798K)
低压涡轮	单级轴流式低压涡轮
尾喷管	核心流和涵道流混合排气尾喷管。F 型为可调喷管,FV 型增加了推力矢量控制

应用

派生型	国际标准大气海平面推力/kN	装机对象	投入使用时间
AL-55	21.76	雅克-130 和米格-AT 教练机和轻型飞机	
AL-55I	21.78	HJT-36,HJT-39	2011
AL-55V	21.57		
AL-55F	34.34	米格-21	
AL-55FV	34.34		

5. AI-222-25

AI-222-25

AI-222-25（АИ-222-25）是乌克兰扎波罗日"伊甫琴科-进步"机械制造设计局于1999年开始在 AI-22 发动机核心机的基础上研制的一种涡扇发动机,是 AI-222 的基本型,用于现代教练机、战斗训练机和轻型军用飞机（L-59,L-159,K8J 等）。

AI-222-25 发动机批生产工作由乌克兰斯奇发动机公司与莫斯科礼炮机械制造企业合作进行。燃气发生器和风扇部件等零部件（65%）由乌克兰斯奇发动机公司负责生产,低压涡轮机匣、传动齿轮箱等零部件（35%）由莫斯科礼炮机械制造企业负责生产,并最终完成总装。

技术参数

起飞推力(730mmHg,30℃)/lbf(kN)	5511(24.51)	总增压比	15.4
巡航推力($H=10000$m,$Ma=0.6$)/lbf(kN)	661(2.94)	长度/in(m)	88.1(2.238)
起飞耗油率/(lb·h^{-1}·lbf^{-1}(kg·h^{-1}·daN^{-1}))	0.638(0.651)	进口直径/in(m)	24.57(0.624)
巡航耗油率/(lb·h^{-1}·lbf^{-1}(kg·h^{-1}·daN^{-1}))	0.875(0.892)	宽度/in(m)	33.86(0.86)
推重比	5.68	高度/in(m)	42.68(1.084)
空气流量/(lb·s^{-1}(kg·s^{-1}))	108.9(49.4)	干重/lb(kg)	970(440)
涵道比	1.18		

结构与系统

风扇	2 级轴流式风扇,采用钛合金整体叶盘结构
压气机	8 级轴流式压气机,前 3 级静子叶片可调
燃烧室	环形燃烧室,气膜冷却、低污染设计
高压涡轮	1 级轴流式高压涡轮。对流、气膜冷却
低压涡轮	1 级高负荷涡轮。导叶冷却
尾喷管	收敛式固定尾喷管。可换装推力矢量喷管（可向任意方向偏转 20°）
控制系统	双通道 FADEC,新型的机械-液压燃油控制单元尺寸小,质量轻

应用

派生型	国际标准大气海平面推力/kN	装机对象	投入使用时间
AI－222－25	24.51	雅克－130、L－159 等	2011
AI－222－25F	41.18	JQ－5J 双发教练机	2006
AI－222－25FK	30.10	雅克－133/135	
AI－222K－25F	41.18	L－15 双发教练机	2010
AI－222－25UVT		雅克－130	
AI－222－28	27.75	雅克－130	
AI－222－28F	49.03		
AI－222－40	34.3～40.7	拟用于行政专机、小尺寸运输机、支线客机、公务机和高空气象观察机甚至通信中继机	

6. RD－33

RD－33

  RD－33(РД－33)加力式涡扇发动机由克里莫夫开放式股份公司研制,由位于莫斯科的切尔内舍夫工厂(又称红十月工厂)生产。该机的稳定性优良,可在飞行包线内的任一点空中再起动和接通加力,并且设有俄罗斯多数发动机都有的补氧系统。根据苏联歼击机比较强调高空、高速性能的需求,该机的一个突出特点是高度、速度特性突出。为此采取的主要措施是,当在高马赫数飞行时,允许其涡轮温度比地面增高150℃。该机采用单元体结构,共11个单元体。

  RD－33 发动机的基本型加力推力为 81.4 kN。RD－33K 为流量增大型,加力推力为 86.29 kN,且具备应急工作状态,发动机推力瞬间可提高到 92.18 kN,应用于舰载机在甲板上复飞。RD－33 系列发动机已随米格-29 飞机出口到 20 余个国家。

技术参数

发动机型号	RD-33	RD-33N	RD-33K	RD-33 3M 系列	RD-133
最大起飞推力/kN	81.40	81.40	86.29	85.32	91.19
中间推力/kN	49.42		53.93	50.40	54.91
总增压比	21		20~21		
涵道比	0.48		0.44		0.437
推重比	7.87	6.41	8.34	8.25	8.12
空气流量/(kg·s⁻¹)	77			76	
最大耗油率/(kg·h⁻¹·daN⁻¹)	2.09		1.85		
中间耗油率/(kg·h⁻¹·daN⁻¹)	0.785		0.897	0.785	0.795
长度/m	4.229	5.440	4.230	4.230	4.230
进口直径/m	0.750	0.750	0.750	0.750	0.750
最大直径/m	1.00	1.04	1.04	1.04	1.04
干重/kg	1055	1295	1055	1055	1145

结构与系统

进气装置	无进口导流叶片,但有4个前支板
风扇	4级轴流式风扇,增压比为3.2。整个风扇为全钛合金结构。设计状态转速为10615r/min
中介机匣	钛合金焊接结构,有10个铸钛支板
压气机	9级轴流式压气机。转子为电子束焊和螺栓连接的混合结构。转速为15268r/min
燃烧室	短环形燃烧室,有24个喷嘴。火焰筒和机匣均为钣金焊接结构
涡轮	1级高压涡轮,单晶冷气叶片;1级低压涡轮,低压涡轮转子叶片带冠,气冷
涡轮后机匣	有9个支板
混合器	有12个榫形漏斗,由钛合金板冲压焊接而成
加力燃烧室	分3区供油,内外流混合燃烧。外壁用BT-20钛合金制成
尾喷管	收敛-扩张式尾喷管,其中收敛段、扩张段和外套均可调
外涵道	分前后两段,均由钛合金制成
附件机匣	发动机附件传动机匣位于发动机上部
控制系统	早期的发动机装有电子-机械-液压式自动控制系统,后来改为全权限数字式电子控制系统与机械-液压备份的组合控制系统

应用

派生型	最大推力/kN	装机对象	备注
RD－33/33N	81.40	米格－29,RD－33N 为下置机匣	干重 1295kg
RD－33I		伊尔－102	
RD－33K	86.3	改造的米格－29、米格－29K	应急滑跃起飞推力为 92.18kN
RD－33 3	98.1		涡轮进口温度为 1527℃,带 2D 矢量喷管
RD－33 M K	86.3	米格－29K	带矢量喷管,首批 2007 年交付印度海军
RD－33H		幻影Ⅲ型第二代和第三代现代化改造的单发歼击机、幻影 F－1	
RD－93		中国轻型单发歼击机 FC－1	附件下置
RD－133	91.19		推力增大型,带矢量喷管,全方位偏转

7. PS－90A－76

PS－90A－76

PS－90A－76(ПС－90A－76)发动机是彼尔姆公司涡扇发动机 PS－90A 的改型,推力为 142.2kN,空气流量为 451.7kg/s,较 PS－90A 的涡轮进口温度降低,寿命增加、可靠性、环保性、维修性更好,用于配装新型军用运输机伊尔－76MF、伊尔－76MD－90 及伊尔－76MD 的改型机。

PS－90A－76 于 2003 年通过国家验收,取得适航证,最大推力达到 156.89kN,大大拓宽了伊尔－76 飞机的使用条件,提高了运输效率。2005 年 8 月 18 日,在莫斯科航空航天展览会上,签署了伊尔－76MD－90 军用运输机的首台 PS－90A－76 发动机交付验收证书。

技术参数

起飞		巡航($H=11\ \mathrm{km}, Ma=0.8$)	
推力/kN	142.2	推力/kN	31.37
耗油率/(lb·h^{-1}·lbf^{-1})(kg·h^{-1}·daN^{-1}))	0.372(0.379)	耗油率/(lb·h^{-1}·lbf^{-1})(kg·h^{-1}·daN^{-1}))	0.599(0.611)
总增压比	29.67	总增压比	35.83
涵道比	4.55	涡轮进口温度/℃	1077
涡轮进口温度/℃	1238		
空气流量/(lb·s^{-1}(kg·s^{-1}))	995.78(451.7)		

结构与系统

风扇	1 级轴流式风扇,有 33 片钛合金叶片
低压压气机	2 级增压级,通过螺栓连接到风扇后面
高压压气机	13 级轴流式高压压气机。进口导流叶片和前 2 级静子叶片可调
燃烧室	环管形燃烧室,有 12 个火焰筒,2 个点火器
高压涡轮	2 级高压涡轮,在 PS-90A 基础上改进了材料,采用先进气冷涡轮叶片
低压涡轮	4 级低压涡轮,带径向间隙控制
尾喷管	内外涵混合排气尾喷管,采用 18 瓣混合器
控制系统	双通道全权限数字式电子控制系统,带机械-液压式备份系统。
滑油系统	闭式循环,每飞行小时的滑油消耗量不超过 0.3kg
起动系统	空气起动机,由地面气源供气或 APU 供气。空中起动高度可达 7000m

应用

发动机型号	装机对象	获得适航证时间	投入使用时间
PS-90A-76	伊尔-76MF	2003	2004

8. D-30F6

D-30F6

D - 30F6（Д - 30Ф6）发动机是由苏联索洛维耶夫设计局（现俄罗斯彼尔姆"航空发动机"开放式股份公司，即 Aviadvigateli 股份公司）研制和生产的双转子加力式涡扇发动机。

研制工作于 1972 年开始，按米格 - 31 战斗机的技术要求，在 11000～21000m 高度上，最大飞行马赫数为 2.83，接近海平面的最大飞行速度为 1500km/h。D - 30F6 共有 7 个单元体，分别是，进口导向机匣，风扇，包括高压压气机、主燃烧室中介机匣和高低压涡轮的基础单元，混合器，加力燃烧室，尾喷管，前、后齿轮机匣。不带加力型用于 M - 55 亚声速飞机。此外，该发动机还有工业燃气轮机型号。

技术参数

最大推力/lbf(kN)	34215(152.1)	涵道比	0.52
中间推力/lbf(kN)	20944(93.2)	总增压比	21.2
最大耗油率/(lb·h^{-1}·lbf^{-1} (kg·h^{-1}·daN^{-1}))	1.9(1.937)	空气流量/(lb·s^{-1}(kg·s^{-1}))	331(150)
中间耗油率/(lb·h^{-1}·lbf^{-1} (kg·h^{-1}·daN^{-1}))	0.72(0.734)	进口直径/in(m)	40.2(1.02)
最大飞行速度马赫数	2.83	长度/in(m)	277.2(7.04)
涡轮前最高燃气温度/℃	1387	干重 lb(kg)	5326(2416)
推重比	6.42		

结构与系统

进气装置	有 23 个固定式进口导流叶片
风扇	5 级轴流式风扇，总增压比为 3
压气机	10 级轴流式压气机。总增压比为 7.05
燃烧室	环管形燃烧室。有 12 个火焰筒，双油路喷嘴，两个点火电嘴
高压涡轮	2 级轴流式高压涡轮，第 1 级叶片和盘用引自高压压气机后经过外涵道中空-空换热器冷却后的空气冷却
低压涡轮	2 级轴流式低压涡轮。叶片不冷却
加力燃烧室	混合进气型加力燃烧室。用热射流方法点燃燃油
尾喷管	全状态、蚌壳式尾喷管
附件	附件安装在发动机下部的前、后齿轮机匣上
控制系统	电子控制系统并带有机械-液压式的后备系统

应用

发动机型号	装机对象	获得适航证时间
D - 30F6	米格 - 31	1979

9. NK - 25

NK - 25

NK - 25(HK - 25)是俄罗斯国营萨马拉库兹涅佐夫股份公司研制的三转子加力式涡扇风发动机,是与 NK - 321 相当的世界上最强劲的在役超声速发动机,配装图-22M3。

NK - 25 于 1972 年开始设计,1974 年首次运行,1976 年在图-142LL 上通过飞行试验并于同年开始批量生产,总计生产了 680 台。尽管它注定会退役,但是 2011 年俄罗斯空军中装配 NK - 25 的现行图-22M3s 飞机仍然超过 90 架,目前这些飞机仍在服役。

技术参数

最大推力(S/L,静态)/lbf(kN)		55155(245.2)
中间推力(军用,最大净推力)(S/L,静态)/lbf(kN)		41900(186.4)
涵道比		1.45
总增压比		25.9
推重比		6.97
空气流量(S/L,静态,4500r/min)/(lb·s^{-1}(kg·s^{-1}))		747(339)
涡轮进口温度/℃		1324
耗油率/(lb·h^{-1}·lbf^{-1}(kg·h^{-1}·daN^{-1}))	最大状态	2.08(2.12)
	中间状态	0.427(0.436)
长度/in(m)		205(5.20)
风扇直径/in(m)		53.35(1.355)
最大直径/in(m)		57.28(1.455)
干重/lb(kg)		7914(3590)

结构与系统

进气装置	固定几何结构钢质进气口,带 18 个窄弦径向支板,全部采用热空气防冰
风扇	3 级风扇,第 1 级带整齐的转子叶片
中压压气机	5 级中压压气机,带可调进口导叶
高压压气机	6 级高压压气机,以 NK - 22 为基础,但空气动力学特性更为先进
燃烧室	环形燃烧室,与 NK - 22 类似
高压涡轮	单级高压涡轮,带单晶叶片,涡轮进口温度为 1324℃
中压涡轮	单级中压涡轮
低压涡轮	2 级低压涡轮
加力燃烧室	几何结构与 NK - 22 相似,带陶瓷涂层内衬。改进了空气动力学特性并采用了新喷嘴
控制系统	全权限数字式电子控制系统,两个数字式电子设备位于两个防火密封箱内

应用

发动机型号	国际标准大气海平面推力/lbf(kN)	装机对象	投入使用时间
NK - 25	55155(245.2)	图 - 22M3,图 - 22M3R,图 - 22M3s	1976

10. NK - 144

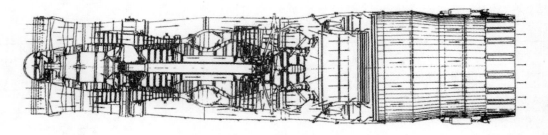

NK - 144

NK - 144(HK - 144)是苏联古比雪夫设计局(现俄罗斯国营萨马拉"劳动"科研生产联合体)设计的双转子加力式涡扇发动机,用于配装马赫数超过 2 的民航机图 - 144。

NK - 144 在 NK - 8 不加力涡扇发动机的基础上发展而来,但装上了加力燃烧室。在起飞、跨声速和超声速巡航时打开加力。

技术参数

最大起飞推力/kN	171.62	总增压比	14.2
最大耗油率/(kg·h⁻¹·daN⁻¹)	1.63	空气流量/(kg·s⁻¹)	250
巡航耗油率/(kg·h⁻¹·daN⁻¹)	0.984	长度/m	7.69
推重比	4.85	直径/m	1.355
涵道比	0.6	质量/kg	3540

结构与系统

风扇	2 级风扇,由低压涡轮驱动
低压压气机	3 级低压压气机,由低压涡轮驱动
高压压气机	11 级轴流式高压压气机,由高压涡轮驱动
燃烧室	环形燃烧室
高压涡轮	单级轴流式高压涡轮。叶片气冷
低压涡轮	2 级轴流式低压涡轮
加力燃烧室	有 3 圈火焰稳定器,混合流排气,菊花形混合器
尾喷管	超声速全状态可调尾喷管

应用

派生型	最大推力/kN	装机对象	投入使用时间
NK－144A	196.12	图－144 和图－26"逆火"	1973(现停产)
NK－144V	215.70		未投产
NK－144VT	220.00		未投产

11. NK－321

NK－321

　　NK－321(HK－321)发动机是苏联库兹涅佐夫发动机设计局(现俄罗斯库兹涅佐夫股份公司)研制的三转子加力式涡扇发动机,用于远程超声速轰炸机图－160,是世界上首批采用缩小雷达反射面积提高隐身能力的发动机之一。

　　NK－321 的设计工作于 1977 年前后开始,在 NK－32 燃气发生器的基础上发展而来。1980 年第一台 NK－321 原型机试验,1986 年投入生产。

技术参数

最大起飞推力/kN	245	总增压比	28.2
中间推力/kN	137.2	空气流量/(kg·s^{-1})	365
最大耗油率/(kg·h^{-1}·daN^{-1})	2.14	长度/m	7.453
中间耗油率/(kg·h^{-1}·daN^{-1})	0.734	进口直径/m	1.70
推重比	6.96	低压压气机直径/m	1.455
涵道比	1.36	干重/kg	3520

结构与系统

风扇	3级轴流式风扇,第1级设计时考虑使雷达反射信号最小
中压压气机	5级轴流式中压压气机
高压压气机	7级轴流式高压压气机。压缩系统材料为钛、钢和镍基合金(后面级)
燃烧室	环形燃烧室。蒸发式喷嘴。无可见冒烟
高压涡轮	单级轴流式高压涡轮。直径为1m。转子叶片为气冷,用单晶材料制造
中压涡轮	单级轴流式中压涡轮。定向凝固材料叶片
低压涡轮	2级轴流式低压涡轮。定向凝固材料叶片
加力燃烧室	按在最小红外信号特征条件下达到最高效率和推力设计
尾喷管	多瓣混合器,收敛-扩张喷管
控制系统	电气式控制系统。带机械-液压式备份,正在研究改为全权限数字式电子控制系统

应用

派生型	装机对象	投入使用时间
NK-321	图-160	1985
NK-321-144	图-144D 08-2,图-144LL	1996.11

12. R-79

R-79

R-79(P-79)发动机是莫斯科"联盟"航空发动机科学技术联合体为雅克-41和雅克-141飞机研制的。雅克-141超声速舰载垂直起落战斗机1991年因故暂停后,该联合体利用政府引进的外资得以继续研制 R-79 发动机。

到 1992 年为止,R-79 发动机累计制造了 26 台,后 12 台作了修改。发动机大约运行了 3500h,包括大约 500h 的飞行试验。用于雅克-141 的发动机是 R-79V-300 型。

技术参数

最大起飞推力/kN	152.0	涡轮进口温度/℃	1347
最大推力(引气时)/kN	137.3	推重比	5.64
中间推力/kN	107.63	长度/m	5.229
最大起飞耗油率/(kg·h^{-1}·daN^{-1})	1.63	进口直径/m	1.10
中间耗油率/(kg·h^{-1}·daN^{-1})	0.673	最大直径/m	1.716
涵道比	1.0	干重/kg	2750
空气流量/(kg·s^{-1})	180.0		

结构与系统

风扇	5 级轴流式风扇
压气机	6 级轴流式压气机。从第 2 级引气供飞机姿态控制用
燃烧室	环形燃烧室。非常规双油路蒸发式喷嘴,低污染燃气排放
高压涡轮	单级轴流式高压涡轮,气冷单晶叶片
低压涡轮	单级轴流式低压涡轮,与高压涡轮转向相反
加力燃烧室	燃油喷嘴环安排在低压涡轮后,加力筒体结构适应喷管转角要求
控制系统	三通道电子控制系统,并带有机械-液压备份系统

应用

派生型	装机对象
R-79	雅克-141
R-79V-300	雅克-141
R-79M	苏-37

七、国际合作军用涡扇发动机

1. RB199

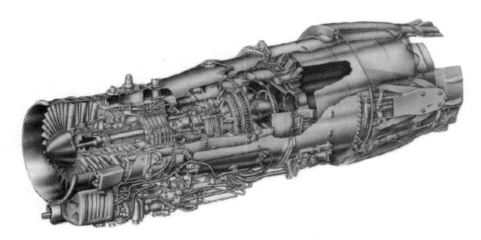

RB199-NK103

RB199 发动机是英国、联邦德国和意大利三国合作研制的高推重比三转子加力式涡扇发动机,涵道比在 1.0～1.1 之间。1965 年英国提出 RB199 方案,1969 年英国罗·罗公司、联邦德国 MTU 公司和意大利菲亚特公司组成涡轮联合公司着手设计。罗·罗公司负责低压压气机、燃烧室及机匣、高压涡轮及机匣、加力燃烧室和燃油系统;MTU 公司负责中、高压压气机、中压涡轮及轴、中介机匣及齿轮箱、外涵道、反推力装置及其调节系统;菲亚特公司负责低压涡轮及轴、排气扩压器、喷管及可调喷口和转子后轴承。

1971 年第 1 台 RB199 发动机进行首次试验,1973 年 4 月在飞行试验台上首次试飞。1974 年 8 月装在狂风原型机上首次试飞。1978 年 11 月通过 150h 定型试车,1979 年开始批生产,1980 年投入使用。

RB199－Mk103 是标准发动机,带整体反推力装置。RB199－Mk104 的加力燃烧室增长356mm。耗油率降低,但加力推力增加。1985 年首批发动机交付使用。Mk105 与 Mk103 相似,重新设计了低压压气机以应对气流的增加并形成更高的总增压比。除推力增加 10％之外,还大大降低了寿命周期成本。

除此之外,RB199 还有其他几个派生型号,分别是 RB199－01,RB199－02,RB199－03,RB199－04,RB199－Mk104D,RB199－122 和 RB199"B"。

技术参数

发动机型号	Mk103	Mk104	Mk105
国际标准大气海平面			
最大推力/lbf(kN)	16000(71.17)	16410(73.0)	16800(74.73)
中间推力/lbf(kN)	9100(40.5)	9100(40.5)	9650(42.5)
推重比	7.93	7.62	
涵道比	1.1	1.1	
总增压比	23.5	23.5	24.5
涡轮进口温度/℃	1317	1317	1317
空气流量/(lb·s^{-1}(kg·s^{-1}))	164(74.6)	164(74.6)	166(75.3)
中间耗油率/(lb·h^{-1}·lbf^{-1}(kg·h^{-1}·daN^{-1}))	0.649(0.66)	0.649(0.66)	0.650(0.66)
尺寸			
长度/in(m)	128(3.251)	142(3.6)	130(3.302)
直径/in(m)	28.3(0.719)	28.3(0.719)	29.6(0.752)
干重/lb(kg)	2107(965)	2151(975.7)	2185(991)

结构与系统

压气机	3 级轴流式低压压气机,3 级轴流式中压压气机,6 级轴流式高压压气机
燃烧室	环形燃烧室,采用 T 形蒸发管燃油喷嘴,有 2 个火花塞
涡轮	1 级轴流式高压涡轮,1 级轴流式中压涡轮,2 级轴流式低压涡轮,高压和中压涡轮均采用气冷转子和静子叶片,低压涡轮转子叶片为带冠空心不冷却叶片,静子叶片为气冷叶片
加力燃烧室	完全可调整体式加力燃烧室,内外涵气冷同时燃烧,无混合段
尾喷管	简单收敛型尾喷管,面积可变,主副调节板各 14 块,采用整体式反推力装置,由空气马达驱动
控制系统	全权限数字式电子控制系统
附件装置	附件齿轮箱位于中介机匣下方,携带主燃烧室和加力燃烧室燃油系统、油箱及油泵的液压机械部分,并且与飞机齿轮箱连接的输出轴上有 KHD 燃气涡轮起动机/APU

应用

发动机型号	Mk103	Mk104	Mk105
装机对象	"飓风"IDS/GR.4	"飓风"ADV/F.	"飓风"ECR
投入使用时间	1983	1980	
备注	使用中,仍在生产		

2. TF41

TF41

    TF41 是艾利逊与罗·罗公司联合研制和生产的一种军用斯贝发动机,是 RB168 - 25 的改型。TF41 - A - 1 研制始于 1966 年,是美国空军名称,罗·罗公司命名为 RB168 - 62,1967 年

10月首次运行,1968年6月交付使用。TF41 的两个批量生产型号是 RB168 - 62 和 RB168 - 66。

技术参数

发动机型号	TF41 - A - 1	TF41 - A - 2
国际标准大气海平面		
最大推力/lbf(kN)	14500(64.5)	15000(66.7)
涵道比	0.75	0.74
总增压比	20	21.4
空气流量/(lb·s^{-1}(kg·s^{-1}))	258(117)	263(119)
起飞耗油率/(lb·h^{-1}·lbf^{-1}(kg·h^{-1}·daN^{-1}))	0.633(0.645)	0.647(0.659)
尺寸		
长度/in(m)	102.6(2.61)	102.6(2.61)
进口直径/in(m)	37.5(0.953)	37.5(0.953)
高度/in(m)	40.0(1.02)	40.0(1.02)
干重/lb(kg)	3175(1440)	3241(1470)

结构与系统

进气装置	直接进气,固定,无进口导叶
风扇	3 级风扇
低压压气机	2 级轴流式低压压气机
高压压气机	11 级轴流式高压压气机
燃烧室	环管形燃烧室,带 10 个火焰筒
涡轮	2 级高压涡轮,2 级低压涡轮
尾喷管	固定面积尾喷管,耐热钢
控制系统	机械-液压式 HP 系统,带自动加速和转速控制
滑油系统	独立滑油系统,带油箱、油气换热器、齿轮泵

应用

派生型	国际标准大气海平面推力/kN	装机对象	投入使用时间
TF41 - A - 1	64.5	LTV A - 7D"海盗船"	1968.6
TF41 - A - 2	66.7	LTV A - 7E"海盗船"	

3. EJ200

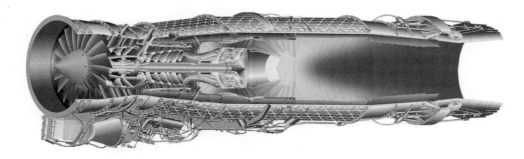

EJ200

　　EJ200 是欧洲四国联合研制的先进双转子加力式涡扇发动机,用于欧洲联合研制的 20 世纪 90 年代战斗机 EFA(现编号 EF2000)。参加研制工作的有英国 R·R 公司、德国 MTU 公司、意大利菲亚特公司和西班牙涡轮发动机工业公司,各占 33%,33%,21% 和 13% 的份额。在发动机设计要求中,除要求达到高推重比(10)和低耗油率外,特别强调高的可靠性、耐久性和维修性以及低的寿命周期费用。

技术参数

国际标准大气海平面		尺寸	
最大起飞推力/lbf(kN)	20250(90.1)	长度/in(m)	157(4.0)
中间推力/lbf(kN)	13500(60.1)	风扇直径/in(m)	29(0.7)
涵道比	0.4	干重/lb(kg)	2180(988.8)
总增压比	26		
空气流量/(lb·s^{-1}(kg·s^{-1}))	170(77.1)		
中间耗油率/(lb·h^{-1}·lbf^{-1}(kg·h^{-1}·daN^{-1}))	0.81(0.83)		

结构与系统

风扇	3 级轴流式风扇
压气机	5 级压气机
燃烧室	环形燃烧室,无烟,带蒸发式喷嘴
涡轮	1 级高压涡轮,1 级低压涡轮,均为轴流式
加力燃烧室	混合燃烧型加力燃烧室,由有冷却气流的低阻力燃油喷嘴(15×4 个)、15 个汽化燃烧器和 15 个具有复杂冷却的径向热射流器和热防护稳定器组成
尾喷管	全程可调收敛-扩张式尾喷管
控制系统	FADEC,具有故障诊断和状态监控能力
滑油系统	零过载或负过载滑油系统

应用

发动机型号	装机对象	获得适航证时间	投入使用时间
EJ200	"台风"	1999	2000

4. Adour

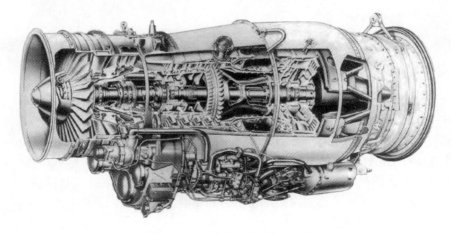

Adour

　　Adour(阿杜尔)发动机是英国罗·罗公司和法国透博梅卡公司联合研制的一种双转子涡扇发动机,是为"美洲虎"教练攻击机设计的。发动机在设计过程中强调了低空性能和高空超声速性能,只要求使用中短时间加力,但要求巡航时经济性好。采用了先进的气动设计,以使其结构简单、紧凑,易于维护。

技术参数

发动机型号	阿杜尔 Mk951	阿杜尔 Mk106	阿杜尔 Mk871/F05
国际标准大气海平面			
最大起飞推力/lbf(kN)		8430(37.5)	
中间推力/lbf(kN)	6500(28.9)	5550(24.5)	6030(26.8)
涵道比	0.78	0.8	0.76
总增压比	12.2	10.4	11.3
空气流量/(lb·s^{-1}(kg·s^{-1}))	105(47.6)	95.9(43.5)	97.6(44.3)
耗油率/(lb·h^{-1}·lbf^{-1}(kg·h^{-1}·daN^{-1}))	0.78(0.80)	0.81(0.83)	0.78(0.80)
尺寸			
长度/in(m)	77(1.96)	77(1.96)	77(1.96)
直径/in(m)	22.3(0.57)	22.3(0.57)	22.3(0.57)
干重/lb(kg)	1345(610)	1784(809.2)	1299(589.2)

结构与系统

进气装置	皮托管式进气装置
风扇	2 级轴流式风扇
压气机	5 级压气机
燃烧室	环形燃烧室
涡轮	1 级高压涡轮,1 级低压涡轮
加力燃烧室	阿杜尔发动机有加力型和不加力型,加力型加力燃烧室全程调节,有 4 个同心喷油环和蒸发式火焰稳定器
尾喷管	收敛-扩张式尾喷管,4 个作动筒,16 个鱼鳞板,全程可调
控制系统	全权限数字式电子控制系统
燃油系统	Jet A-1,JP-4,JP-5 燃油
滑油系统	回路系统,综合式滑油系统
起动系统	1 台卢卡斯公司的起动机/发动机
点火系统	罗塔克斯公司的 NB3805(主燃烧室)和 NB7108(加力燃烧室)高能电嘴
防冰系统	引入冷却高压涡轮前轴承腔的冷空气用于进气锥防冰

应用

派生型	国际标准大气海平面推力/kN	装机对象	获得适航证时间	投入使用时间
阿杜尔 Mk101	31.04	"美洲虎"		
阿杜尔 Mk102	32.5	"美洲虎"	1972	
阿杜尔 Mk104	35.1			
阿杜尔 Mk106	37.45	"美洲虎"		
阿杜尔 Mk151	23.1	"鹰"	1975	
阿杜尔 Mk801A	32.5	MHI T-2,F-1	1972	
阿杜尔 Mk804E	35.8	"美洲虎"出口型	1976	
阿杜尔 Mk811	37.4	"美洲虎"出口型		
阿杜尔 Mk821		"美洲虎"		
阿杜尔 Mk851	23.1	"鹰"出口型		
阿杜尔 Mk861	25.4	"鹰","鹰"Mk60	1981	
阿杜尔 Mk861A	25.4	"鹰"Mk66		
阿杜尔 Mk861-49		MD/"豪客" Siddeley T-45A	1988	
阿杜尔 Mk871	26.78	"鹰"100,"鹰"200,T-45"苍鹰"	1990	1992
阿杜尔 F405-RR-401	26.0	T-45A,T-45C		
阿杜尔 F404-RR-402	26.25	T-45C		
阿杜尔 Mk900	28.97		2002	
阿杜尔 Mk951	28.97	波音/BAE 系统公司"鹰"飞机各种机型		2005

5. F136

F136

F136 小涵道比双转子加力式涡扇发动机是 F-35 战斗机的替代发动机,其存在是为了遵循美国国会所提出的在发动机领域保持竞争的要求。但是高额的研制费用让美方感到难以承受,故而提出取消该项目。F136 是一个国际项目,其中 50% 的部件由通用电气公司负责研制,40% 归英国罗·罗公司承担,还有 10% 由其他国际合作伙伴负责。

技术参数

国际标准大气海平面		尺寸	
最大起飞推力/lbf(kN)	40490(180)	长度/in(m)	F136-GE-100,F136-GE-400 为 221.0(5.613)
中间推力/kN	116.00		F136-GE-600 为 369.0(9.373)
涵道比	0.42-0.45		
总增压比	35	风扇直径/in(m)	43.3(1.1)
空气流量/(lb·s⁻¹(kg·s⁻¹))	380(172.4)	干重/lb(kg)	F136-GE-100 为 4300(1950)

结构与系统

进气装置	皮托管式进气装置
风扇	3 级风扇
压气机	5 级压气机
燃烧室	环形燃烧室,带 16 个先进的汽化燃烧器
涡轮	1 级高压涡轮,3 级低压涡轮
加力燃烧室	确切说应称为推力增强装置,因为它的燃烧包含核心和涵道气流
尾喷管	完全可调收敛-扩张式,F136-GE-600 可以进行 95°快速矢量变换

应用	
派生型	装机对象
F136 - GE - 100	F - 35A 常规起落飞机
F136 - GE - 400	F - 35C 舰载机
F136 - GE - 600	F - 35B 短距起飞垂直降落飞机

八、其他公司军用涡扇发动机

1. F3

F3 - IHI - 30C

　　F3 是日本石川岛播磨重工业公司与防卫厅技术研究和发展所合作研制的双转子涡扇发动机,计划用于军用教练机和轻型攻击机,也可用于小型民用飞机。研制工作从 1975 年 4 月开始,同年 5 月完成 IHIG - 15 核心机的初步性能试验。1976 年 11 月,首台 XF3 - 1 发动机达到初始设计推力 11.74kN。XF3 - 1 用单级风扇,涵道比为 1.9。第二批原型机 XF3 - 20 改为双级风扇和低压涡轮。截至 1981 年 5 月,累计试验 600h,1982 年 8 月装在川崎公司 C - 1 空中试车台上试验,1982 年 10 月在美国高空模拟试车台上完成 70h 试验,1983 年 12 月 F3 - 30 完成试飞前规定试验,1986 年完成定型试验。在 T - 4 教练机上的飞行试验于 1985 年 7 月开始,1986 年 10 月结束。1987 年年末,生产型 F3 - 30 交付。

　　在 F3 的设计中,将成本、性能和进度三者放在同等重要的位置。F3 的研制过程遇到的麻烦比较少。较长的研制周期就是应参与研制的公司为避免过去本国发动机研制中所遇到的问题和进度拖延的要求而制订的。供研制试验、试飞和定型用的原型机共 19 台,其中包括 4 台 CFJ - 801 民用验证机。发动机翻修寿命目标是 1200h。

　　F3 的主要型别:

　　XF3 - 1:1 级风扇,涵道比为 1.9,5 级跨声速压气机,12 个火焰筒,1 级高压涡轮和 1 级低压涡轮。起飞推力为 11.79kN。

F3-20:1977 年 JDA 与石川岛播磨重工业公司签订合同考虑升级该型发动机,涵道比减为 0.9,涡轮进口温度增加,使起飞推力增加到 16.28kN。

F3-30:标准生产型。1982 年被 JASDF 选为 T-4 教练机的动力。XF3-30 于 1986 年 3 月定型。生产型改名为 F3-IHI-30,并于 1987 年 12 月开始交付 JDA。

F3-IHI-30B:改进了高压涡轮。截至 2004 年,60% 的在役 F3 发动机都已经为 B 型。

F3-IHI-30C:于 2003 年年底成功完成飞行试验。整合了先进的 IHI 全权限数字式电子控制系统,改进了可靠性并降低了维护需求。到 2005 年,大部分 F3 发动机都升级为这种标准。

CFJ-801:F3 的民用改型,计划用于 4~10 座公务机。涵道比为 3.5,总增压比为 11,推力为 13.34kN。共制造了 4 台验证机,因找不到市场,于 20 世纪 80 年代初停止发展。

XF3-400:F3-30 的加力改型,加力推力为 24.46kN。1990 年签订合同,1992 年 3 月提交第一台 XF3-400。研制费用可能要 7000 万美元,包括 3 台试验用发动机,周期为 2~3 年。

技术参数(F3-IHI-30C)

起飞推力/kN	16.37	涡轮进口温度/℃	1050
起飞耗油率/(kg·h⁻¹·daN⁻¹)	0.714	最大直径/m	0.63
推重比	4.91	进口直径/m	0.56
空气流量/(kg·s⁻¹)	34	长度/m	1.34
涵道比	0.90	干重/kg	340
总增压比	11.1		

结构与系统(F3-IHI-30C)

进气装置	简单环形,无进口导流叶片
风扇	2 级轴流式风扇,无进口导流叶片。采用宽弦叶片,整流叶片由钛合金制造。总增压比为 2.6,转速 15300r/min
压气机	5 级轴流式压气机,跨声速设计。前 2 级整流叶片可调。总增压比为 4.2,转速为 21100r/min
燃烧室	环形燃烧室。12 个双油路气动雾化喷嘴。火焰筒为镍基合金
高压涡轮	1 级轴流式高压涡轮,气冷。转子叶片和导向器叶片分别用镍基合金和钴基合金制造
低压涡轮	2 级轴流式低压涡轮,转子叶片带冠。叶片材料同高压涡轮
控制系统	已经与 NAL 合作研制了一个 FADEC 系统,装 FADEC 的发动机于 1989 年首飞
支承系统	5 个支点,低压转子 3 个,高压转子 2 个,其中一个是轴间滚棒轴承。齿轮箱为陶瓷轴承

应用

派生型	装机对象	投入使用时间
F3 - IHI - 30B	TD - X	1999
F3 - IHI - 30C	T - 4 教练机	

2. XF7 - 10

XF7 - 10

XF7 - 10 是由日本石川岛播磨重工(现 IHI 公司)研制的涡扇发动机。该发动机部分技术来自于 XF5 - 1 的研究成果转化,2000 年开始开发,共花费了 200 亿日元开发费。

设计目的是,研制出一种可以完成高空高速巡航、低空低速飞行、省燃油、耐恶劣环境的大型飞机用高性能发动机。

技术参数

起飞推力/lbf(kN)	13000(57.89)	长度/in(m)	108.7(2.76)
涵道比	8.0	直径/in(m)	56.7(1.44)
总增压比	≥40	干重/lb(kg)	≈4409(2000)

结构与系统

风扇	1 级风扇。由 22 个宽弦叶片组成。涵道比为 8
压气机	轴流式压气机。总压比不低于 40
涡轮	高压涡轮采用先进的冷却动叶
燃烧室	环形燃烧室
控制系统	FADEC,由汉胜公司参与研发

应用

发动机型号	装机对象	获得适航证时间	投入使用时间
XF7 - 10	XP - 1	2006	2008

3. D - 18A

D - 18A

D - 18A 是波兰航空研究所研制的一种小型双转子涡扇发动机,于 1992 年 4 月 16 日首次试车。该发动机没有找到用户,但是比较适用于 ZRPSL 集团 Marganski 公司设计的 Bielik 飞机(该飞机的原型机采用了通用电气公司的 J85 发动机)的动力。

技术参数

起飞推力/kN	17.65	涡轮进口温度/℃	900
起飞耗油率/(kg·h^{-1}·daN^{-1})	0.755	进口直径/m	0.59
推重比	4.74	宽度/m	0.75
空气流量/(kg·s^{-1})	38.4	高度/m	0.9
涵道比	0.7	长度/m	1.94
总增压比	8	干重/kg	380

结构与系统

进气装置	直接皮托管式进口,不带进口导流叶片
风扇	2 级轴流式风扇,带钢制转子和静子叶片。电子束焊接的转子支承在滚珠和滚棒轴承上。总增压比为 2.07
压气机	5 级轴流式压气机。不锈钢转子和静子叶片。转子由两部分组成,用螺栓连接,每部分均为电子束焊接结构
燃烧室	环形燃烧室。带 18 个雾化喷嘴、6 个起动喷嘴和两个点火器

续 表

高压涡轮	1级轴流式高压涡轮,转子叶片采用 ES 867 材料锻造,导向器叶片采用 ZS6K 材料铸造
低压涡轮	1级轴流式低压涡轮。高压、低压涡轮间设有滚棒轴承
尾喷管	内、外涵均为简单固定面积收敛喷管
控制系统	全权限数字式电子控制系统
滑油系统	整体式滑油系统。旋板泵和滑油/燃油热交换器。合成滑油,SDF 型
起动系统	由飞机电瓶或地面动力驱动的 27V 起动/发电机,功率为 9kW
安装节	中介机匣处有两个主安装座。后面在中心线两侧各有一个安装支杆

4. DV - 2

DV - 2

　　DV - 2(ДВ - 2)涡扇发动机由苏联伊伏琴科设计局(现乌克兰扎波罗日"进步"机械制造设计局)与斯洛伐克的 Povazska Bystrica 公司联合研制,由斯洛伐克的 ZVL 工厂生产。

　　该发动机的研制工作从 1982 年持续到 1987 年,共制造了 124 台发动机,安装在捷克和斯洛伐克空军的 L - 39MS 飞机,以及埃及和突尼斯的 L - 59(原 L - 39MS)飞机上,用于取代 AI - 25TL 型发动机,也计划用于雅克-130 教练机、中国洪都集团的 L - 15 教练机。1999 年,翻修间隔时间延长到 500h,使用寿命延长到 2000h 以上。

　　该发动机主要型别:

　　DV - 2:基本型。

　　DV - 2A:基本型的改进型。主要改进部件为风扇,增加叶片数目和改进材料,未投产。

　　DV - 2A. 2:提高推力但不改变转速和排气温度的改进型,未投产。

　　DV - 2S:寿命增长型。

　　DV - 2S. 2:推力提高和寿命增长型,已完成厂内试验。

DV-2C:批生产型。

DV-2S-OX:用于雅克-130D 验证机,供雅克-130 飞机试飞用(俄罗斯编号 RD-35),1996 年 4 月首飞。改进后用于中国洪都集团 L-15 教练机,于 2006 年 3 月完成首飞。

DV-2C.2:风扇部件改进,发动机推力提高的改进型。采用新的钛合金风扇叶片,增加叶片数量,增压级放气量连续可调,已经完成厂内试验。

DV-2F:拟发展的以 DV-2C.2 改型的加力型涡扇发动机。

DV-2.40:拟发展的以 DV-2C.2 核心机为基础改型的大涵道比涡扇发动机。

技术参数

起飞推力/kN		涡轮进口温度/℃	
保持到 24℃ DV-2	21.58	DV-2	1170
		DV-2A	1127
保持到 26℃		宽度/mm	
DV-2A/2S/2C	21.58	DV-2	994
DV-2A.2/2S.2/2C.2	24.50	DV-2A/2A.2	994
DV-2F(加力型)	42.00	DV-2S/2S.2	823
		DV-2C/2C.2	823
保持到 25℃ DV-2.40	35.10	DV-2F	823
		DV-2.40	1106
起飞耗油率/(kg·h⁻¹·daN⁻¹)		高度/mm	
DV-2	0.613	DV-2	1037
DV-2A/2S/2C	0.610	DV-2A/2A.2	1044
DV-2A.2/2S.2/2C.2	0.629	DV-2S/2S.2	1046
DV-2F(加力型)	1.850	DV-2C/2C.2	1042
		DV-2F(加力型)	1118
DV-2.40	0.395	DV-2.40	1606
推重比		长度/mm(带排气系统)	
DV-2	4.65	DV-2	3773
DV-2A/2S/2C	5.06	DV-2A/2A.2	3821
DV-2A.2/2S.2/2C.2	5.81	DV-2S/2S.2	2245
DV-2F(加力型)	6.80	DV-2C/2C.2	2245
		DV-2F(加力型)	2900
DV-2.40	5.84	DV-2.40	2429

续　表

空气流量/(kg · s⁻¹)		干重/ kg	
DV - 2	49.2	DV - 2	474
DV - 2A. 2/2S. 2/2C. 2	52.5	DV - 2A/2A. 2	435
DV - 2.40	134	DV - 2S/2S. 22C/2C. 2	430
		DV - 2F(加力型)	630
		DV - 2.40	613.5
总增压比		涵道比	
DV - 2	13.5	DV - 2	1.34
DV - 2A	14.0	DV - 2A	1.46
DV - 2A. 2/2S. 2/2C. 2	15.5	DV - 2A. 2/2S. 2/2C. 2	1.4
		DV - 2.40	5.31

结构与系统

风扇	1 级轴流式风扇。不带进气导向器。整体叶盘结构,采用不带凸台的宽弦铝合金叶片。DV - 2A/2C. 2 改为钛合金
低压压气机	与风扇共轴的 2 级轴流式低压压气机,用作增压级
高压压气机	7 级轴流式高压压气机,进口零级可调静子叶片
燃烧室	环形燃烧室。低烟无污染,有 3 个放气阀门,16 个气动雾化喷嘴,2 个火炬点火器
高压涡轮	1 级轴流式高压涡轮。气冷导向器叶片和转子叶片
低压涡轮	2 级轴流式低压涡轮。第 1 级导向器叶片为气冷
尾喷管	固定收敛式尾喷管,混合排气
控制系统	电子控制器加燃油调节器,带机械-液压备份
起动系统	空气涡轮起动机

应用

派生型	装机对象
DV - 2	L - 59 教练机,雅克-130 教练机,L - 159,雅克/AEM - 130,L - 15(拟用)
DV - 2S - OX	雅克-130D 验证机,L - 15 教练机(拟用)

5. Kaveri

Kaveri

Kaveri(凯夫拉)由印度燃气涡轮研究院研制,是印度首款自产喷气发动机,发展十分缓慢。该发动机计划作为印度轻型战斗机(LCA)的动力装置,代替三个 LCA 原型机中使用的通用 F404－F2J3 发动机。

凯夫拉也称为 CTX－35VS,于 1989 年 4 月开始全面研制,计划用时 93 个月并耗资 38.2亿印度卢比。1995 年 3 月,核心机开始首次运转;1995 年 9 月,整机运转。2001 年,原计划 17台原型机中已经有几台在俄罗斯和印度进行试验。

技术参数

最大起飞推力/lbf(kN)	18100(80.51)	空气流量/(lb · s^{-1}(kg · s^{-1}))	172(78)
中间推力/lbf(kN)	11462(51.0)	耗油率/(lb · h^{-1} · lbf^{-1}(kg · h^{-1} · daN^{-1}))	0.740(0.755)
涵道比	0.16	干重/lb(kg)	2427(1100)
总增压比	22.75		

结构与系统

压气机	3 级跨声速低压压气机;6 级高压压气机,带可变角度进口导流叶片
燃烧室	环形燃烧室,带突扩扩压器和气动雾化喷嘴
涡轮	1 级低压涡轮,1 级高压涡轮;高压涡轮进口温度为 1177~1427°C(1450~1700K)
控制系统	KADECU FADEC,与 HAL 合作开发,可在环境温度较高的前提下,保证起飞功率
起动系统	HAL 制造的燃气起动机

应用

发动机型号	国际标准大气海平面推力/kN	装机对象
凯夫拉	80.51	LCA

6. RM12

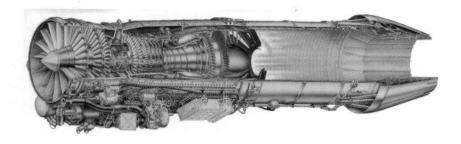

RM12

1981 年 6 月 3 日,美国通用电气公司和瑞典沃尔沃航空发动机公司向瑞典防务装备管理局(FMV)提出建议,准备共同为下一代战斗机(当时的名称为 JAS39"鹰狮")研制发动机。1988 年 12 月 9 日,装 RM12 发动机的"鹰狮"飞机原型机首飞成功。

1984 年 6 月,第 1 台 RM12 发动机首次试车。1985 年 1 月,首批 6 台 RM12 发动机在瑞典开始试验。1988 年 12 月进行首飞,1992 年初第 1 台生产型发动机交付。RM12 发动机试验中发现了很多问题,如发动机起动后的最初几分钟推力达不到要求、压气机和低压涡轮叶片出现裂纹、燃烧室污染等问题。通用电气公司和沃尔沃公司研究解决了这些问题。到 2004 年年底,8 台飞行试验用 RM12 发动机和 180 台生产型 RM12 已经交付,而 RM12 发动机在 70000 次飞行中飞行时数累计达到 152000h。

该发动机主要型别:

RM12A:基本型,推力为 80.50kN。

RM12B:第 1 种增推型,推力为 86.73 kN。

RM12C:进一步发展的先进改型。采用单晶涡轮叶片并改进气动力设计,推力可达 88.96 kN。1995 年投入生产。

RM12+:目前正在改进的型号,可能采用第 3 代的单晶涡轮叶片,加力燃烧室将采用新的径向稳定器,采用新的 FADEC 系统。

技术参数

最大推力/kN		推重比	
RM12A	80.50	RM12A	7.82
RM12B	86.73	RM12B	8.43
RM12C	88.96	RM12C	8.65
中间推力/kN(RM12A)	54.00	最大直径/m	0.884
空气流量/(kg·s^{-1})(RM12A)	71.67	进口直径/m	0.709
涡轮进口温度/℃(RM12A)	1426	长度/m	4.04
最大耗油率/(kg·h^{-1}·daN^{-1})	1.816	干重/kg	1055
中间耗油率/(kg·h^{-1}·daN^{-1})	0.857		
涵道比	0.28		
总增压比	27		

结构与系统

风扇	第1级静子叶片可调。风扇叶片的材料为钛合金。机匣为铝合金,经化学铣加工而成
压气机	与 F404 相似,但总增压比为 27.5
燃烧室	短环形燃烧室。采用双通道点火和两个点火器
高压涡轮	1 级轴流式高压涡轮。转子叶片和导向器叶片采用气膜和冲击冷却。转子叶片材料为 DSR80,导向器叶片材料为 In754
低压涡轮	1 级轴流式低压涡轮。自压气机引气冷却,盘材料为 In718
加力燃烧室	核心气流及外涵气流都参与燃烧的加力燃烧室
尾喷管	收敛-扩张型尾喷管,喷管面积比为 1.6
控制系统	采用机械-液压-数字电子反馈装置进行燃油控制

应用

派生型	装机对象
RM12A	JAS 39(原型机)
RM12B	JAS 39(早期生产型)
RM12C	JAS 39(后期生产型)

第二章 军用涡喷发动机

一、罗·罗公司军用涡喷发动机

1. Viper 500

Viper 522

1948 年年初,英国与澳大利亚政府决定合作研制一种靶机,用以发展远程导弹,并决定由当时的阿姆斯朗特/西德利公司研制其一次性使用动力,即 Viper(威派尔)涡喷发动机。1951 年首台威派尔发动机开始运转,1952 年用于"金迪维克"靶机,随后发动机又改型用于"喷气校长"喷气教练机。经过几十年的发展,主要型别有威派尔 100、威派尔 200、威派尔 500 和威派尔 600 系列。

威派尔 500 系列涡喷发动机是在威派尔编号 A.S.V.11 的压气机前面增加零级,由 7 级变为 8 级,使总增压比和空气流量分别提高 30% 和 40% 发展而来,该系列涡轮级数为 1 级。

技术参数

发动机型号	威派尔 535/ 威派尔 540		
国际标准大气海平面			
最大起飞推力/lbf(kN)	3310(14.72)	总增压比	5.6
空气流量/(lb·s⁻¹(kg·s⁻¹))	52.7(23.9)	耗油率/(lb·h⁻¹·lbf⁻¹ (kg·h⁻¹·daN⁻¹))	1.03(1.05)

续 表

尺寸	
长度/in(m)	71.1(1.806)
最大直径/in(m)	28.0(0.7112)
干重/lb(kg)	790(358.3)

结构与应用	
压气机	8级轴流式压气机,零级转子叶片有中间凸台
燃烧室	短环形燃烧室,带24个蒸发管式燃油喷嘴,6个气动雾化喷嘴
涡轮	1级轴流式涡轮,转子叶片带叶冠

应用	
装机对象	BAe167"打击能手",MB-326
投入使用时间	1968/1971

2. Viper 600

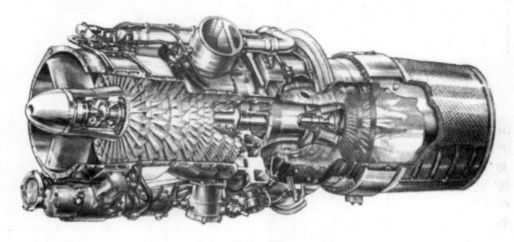

Viper 632

Viper 600(威派尔600)涡喷发动机系列由罗·罗公司与意大利菲亚特公司合作研制。菲亚特公司负责燃烧室、涡轮轴和尾喷管,罗·罗公司负责其余部件。将威派尔500系列发动机的进口导叶取消,重新设计第1级压气机转子叶片和前3级整流叶片,缩短燃烧室长度并将1级涡轮改为2级,发展成威派尔600系列。威派尔600系列的军用型返修间隔时间同500系列的相同,都为1000h。

威派尔633为加力型,采用两圈V形火焰稳定器、热射流点火和闭环喷管控制。

威派尔680是威派尔632的改型,推力比威派尔632(非加力型)大15%,主要改进是加大了发动机进口面积和涡轮转速,并修改了叶片的高度。

技术参数

发动机型号	威派尔 632	威派尔 633(加力)	威派尔 680
国际标准大气海平面			
最大起飞推力/lbf(kN)	3970(17.66)	4950(22.02)	4300(19.13)
推重比	4.79	4.06	5.15
总增压比	5.9	5.9	6.8
空气流量/(lb·s^{-1}(kg·s^{-1}))	58.49(26.5)		63.58(28.8)
最大耗油率/(lb·h^{-1}·lbf^{-1} (kg·h^{-1}·daN^{-1}))	0.98(1.000)	1.79(1.824)	1.02(1.039)
尺寸			
长度/in(m)	77.1(1.958)	174.8(4.440)	77.3(1.963)
最大直径/in(m)	29.4(0.7468)	27.9(0.7087)	29.0(0.7366)
干重/lb(kg)	830(376.5)	928(421)	836(379.2)

结构与系统

进气装置	皮托管环形直接进气,无进口导叶,利用压气机排出的热空气防冰
压气机	8 级轴流式压气机,零级转子叶片有中间凸台
燃烧室	短环形燃烧室,24 个蒸发式燃油喷嘴,6 个气动雾化喷嘴
涡轮	2 级轴流式涡轮,转子叶片带叶冠
加力燃烧室	有两圈 V 形火焰稳定器,热射流点火
尾喷管	简单的环形收敛喷管
控制系统	机械-液压式控制系统,带气压燃油控制和油气比控制装置
燃油系统	卢卡斯公司 MGBB/137 柱塞式燃油泵,出口压力为 5885kPa
滑油系统	由两部分组成的综合滑油系统,前轴承及附件机匣为开式循环系统,中、后轴承为带两个单柱塞限量微型泵的非循环全耗式系统
起动系统	罗塔克斯公司 C10TS/3 型高能点火装置

应用

发动机型号	威派尔 632	威派尔 633(加力)	威派尔 680
装机对象	G-4"超海鸥",G-4M"超海鸥",MB-326A/L,MB-339A,J-22"鹰"1,IAR-93A,IAR-93B,IAR-99,IAR-109"雨燕"	J-22"鹰"1	MB-339C,MB-339FD
投入使用时间	1975		1991.9
备注	停产		停产

二、普·惠公司军用涡喷发动机

1. J52

J52

J52(普·惠公司编号为JT8)最早是为空射导弹研制的,后来在美国海军的攻击机和战斗机上找到了用途,普·惠公司于1955年开始从海军取得研制J52的资金。第一代J52,即J52-P-3于1955年12月首次台架运转,1959年装在空军的北美罗克韦尔公司制造的"猎犬"式空中发射导弹上首次飞行。自那时起,为适应拟装飞机更大推力的要求,前后研制了J52-P-6,J52-P-408,J52-P-409等不同的型别。从J52-P-3发展到J52-P-408,发动机外廓直径没有变化,长度增加不到40mm,质量增加仅78.5kg,而推力却增大了50%。J52系列具有起动迅速、维护简便等优点。在20世纪70年代,该发动机在美国海军所用飞机中的使用效率最高,每月的单台飞行时数超过了海军当时所用的其他任何发动机。装备这种发动机的飞机A-4M曾创造了1h之内和1日之内拦阻着舰次数最高纪录。

技术参数(J52-P-408)

最大起飞推力/kN	49.80	直径/m	0.814
总增压比	14.5	长度/m	3.020
推重比	4.83	干重/kg	1052
起飞耗油率/(kg·h^{-1}·daN^{-1})	0.826		

结构与系统

进气装置	直流环形进气装置,采用热空气防冰
低压压气机	5级轴流式低压压气机,鼓形转子。对开钢机匣
高压压气机	7级轴流式高压压气机。对开钢机匣
燃烧室	环管形燃烧室。9个火焰筒,36个双孔燃油喷嘴。整体式机匣

续　表

高压涡轮	1级轴流式高压涡轮,J52-P-408A/B采用气冷叶片
低压涡轮	1级轴流式低压涡轮
控制系统	机械-液压式控制系统。起动、加速、稳定和减速均自动调节,单一主油门杆操纵

应用

派生型	推力/lbf(kN)	装机对象
J52-P-3	7500 (33.0)	AGM-28B 导弹
J52-P-6(JT8B-1)	8500 (38.0)	单发 A-4E 及其衍生型飞机
J52-P-6A	8500 (38.0)	双发 A-6A,双发 EA-6A(早期型),单发 A-4E 和 TA-4J
J52-P-8A/B(JT8B-3)	9300 (41.0)	双发 A-6A/B/C/E,KA-6AD,EA-6A 和 TA-4E
J52-P-408	11200(49.8)	A-4S
J52-P-409	12000 (53.0)	EA-6B ADVCAP

2. J57

J57

　　J57 是美国普·惠公司研制的一种大型军用涡喷发动机。1947 年初步设计,1949 年完成最终设计,1952 年定型,1956 年开始生产。

　　J57 首次采用双转子高总增压比轴流式压气机,使装备该发动机的飞机航程大、升限高,能在 21000m 高空持续飞行。典型加力型 J57 的最大推力可达 16000lbf(71.2kN),中间推力为 10200lbf(45.39kN)。

技术参数(J57 - P - 43WB)

发动机型号	J57 - P - 43WB	J57 - P - 59W
起飞推力/kN	61.20(喷水),49.82	61.1(喷水),51.1
推重比	3.48	3.12
总增压比	14.3(喷水),12.5	12.5
空气流量/(kg·s⁻¹)	82.0	91.0
起飞耗油率/(kg·h⁻¹·daN⁻¹)	0.785	0.969(喷水)
涡轮进口温度/℃	827	
总长度/m	4.238	4.289
最大直径/m	1.016	0.987
干重/kg	1755	1959

结构与系统(J57 - P - 43WB)

进气装置	环形机匣带固定进口导流叶片
低压压气机	9级轴流式低压压气机。效率为0.864
高压压气机	7级轴流式高压压气机。效率为0.866
燃烧室	整体机匣。8个镍合金火焰筒
涡轮	钢机匣,有空心导向器叶片。效率为0.90
控制系统	机械-液压式控制系统。起动、加速、恒速和减速均自动调节。单一主油门杆操纵

应用

派生型	起飞推力/kN	装机对象
J57 - P - 2	40.50(不加力);70.00(加力)	F4D - 1
J57 - P - 4	50.00(不加力);68.00(加力)	F8U "十字军战士"
J57 - P - 5	44.00(不加力);66.00(加力)	波音484 - 405B
J57 - P - 12	49.00(不加力);65.80(加力)	F8U - 1
J57 - P - 13	49.50(不加力);72.60(加力)	F101A
J57 - P - 16	54.40(不加力);78.00(加力)	F8U - 2
J57 - P - 20	81.72	F - 8D
J57 - P - 20A	81.72	F - 8K
J57 - P - 21	53.07(不加力);72.57(加力)	F100F
J57 - P - 23	53.00(不加力);72.60(加力)	TF102
J57 - P - 29	45.00(不加力);79.40(加力)	B - 52D

续 表

派生型	起飞推力/kN	装机对象
J57 - P - 35	49.40(不加力);78.00(加力)	F102A
J57 - P - 43WB	49.82(不喷水);61.20(喷水)	B - 52G
J57 - P - 55	76.64(加力)	F - 101b
J57 - P - 59B	62.42(喷水)	
J57 - P - 420	88.88(加力)	F - 8J

3. J58

J58

　　J58（JT11）是美国普·惠公司为在高空和 $Ma=3.0$ 一级飞行速度下工作而设计制造的大型单转子加力涡喷发动机。1956 年下半年开始设计,1963 年 1 月开始取代 A - 12 飞机上的 J75,进行飞行试验,1966 年 1 月交付使用。

　　J58 发动机最初并非专为 A12/SR - 71 研制。由于多种原因失去装机对象后,J58 被选为洛克希德 A - 12 飞机的动力装置。在认真研究了 A - 12 飞机的任务要求后,普·惠公司的研究人员意识到普通涡喷循环方式难以适应长时间的 3 马赫巡航飞行,因此对原方案进行了彻底修改。修改后的 J58 - P - 4 发动机成为目前为止唯一一种投入生产的变循环发动机。J58在高马赫数时采用连续旁路放气循环。该推进装置的进气道、排气喷管格外重要,因为随着马赫数的提高,这两部分所提供推力占总推力的比例迅速增加。所以设计起来变困难,结构也变得复杂。进气道为轴对称移动式进气锥结构,为获得良好的跨声速性能和极好的高速巡航性能而设计。另外进气道还设有前、后放气门。

技术参数

发动机型号	J58 – P – 4	J58
起飞推力/kN	144.56(加力);102.29(不加力)	153.5(加力)
推重比	5.2	5.46
总增压比		8.8
起飞耗油率/(kg·h^{-1}·daN^{-1})	0.815(不加力)	2.217(加力)
空气流量/(kg·s^{-1})		166
涡轮进口温度/℃	1093	
直径/m	1.27	1.407
长度/m	4.57	5.377
质量/kg	2950	2869.5(干重)

结构与系统(J58 – P – 4)

进气装置	对开机匣,有可调进口导流叶片
压气机	9级轴流式压气机。对开钢机匣。第4级后有放气活门
燃烧室	环管形燃烧室。对开钢机匣。8个火焰筒,双油路喷嘴
涡轮	2级轴流式涡轮。对开钢机匣,空心导向叶片。第1级转子叶片空心气冷,第2级转子叶片不冷却
加力燃烧室	短扩式加力燃烧室,带气冷外罩,4个环形火焰稳定器
尾喷管	由主喷管和气动引射喷管组成,全程自动调节的收扩喷管
控制系统	机械-液压式控制系统,自动转速控制器控制起动、加速、减速和稳态工作

应用

派生型	起飞推力/kN	装机对象
J58 – P – 4	144.56(加力);102.29(不加力)	YF – 12A,SR – 71A,SR – 71C

4. J75

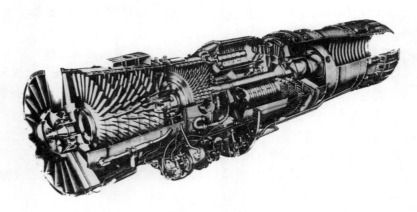

J75

J75 是美国普·惠公司研制的大型军用双转子加力（或同时喷水加力）涡喷发动机，JT4 是公司编号。它是为满足美国空军、海军超声速截击机的要求发展的。1951 年签订合同，1951—1954 年为初期研制阶段。1953 年原型机 YJ75 首次运转。1954 年秋交付第 1 台原型机。1956 年正式投入生产。

J75 同时使用加力燃烧室和向压气机喷水，以此增大起飞和爬升推力，这在涡喷发动机是第一次。当时它是西方世界服役的推力最大的军用涡喷发动机。到 1961 年交付有 500 台，累计工作时间达 30×10^4 h。

技术参数(J75 - P - 19W)

最大推力/kN	117.98(加力，喷水)	总增压比	12.0
	108.86(加力，不喷水)		
中间推力/kN	71.60	推重比	4.5
中间耗油率/(kg·h^{-1}·daN^{-1})	0.805	最大直径/m	1.092
最大耗油率/(kg·h^{-1}·daN^{-1})	2.2(喷水并加力燃烧)	长度/m	6.502
空气流量/(kg·s^{-1})	120.0	质量/kg	2706

结构与系统(J75 - P - 19W)

进气装置	机匣带固定进口导流叶片
低压压气机	8 级轴流式低压压气机。对开钛合金机匣。转速为 6500r/min
高压压气机	7 级轴流式高压压气机。整体钢机匣。有自动放气活门
燃烧室	环管形燃烧室。整体机匣。8 个火焰筒
高压涡轮	单级轴流式高压涡轮。导向器叶片气冷
低压涡轮	2 级轴流式低压涡轮
加力燃烧室	收敛型加力燃烧室。双位喷口带 12 块鱼鳞片
控制系统	机械-液压式控制系统。自动转速控制器用于起动、加速、减速和稳态工作，单一主控制系统

应用

派生型	推力/lbf(kN)	装机对象
J75 - P - 19W	26572(117.98)(加力)	F105D，F - 105F
J75 - P - 5	17200(76.51)	
J75 - P - 17	24500 (108.98)(加力)	F - 106A

5. PW1120

PW1120

PW1120 是美国普·惠公司在 F100 发动机的基础上改型设计的连续放气式双转子加力涡喷发动机。

该发动机的主要设计特点是低压压气机叶片采用小展弦比,部件试验证明其级总增压比和级负荷虽都有所提高,但叶片强度仍满足要求。非冷却式单级低压涡轮的材料与 F100 发动机的相同,但工作温度较低,叶片负荷较小。加力燃烧室长度和直径都比 F100 的有所减小,结构更简单,火焰稳定器更坚固耐用。主燃烧室与 F100 的基础相同,但采用涡流嘴式燃油喷嘴,改善了燃油雾化质量,提高了燃烧效率;另外采用了增强冷却效果的措施。高压涡轮采用单晶叶片代替 F100 的定向凝固叶片,第一级叶片采用莲蓬头式冷却方案,第二级导向器加强了冷却以降低热应力。由低压压气机连续引气 15.5%。

技术参数

最大起飞推力/kN	91.82	涡轮前温度/℃	1410
中间推力/kN	59.45	总增压比	23
巡航推力/kN	58.98	最大直径/m	0.978
中间耗油率/(kg·h⁻¹·daN⁻¹)	0.765	总长度/m	4.114
推重比	7.26	质量/kg	1288

中间耗油率/$(\text{kg}\cdot\text{h}^{-1}\cdot\text{daN}^{-1})$

结构与系统

进气装置	环形进气道。直接进气,固定进气锥。单排 21 片进气导流叶片,前缘固定,后缘可无级调节
低压压气机	3 级轴流式低压压气机。放气比约为 0.15
高压压气机	10 级轴流式高压压气机。结构和总增压比与 F100 的相同

续　表

燃烧室	与 F100 的基本相同
高压涡轮	2 级轴流气冷式高压涡轮。与 F100 的基本相同
低压涡轮	1 级轴流式低压涡轮。无冷却
加力燃烧室	类似 F100 的,但结构有所简化
喷管	平衡梁式收敛-扩散喷管。鱼鳞片调节喷口。装有与 F100 相同的气动作动筒
控制系统	全功能电子数字调节系统加机械-液压式备份调节系统

应用		
发动机型号	装机对象	投入使用时间
PW1120	以色列 IAI Lavi 战斗机	1986.12

三、通用电气公司军用涡喷发动机

J85

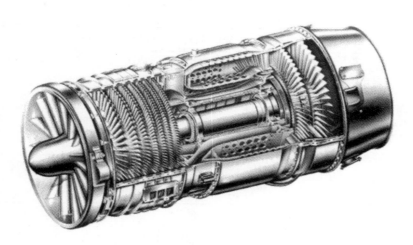

J85

　　J85 是美国通用电气公司从 1954 年开始研制的一种小型单转子涡喷发动机,最初用于无人驾驶飞机、导弹和靶机,但最终几乎所有的生产型 J85 发动机都用于有人驾驶飞机。该机原型机于 1958 年首次运转,1960 年投入使用。

　　J85 发动机的生产一直持续到 1988 年,当时已交付该发动机超过 13600 台。到 2009 年,全球 35 个国家有超过 6000 台 J85 发动机仍在使用中。美国空军计划采用 J85 发动机的飞机将服役到 2040 年。

技术参数

发动机型号	J85 - GE - 17	J85 - GE - 21
最大推力/lbf(kN)	3850(17.16)	5000(22.29)
中间推力/kN	2850(12.70)	3500(15.60)
最大耗油率/(lb·h^{-1}·lbf^{-1}(kg·h^{-1}·daN^{-1}))		2.13(2.17)
中间耗油率/(lb·h^{-1}·lbf^{-1}(kg·h^{-1}·daN^{-1}))	0.99(1.01)	1.00(1.02)
空气流量/(lb·s^{-1}(kg·s^{-1}))	53.0(24.0)	53.0(24.0)
总增压比	6.9	8.3
推重比		7.33
直径/in(m)	17.7(0.450)	26.1(0.663)
长度/in(m)	40.9(1.039)	117.0(2.972)
质量/lb(kg)	400(181.4)	684(310)

结构与系统(J85 - GE - 21)

进气装置	环形进气道,可调进口导流叶片,热空气防冰
压气机	9 级轴流式压气机。进口导流叶片和前 3 级静子叶片可调。钛合金转子叶片
燃烧室	环形燃烧室。12 个双油路喷嘴
涡轮	2 级轴流式涡轮,机匣水平对开,涡轮进口温度为 977℃
加力燃烧室	由扩压段和燃烧段组成,预燃烧室由 4 个喷油杆构成,主燃烧室由 12 个喷油杆构成,均在扩压段内
控制系统	机械-液压式控制系统
起动系统	加力式发动机用空气冲击式起动机,非加力式发动机用起动/发电机
滑油系统	压力回路式滑油系统

应用

派生型	推力/lbf(kN)	装机对象
J85 - GE - 4A		罗克韦尔国际 T - 2C 舰载教练机,XST - 1
J85 - GE - 5J	3850(17.16)	洛克希德·马丁公司 T - 38C
J85 - GE - 13	4080(18.19)	诺斯罗普·格鲁门公司 F - 5A/B
J85 - GE - 15	4300(19.17)	诺斯罗普·格鲁门公司 CF - 5,NF - 5
J85 - GE - 17A/B	3850(17.16)	萨伯 105G 和 105XT 攻击/侦察机,赛斯纳公司 A - 37A/B 攻击机,加空公司 CL - 41G 教练机和 Me 262A - 1a
J85 - GE - 21	5000(22.29)	诺斯罗普·格鲁门公司 F - 5E"虎"Ⅱ

四、斯奈克玛公司军用涡喷发动机

Atar9K50

Atar9K50

简单的战斗机涡喷发动机 Atar(阿塔)也许是世界上唯一能够维持 60 年的项目。尽管该发动机最早是在 1945—1947 年间研发出来的,但目前仍然在世界上广泛使用。第一台发动机试验于 1948 年 4 月进行。现在仍然在使用中的是后期出现的派生型。阿塔 9K50 是从阿塔 9K10 衍生而来的,改进了亚声速单位耗油率,提高了超声速加速推力以及大修寿命。其中最主要的改进是对涡轮轮盘及叶片进行了重新设计,由锻造改为铸造并且涂覆难熔金属。

技术参数

起飞		尺寸	
最大推力/lbf(kN)	15875(70.6)	长度/in(m)	234(5.94)
中间推力/lbf(kN)	11055(49.2)	直径/in(m)	40.2(1.02)
总增压比	6.15	干重/lb(kg)	3487(1581.7)
空气流量/(lb·s^{-1}(kg·s^{-1}))	158(71.7)		
最大耗油率/(lb·h^{-1}·lbf^{-1} (kg·h^{-1}·daN^{-1}))	1.96(2.00)		
中间耗油率/(lb·h^{-1}·lbf^{-1} (kg·h^{-1}·daN^{-1}))	0.97(0.99)		

结构与系统

进气装置	环形进气道,四周有发动机锥形整流罩
压气机	9 级轴流式压气机,轻合金制造的对开机匣
燃烧室	环形燃烧室,带 20 个直流喷嘴,钢结构
涡轮	2 级轴流式涡轮,钢制的气冷空心导向叶片
控制系统	双传输型;两级油泵:首级低压离心式,次级高压齿轮式;单油门杆自动调节转速与温度
滑油系统	单向滑油系统

应用

派生型	国际标准大气海平面推力/lbf(kN)	装机对象	获得适航证时间	投入使用时间
阿塔 8C		达索"军旗"IVM,IVP		
阿塔 8K50		达索"超军旗"海军攻击机 & 侦察机	1975	1977
阿塔 9C	13320(58.9)	"幻影"Ⅲ,"幻影"5		
阿塔 9K50	15870(70.6)	"幻影"F1,"幻影"50		1977

五、俄罗斯军用涡喷发动机

1. R29-300

R29-300

R29-300(P29-300)是苏联图曼斯基设计局(现俄罗斯莫斯科"联盟"航空发动机科研生产联合体)于20世纪60年代中期设计的,其指导思想是使发动机既能作攻击作战用,又能作歼击轰炸用,有明显的多用途设计意图。为达到既定的设计目标,该机不是一开始就进入全新设计,而是在验证机R27-300发动机的基础上进行改进设计的。该机经过大量的地面试车、高空模拟试车台试车和飞行试验,于1972年投入批量生产,装备米格-23歼击机和教练机、苏-24歼击轰炸机,并大量出口中东国家和印度。

技术参数

最大推力/kN	122.58	空气流量/(kg·s⁻¹)	110
中间推力/kN	81.40	涡轮进口温度/℃	1137
最大耗油率/(kg·h⁻¹·daN⁻¹)	2.04	最大直径/m	1.088(喷口调节片处)
中间耗油率/(kg·h⁻¹·daN⁻¹)	0.836	长度/m	4.992
推重比	6.5	质量/kg	1922(不包括飞机附件,但包括燃气涡轮起动机)
总增压比	12.88		

结构与系统

进气装置	环形进气道,无可调进口导流叶片
低压压气机	5 级轴流式,总增压比 4.0,最大转速为 8694r/min
高压压气机	6 级轴流式,总增压比 3.22,最大转速为 9716r/min
主燃烧室	环形燃烧室,带双油路式喷嘴
高压涡轮	1 级轴流式高压涡轮,导向器和转子叶片采用无余量精铸空心气冷叶片
低压涡轮	1 级轴流式低压涡轮,导向器叶片与高压涡轮的一样,但转子叶片为非冷却实心叶片
加力燃烧室	由全内锥加力扩散器、3 排 V 形环形稳定器及带全长隔热屏的加力筒体组成
尾喷管	简单收敛形尾喷管,通过调节器实现全程自动无级可调
控制系统	机械-液压式电子控制系统

应用

发动机型号	装机对象
R29 - 300	米格-23,米格-27,苏-24

2. R35 - 300

R35 - 300

　　R35 - 300(P35 - 300)双转子加力式涡喷发动机是目前仍在大量运行中的米格-23 对地攻击型战斗机用简单而强劲发动机的终极发展型号,由莫斯科"联盟"航空发动机科研生产联合体在 R29B 基础上研制而成。与 R29B 相比,总体相似,但 R35 改进了压气机,并且提高了涡轮进口温度。R35 - 300 为基本的批量生产型号,总产量超过 4000 台。

技术参数

国际标准大气海平面

最大起飞推力/lbf(kN)	28660(127.46)	空气流量/(lb·s⁻¹(kg·s⁻¹))	242.5(110)
中间推力/lbf(kN)	18850(83.85)	最大耗油率/(lb·h⁻¹·lbf⁻¹ (kg·h⁻¹·daN⁻¹))	1.96(1.99)
总增压比	13.0	中间耗油率/(lb·h⁻¹·lbf⁻¹ (kg·h⁻¹·daN⁻¹))	0.96(0.98)

尺寸

长度/in(m)	195.9(4.975)
直径/in(m)	35.9(0.912)
干重/lb(kg)	3891(1765);3955(1794)(含起动机)

结构与系统

低压压气机	5级轴流式低压压气机
高压压气机	6级轴流式高压压气机
燃烧室	环形燃烧室,带下游蒸发喷嘴
高压涡轮	1级轴流式高压涡轮,带冷却叶片。涡轮进口温度为1250℃
低压涡轮	1级轴流式低压涡轮
加力燃烧室	全程可调加力燃烧室,带软点火和单杆控制至最大加力推力
喷管	液压控制式收敛-扩张喷管
起动系统	自主式燃气涡轮起动机

应用

发动机型号	国际标准大气海平面推力/lbf(kN)	装机对象
R35-300	28660(127.46)	米格-23ML,MLA,MLD和P

3. R195

R195(P195)是乌法发动机工业联合体股份公司在R-95SH的基础上发展的涡轮喷气发动机,目的是提高在敌人火力下的生存性,最严格的要求是发动机能抵抗口径为23mm武器的炮火袭击,并在8处损坏后还能继续工作。该发动机主要用于攻击机,因而加强了结构。

R195

技术参数

国际标准大气海平面		尺寸	
起飞推力/lbf(kN)	9480(42.17)	长度/in(m)	113.4(2.88)
应急推力/lbf(kN)	9921(44.13)	直径/in(m)	31.7(0.805)
起飞耗油率/(lb·h^{-1}·lbf^{-1}(kg·h^{-1}·daN^{-1}))	0.89(0.908)	干重/lb(kg)	1896(860)
推重比	5.0		
总增压比	9		
空气流量/(lb·s^{-1}(kg·s^{-1}))	145.5(66)		

结构与系统

低压压气机	3级轴流式低压压气机,无进口导流叶片和可调静子叶片
高压压气机	5级轴流式高压压气机,无可调静子叶片
燃烧室	环形燃烧室,带多个双油路喷嘴
高压涡轮	1级轴流式高压涡轮
低压涡轮	1级轴流式低压涡轮
尾喷管	简单的固定面积喷管
控制系统	双重机械-液压控制系统

应用

发动机型号	装机对象
R195	苏-25T,苏-25TK,苏-25UB,苏-28和苏-39

4. R13 - 300

R13 - 300

R13 - 300(Р13 - 300)是乌法发动机工业联合体股份公司研制的带加力燃烧室的双转子涡喷发动机,主要用于米格-21 系列和苏-15 系列战斗机。

R13 - 300 是初始生产型,1966 年定型,1968 年投入生产。大约交付了 12500 台用于米格-21SM 和苏-15M/TM。

技术参数

国际标准大气海平面

最大起飞推力/lbf(kN)	14307(63.65)	最大耗油率/(lb·h⁻¹·lbf⁻¹ (kg·h⁻¹·daN⁻¹))	2.093(2.134)
应急推力(3min)/lbf(kN)	14550(64.37)	中间耗油率/(lb·h⁻¹·lbf⁻¹ (kg·h⁻¹·daN⁻¹))	0.931(0.9493)
推重比	5.38	中间推力/lbf(kN)	8973(39.92)
空气流量/(lb·s⁻¹(kg·s⁻¹))	144.6(65.6)	总增压比	9.25

尺寸			
最大高度/in(m)	43.1(1.095)	总长/in(m)	181.3(4.605)
最大直径/in(m)	35.7(0.907)	干重/lb(kg)	2657(1205)

结构与系统(与 R - 11 相比)

低压压气机	3 级轴流式低压压气机,无进口导流叶片
高压压气机	5 级轴流式高压压气机,钛合金结构
燃烧室	全新形式燃烧室,改装了起动系统,可保证在极高空无须使用附加燃油箱进行起动
低压涡轮	单级轴流式低压涡轮,导向器叶片为实心叶片
高压涡轮	单级轴流式高压涡轮,导向器由耐热合金空心气冷式铸造叶片、耐热钢制外环和内支承组成
尾喷管	简单收敛型。多调节板可调喷管由液压装置驱动
加力燃烧室	由扩散器和加力筒体组成。3 个同心喷射环,火焰稳定器 V 形槽沿径向分布
控制系统	机械-液压式控制系统,带独立的加力燃烧室/喷管控制

应用

发动机型号	装机对象	获得适航证时间	投入使用时间
R13－300	苏－15M,苏－15TM	1966	1968

5. R27V－300

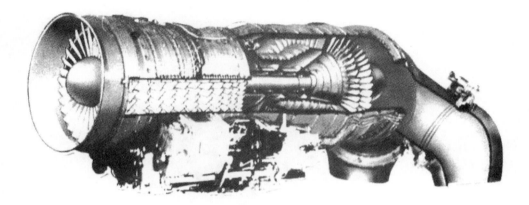

R27V－300

R27V－300(P27B－300)是莫斯科"联盟"发动机科研生产联合体研制的涡喷发动机,最初是为雅克－36M和雅克－38舰用垂直短距起落飞机而设计的,在1974—1991年之间总计生产了400台。

技术参数

起飞推力（国际标准大气海平面,静态）lb(kN)	15212(67.66)	空气流量/(lb·s⁻¹(kg·s⁻¹))	220.5(100)
起飞耗油率/(lb·h⁻¹·lbf⁻¹(kg·h⁻¹·daN⁻¹))	0.883(0.90)	直径/in(m)	39.84(1.012)
推重比	5.11	长度/in(m)	145.9(3.706)
总增压比	10.5	干重/lb(kg)	2976(1350)

结构与系统

进气装置	无进口导流叶片
低压压气机	5级轴流式低压压气机,其中第1级转子叶片外端有机匣处理装置
高压压气机	6级轴流式高压压气机
燃烧室	环形燃烧室
高压涡轮	单级轴流式高压涡轮
低压涡轮	单级轴流式低压涡轮
尾喷管	曲线式流路的喷管有两个由液压马达传动的可转向喷口,二者通过一根轴保持同步

应用

发动机型号	国际标准大气海平面推力/kN	装机对象	投入使用时间
R27V－300	66.67	雅克－38	1974

六、其他公司军用涡喷发动机

1. TJ50/TJ120

TJ120

TJ50 是美国胜斯兰特公司(现汉胜公司)1996 年开始为微小型军用固定翼无人飞行器研制的单转子涡轮喷气发动机,主要用于固定翼小型无人机。1996 年,TJ50 发动机开始研制并成功进行了试验。1996 年 3 月,TJ50 发动机装在具有代表性的 MALD 原型机上进行了飞行试验;1997 年 12 月,TJ50 发动机首次装在 P－LOCAAS 上成功飞行;1998 年 8 月,该发动机装在 MALD 上进行首次飞行试验;2001 年 MALD 的概念验证结束。2002 年 12 月,TJ120 发动机开始试验;2003 年,雷神公司新发展的 MALD 选用了 TJ120 发动机;2008 年,以 TJ120 发动机为动力的新型 MALD 进入生产阶段。

技术参数

发动机型号	TJ50	TJ120
推力/kN	0.223	0.534
推重比	7.22	7.06
耗油率/$(kg \cdot h^{-1} \cdot daN^{-1})$	0.623	
直径/m	0.102(最大直径,不带附件)	0.075(进口直径)
长度/m	0.289(不带附件)	
干重/kg	3.15	7.71

结构与系统

转子单元体	包括 1 个由混合流离心压气机构成的悬臂单转子组件和 1 个单级轴流/径流组合涡轮
燃烧室单元体	2 个混合陶瓷轴承、轴上安装了整体燃油泵和 1 个油雾滑油系统

应用

派生型	装机对象	投入使用时间
TJ50	P－LOCAAS	1997.12
TJ120	雷神公司新型微型空射诱饵 MALD 飞行器	2008

2. TJM2/3/4

TJM2/3/4

TJM2/3/4 单转子离心式涡喷发动机是日本三菱公司为巡航导弹和小型无人驾驶飞行器研制的。首台原型机于 1979 年制成投入试验,随后分别于 1980 年、1981 年又有两台投入试验,到 1982 年再有 8 台制成投入试验。1988 年装 TJM2 的 SSM－1 导弹开始生产。1994 年,三菱 91 型 ASM－1C 开始小批量生产。2000 年,富士 XJ/AQM－3 开始生产。2003 年,三菱 SSM－2 投入使用。2005 年,富士 XJ/AQM－3 的生产结束。

TJM2/3 发动机的零件数极少,只有 45 个,且发动机外机匣即构成导弹的一个独立部分。目前正在研制一种推力为 350～450daN 的 TJM4,用于一种先进的隐身巡航导弹。TJM2 和 TJM3 的质量分别为 38.55kg 和 45.0kg。

TJM 系列发动机的主要型别:

TJM2:基本型,推力为 150daN。

TJM3:TJM2 的推力增大型,推力为 196daN。

TJM4:TJM3 的推力增大型,推力为 284daN。质量比 TJM3 增加 20%。

技术参数

最大推力/daN		直径/mm	
TJM2	149	TJM3	355
TJM3	196	TJM4	355
TJM4	284	长度/mm	
推重比		TJM3	863
TJM2	3.94	TJM4	1092
TJM3	4.33	干重/kg	
TJM4	5.19	TJM2	38.55
耗油率/(kg·h^{-1}·daN^{-1})		TJM3	46.2
TJM3	1.199	TJM4	55.8
TJM4	1.145		

结构与系统

压气机	TJM3 发动机采用 1 级离心式压气机,总增压比为 5.6
	TJM4 发动机的压气机为 2 级,总增压比为 6.7
燃烧室	TJM3 和 TJM4 采用环形燃烧室
涡轮	TJM3 采用 1 级轴流式涡轮。TJM4 采用 2 级涡轮

应用

派生型	装机对象
TJM2	三菱 80 型 ASM-1、三菱 33 型 SSM-1、三菱 90 型 SSM-lb、三菱 91 型 ASM-1C(海军型 ASM-2)、三菱 93 型 ASM-2、三菱 XSSM-2
TJM3	富士 J/AQM-1
TJM4	富士 XJ/AQM-3、富士 XJ/AQM-6

3. J3

J3

J3 涡喷发动机是 1956 年由当时的日本喷气发动机公司研制的,1959 年 4 月,生产转移到石川岛播磨重工业株式会社。2006 年,J3 发动机随着最后一架 T-1B 的隐退而退役。

J3 系列发动机主要型别:

J3-IHI-7B:推力为 1370daN。带分叉式进气道,装备日本航空自卫队的富士 T-B 教练机。

J3-IHI-7C:推力为 1370daN。带单一进气道,装备日本海上自卫队的川崎 P-2J 助推舱,后被 J3-IHI-7D 取代。

J3-IHI-7D:推力为 1520daN。装备 P-2J 助推舱。1994 年退役。

J3 带加力型:推力为 2020daN。试验型,1972 年进行过台架试验。

技术参数

起飞推力/kN	13.70	总增压比	4.5
起飞耗油率/(kg·h⁻¹·daN⁻¹)	1.07	最大直径/mm	627
推重比	3.25(带附件)	长度/mm	1994
空气流量/(kg·s⁻¹)	25.4	干重/kg	380(不带附件),430(带附件)

结构与系统

进气装置	环形进气道
压气机	8 级轴流式压气机,用 Ni-Cr-Mo 钢制造的转子由盘和隔圈组成,用螺栓固定在轴上。转子和静子叶片均用 AISI 钢,静子叶片钎焊在底座上,然后用周向 T 形槽固定在机匣上。转子叶片用燕尾形榫头固定在盘上。轻合金机匣为上下对开式,用安装边连接在一起
燃烧室	环形燃烧室。外机匣用 AISI321 钢,火焰筒用 L605 钢。燃烧室外机匣内设 30 根供油管,火焰筒头部设 30 个雾化管。在燃烧室的每侧设低压高能点火火花塞
涡轮	1 级轴流式。盘用螺栓连到轴上。转子叶片为精密铸造
尾喷管	固定面积尾喷管
附件	附件齿轮箱设在压气机前机匣下
起动系统	电起动机设在进气头锥内
控制系统	机械-液压式控制系统,带 IHI FC-2 燃油调节器。燃油规格 JP-4
滑油系统	主轴承和齿轮箱为压力供油系统,干油槽。叶片式正排量供油和回油泵。滑油规格为 MIL-L-7808,滑油消耗量为 0.60L/h
支承系统	三支点支承系统。压气机前为双排滚珠轴承,后为滚棒轴承,涡轮后为滚棒轴承
安装系统	三点悬挂式安装系统。在压气机前机匣右侧有一个销形固定器,压气机后机匣两侧各有一个凸耳

应用

派生型	装机对象
J3 - IHI - 7B	T - 1B
J3 - IHI - 7C	P - 2J 的助推舱
J3 - IHI - 7D	P - 2J 的助推舱

4. K - 15

K - 15

　　K - 15 是波兰航空研究所研制的单转子涡喷发动机。该项目于 1988 年年中公布,其发展可追溯到 1980 年左右,用于波兰梅莱茨公司 I - 22(后为 M96)双发喷气教练机"铱"(Iryda)。

　　该发动机的特点是装有大量的孔探仪检查口和传感器,最初打算由热舒夫公司生产,但是最后"铱"教练机被波兰空军拒绝。

技术参数

起飞推力/kN	14.7	涡轮进口温度/℃	870
最大连续推力/kN	11.5	宽度/mm	725
起飞耗油率/(kg · h⁻¹ · daN⁻¹)	1.026	高度/mm	892
推重比	4.59	长度/mm	1560
空气流量/(kg · s⁻¹)	23	干重/kg	320
总增压比	5.3		

结构与系统

进气装置	简单的皮托管式铸造铝制进气装置,带3个防冰支板
压气机	6级轴流式压气机。1～3级转子叶片为钛合金,4～6级和带冠的静子叶片采用不锈钢。机匣采用轻质合金,有两个放气阀门。起飞转速为15900r/min,最大连续转速为15025r/min
燃烧室	短环形燃烧室。带18个雾化喷嘴、6个起动喷嘴和两个高能点火器
涡轮	1级轴流式涡轮。涡轮盘采用H46钢,叶片采用ES867锻造而成。导向器叶片用ZS6K铸造而成
尾喷管	固定面积的简单喷管
控制系统	机械-液压式控制系统,带电子放气控制以及超转和超温限制器。燃油规格为PSM-2或TS-1
滑油系统	独立循环系统,但后轴承为开放式。可作空中特技飞行。滑油规格为SDF合成滑油
起动系统	27V9kW起动/发电机,装在进气头锥内
附件传动	减速箱设在进气机匣下部,由压气机前轴经伞齿轮传动

应用

发动机型号	装机对象
K-15	波兰I-22串列双座教练机、侦察机和地面攻击机

5. SO-1/SO-3

SO-1/SO-3

　　SO-1单转子涡喷发动机是波兰航空研究所设计的,由波兰热舒夫工厂生产。翻修间隔时间为200h。该发动机的设计允许在所有的特技飞行包线内飞行,包括倒飞。

　　SO-3是由SO-1改进而来,适用于热天气工作,对压气机、燃烧室和涡轮作了少量修改,外廓尺寸不变。1978年定型,成为TS-11的标准发动机。翻修间隔时间为400h。燃油喷嘴和火焰筒经修改后出口温度场变得更均匀。

技术参数

起飞推力/kN		总增压比	4.8
SO-1	9.80	宽度/mm	707
SO-3	10.80		
最大连续推力/kN		高度/mm	764
SO-1	8.70	长度/mm	2151
SO-3	9.80		
起飞耗油率/(kg·h⁻¹·daN⁻¹)	1.066	干重/kg	
推重比		SO-1	303
SO-1	3.33	SO-3	321
SO-3	3.43		

结构与系统

进气装置	环形进气机匣用铸造工艺加工。固定进口导向器叶片
压气机	7级轴流式压气机。机匣为水平对开结构,采用铝合金。转子最初用钢和硬铝合金,前3级转子叶片采用钢叶片,后4级采用铝合金。后来,所有的压气机转子和静子叶片都改用了铝合金,起飞转速为15600r/min,最大连续转速为15100r/min
燃烧室	环形燃烧室。带24个雾化喷嘴
涡轮	1级轴流式涡轮。外机匣为钢,采用焊接工艺制成。转子叶片用枞树形榫头与盘连接
尾喷管	外面的锥形机匣与中心锥通过流线型支板连接。尾喷管的面积用可互换插件调整
控制系统	两个独立的系统。起动系统包括6个喷嘴。主控制系统包括12个双雾化喷嘴
燃油系统	起动系统包括6个喷嘴。主燃油系统有12对喷嘴,其出口朝向雾化器。燃油规格为P-2或TS-1
滑油系统	压气机和涡轮后轴承为开式系统,其余各点为闭式系统。滑油规格为AP-26(合成),SO-3为AW-30(合成)。滑油消耗量SO-1为0.8L/h,SO-3为1.0～1.2L/h
起动系统	27V起动/发电机
附件传动	减速箱位于进气机匣下部,通过伞齿轮传动
支承系统	三支点支承系统。压气机前为滚珠轴承,压气机后和涡轮前均为滚棒轴承

应用

派生型	装机对象
SO-1	TS-11初级教练机
SO-3B	TS-11教练机
SO-3W22	I-22教练机、侦察机和对地攻击机

6. PTAE - 7

PTAE - 7

印度斯坦航空公司(HAL)班加罗尔分公司从 1980 年开始研制 PTAE - 7 涡喷发动机。当时,印度政府批准了该发动机和无人驾驶的靶机(PTA)项目。该发动机的最初设计寿命为 25h,计划用于当时印度国防部正在考虑的各种无人驾驶飞行器,这些无人驾驶飞行器的发展目标是满足印度本国的需要和可能的出口需求。从那时起,该发动机就被选为印度斯坦航空公司的 PTA - 11(PTA 也称为 Lakshya)生产型飞机的动力,该发动机被称为无人驾驶飞机发动机(PTAE)。

PTAE - 7 发动机采用跨声速的压气机、环形燃烧室和轴流式涡轮。叶片为整体铸造,机械加工的工作量很少。该发动机的机匣采用铸造技术,静子叶片成为整体机匣的一部分。由史密斯工业公司航空航天集团(过去由 DSIC 公司提供)生产的带燃油泵、阀门、电子设备和交流发电机在内的综合控制系统安装在发动机的头部。

PTAE - 7 发动机从 1980 年开始发展,1984 年年中,该发动机首次台架试车,2001 年,印度斯坦航空公司宣布 PTAE - 7 的试验获得成功,2003 年年底,印度斯坦航空公司宣布 PTA - 11开始小批量生产。

技术参数

推力/kN	3.43	总增压比	4.5
耗油率/(kg·h^{-1}·daN^{-1})	1.275	直径(mm)	330
推重比	5.83	长度/mm(带进口整流罩)	1100
空气流量/(kg·s^{-1})	4.31	干重/kg	60

结构与系统

进气装置	直流进气道,带 4 个铸造支柱。安装在进气道/压气机隔框上的锥形整流罩内有一个高速发电机、交流发电机和空气起动机
压气机	4 级轴流式压气机,第 1 级为跨声速设计,所有 4 级压气机都采用铝合金或 17 - 4PH 钢材料整体铸造。转子转速为 40000～45000r/min

续 表

燃烧室	环形燃烧室,采用普通的钢结构。燃烧室外壳可能含有如 In718 的高镍材料。离心燃油喷嘴,点火方式包括电点火和烟火点火两种
涡轮	1 级轴流式涡轮
附件	空气起动机和整体发电机位于进气锥上,电子点火设备安装在燃烧室机匣的上部。燃油控制系统最初采用印度斯坦航空研究的数字电子燃油控制设备,后来改用道蒂公司和史密斯工业控制公司研制的数字电子燃油控制设备
支承系统	两个球轴承支承单个转子

应用	
发动机型号	装机对象
PTAE－7	遥控飞行器和靶机。潜在的用途包括反舰导弹和续航导弹。目前的应用包括 HAL 无人靶机,PTA－11

7. TJ100C

TJ100C

　　TJ100C 单轴涡喷发动机是由捷克研制的最小的有人驾驶飞机发动机之一,首次亮相于 2004 年范堡罗航展。该发动机使用了从几种 APU 型号中获取的经验,是 TJ100 涡轮发动机系列中的最新型号。TJ100A 具有相同结构但是额定推力较大。2009 年在同一核心机基础上添加单级动力涡轮,出现了涡桨型号 TP100,功率为 180kW,主要针对无人机。

技 术 参 数

最大起飞推力/lbf(kN)	224.9(1)	直径/in(m)	10.71(0.272)
巡航推力/lbf(kN)	157.5(0.7)	长度/in(m)	19.09(0.485)
起飞耗油率/(lb・h^{-1}・lbf^{-1}(kg・h^{-1}・daN^{-1}))	1.17(1.19)	干重/lb(kg)	41.9(19.0)

结构与系统

压气机	1级离心式压气机,径向安装有轴流式扩散器
燃烧室	环形燃烧室
涡轮	1级轴流式涡轮
尾喷管	简单的中心线型喷管
控制系统	数字-电子式控制系统
滑油系统	自动系统,润滑主轴轴承

应用

派生型	国际标准大气海平面推力/kN	装机对象	投入使用时间
TJ100A	1.1	Blanik L-13 滑翔机	2007
TJ100C	1		

第三章　军用涡轴发动机

一、罗·罗公司军用涡轴发动机

1. Gnome H1400 - 1

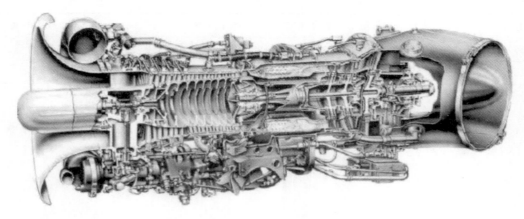

Gnome H1400 - 1

Gnome(诺姆)是英国原布里斯托尔·西德利公司(后并入罗·罗公司)按许可证生产的美国通用电气公司 T58 发动机,是一种单转子涡轴发动机。1959 年首次试车,1961 年定型试验后投入使用,现已停产;共交付 2500 多台,目前仍有 900 多台使用。诺姆 H1400 - 1 是在 H1400 基础上研制而成的,尺寸和质量不变,提高了燃气发生器转速,并改进了燃气发生器涡轮叶片材料,提高了涡轮进口温度和寿命,进而提高了功率。

技术参数

在自由涡轮轴上		尺寸	
最大应急功率(2.5min,多发)/hp[1](kW)	1660(1237.9)	长度/in(m)	54.8(1.392)
最大 1h 功率(单发)/hp(kW)	1535(1144.6)	最大高度/in(m)	21.6(0.549)
最大连续功率/hp(kW)	1250(932.1)	最大直径/in(m)	22.7(0.58)
总增压比	8.6	干重/lb(kg)	326(147.9)
空气流量/(lb·s^{-1}(kg·s^{-1}))	13.8(6.3)		
最大应急耗油率/(lb·h^{-1}·shp^{-1}[2] (kg·h^{-1}·kW^{-1}))	0.608(0.370)		

① 1hp＝0.746kW
② shp 表示轴马力,1shp＝0.746kW

结构与系统

进气装置	环形进气道,整体镁合金机匣。由 4 个径向支柱支承进气锥,内装有轴承。支板和进口导叶用压气机的热空气和滑油排油防冰
压气机	10 级轴流式压气机。上下对开钢机匣,进口导叶和前三排静子叶片可调,整体式转子用花键与轴相连,前段为滚棒轴承,后段为滚珠轴承
燃烧室	直流环形燃烧室
燃气发生器涡轮	2 级轴流式燃气发生器涡轮,与压气机轴之间通过锥形轴连接。下游位置的短机匣内安装动力涡轮喷管的导向叶片
动力涡轮	1 级轴流式自由涡轮。转子盘与输出轴成整体结构,由在盘面下游的滚棒轴承悬臂支承。轴后面有一个滚珠轴承
尾喷管	固定面积尾喷管。弯曲排气管道,向左或向右排气
功率输出装置	人字齿轮式减速器。功率提取轴可在左面或右面
控制系统	卢卡斯机械-液压式控制装置
滑油系统	充分回油齿轮泵,斯克冷油器

应用

装机对象	阿古斯塔-韦斯特兰"海王突击队员"
首台发动机运行时间	1970
获得许可时间	1973
投入使用时间	1974
备注	H1400 – 1T 在热带地区使用的改进型

2. Gem

Gem

Gem（宝石）发动机是英国原布里斯托尔·西德利公司（后并入罗·罗公司）研制的双转子涡轴发动机，有较大的裕度和起动可靠性。罗·罗公司吞并布里斯托尔·西德利公司前命名为 RS.360，后来称为宝石。1968 年 1 月开始研制。宝石 42 系列在宝石 41 的基础上提高了可靠性和性能稳定性，1982 年取得适航证，拥有来自 12 个国家的 13 个陆军和海军客户。RR1004 是宝石 2 的改型，是为意大利 A129 直升机而发展的，1986 年研制成功。宝石系列发动机累计飞行近 400×10^4 h。

技术参数

发动机型号	宝石 42	宝石 RR1004
国际标准大气海平面		
轴功率/hp(kW)	1000(745.7)	881(657.0)
总增压比	12	11.3
空气流量/(lb·s⁻¹(kg·s⁻¹))	7.52(3.41)	7.1(3.22)
应急状态下最大值(单发停车)		
轴功率/hp(kW)	1120(835.2)	1042(777)
最大连续		
轴功率/hp(kW)	890(663.7)	825(615.2)
耗油率/(lb·h⁻¹·shp⁻¹(kg·h⁻¹·kW⁻¹))	0.51(0.31)	0.525(0.319)
尺寸		
长度/in(m)	43.4(1.10)	43.7(1.10)
包线直径/in(m)	23.5(0.60)	23.5(0.60)
干重/lb(kg)	404(183)	360(163)

结构与系统

进气装置	轻合金环形管道，扩张式外机匣由 5 个支板与轮毂连接
压气机	4 级轴流式低压压气机，1 级离心式高压压气机
燃烧室	回流式环形燃烧室，带 17 个气动雾化喷嘴，有 4 个火舌式点火器组成的高能点火装置
燃气发生器涡轮	1 级高压涡轮，1 级低压涡轮
动力涡轮	2 级轴流式动力涡轮
功率输出装置	1 级人字齿轮式减速器
控制系统	除 RR1004 采用的是汉胜的电气控制系统之外，宝石 43 以前的型号均采用机械-液压式控制，之后采用的都是全权限数字式电子控制系统
滑油系统	发动机自带油箱和冷却器，磁性芯片检波器，滤油器位于附件轮罩中

应用

发动机型号	宝石 42	宝石 RR1004
装机对象	海军"山猫","超山猫",陆军"山猫"	阿古斯塔 A129
首台发动机运行时间	1984	1985
获得许可时间	1986	1986
投入使用时间	1987	1990
备注	到 2009 年,宝石型号使用时间达到 34 年,共 386×10^4 h	

3. T63

C30R/3

C20B

　　T63 系列是美国艾利逊公司(1995 年英国罗·罗公司收购)研制的涡轴发动机,军用型编号为 T63,民用型编号为 250 - C。该发动机体积小、质量轻而且结构布局与众不同。压气机、附件机匣、排气导管、自由涡轮、燃气发生器涡轮和燃烧室排列紧凑。发动机采用单元体结构，压气机、涡轮、燃烧室和调节器部分可拆卸，便于更换。各型别安装节、附件传动装置和底座都是相同的。

C30R/3是专为提高OH-58D"基奥瓦勇士"(Kiowa Warrior)搜索救援直升机性能、改善安全性并减少驾驶员工作负担而研制的。改进后使离心扩压器喉道面积更大，采用了新的涡轮导向器和涡轮盘以及新的自由涡轮导向器和涡轮盘，使功率增加了20%。

T63-A-720是250-C20B和B17B的军用型号，高温段有所改进；起飞额定功率为313.2kW(420shp)，配装OH-58C和TH-57飞机。

T703-A-700是Dash-5A的改进型，250-C30R的军用型号，用于贝尔OH-58D飞机。2009年2月，美国陆军与罗·罗公司签订了3200万美元的改型合同，其中包括配备250发动机的OH-58D"基奥瓦勇士"。到2010年，配装该型发动机的直升机超过了250架。

技术参数

发动机型号	Model 250 - C30R/3	T63 - A - 720 (Model 250 - C20B)	T703 - A - 700 (Model 250 - C30R)
国际标准大气海平面			
轴功率/hp(kW)	650(484.7)	420(313.2)	650(484.9)
总增压比	9.2	7.1	8.6
空气流量/(lb·s^{-1}(kg·s^{-1}))	6.1(2.77)	3.5(1.6)	5.6(2.54)
应急状态下最大值(单发停车)			
轴功率/hp(kW)	650(484.7)		700(522.2)
最大连续			
轴功率/hp(kW)	540(402.7)	420(313.2)	600(447.6)
耗油率/(lb·h^{-1}·shp^{-1} (kg·h^{-1}·kW^{-1}))	0.610(0.371)	0.651(0.396)	0.59(0.359)
尺寸			
长度/in(m)	41.0(1.04)	38.8(0.99)	41.0(1.04)
包线直径/in(m)	21.9(0.56)	19.0(0.48)	21.9(0.56)
干重/lb(kg)	274(124.3)	158(71.7)	270(122.5)

结构与系统

发动机型号	Model 250 - C30R/3	T63 - A - 720 (Model 250 - C20B)	T703 - A - 700 (Model 250 - C30R)
压气机	1级离心式	6级轴流加1级离心组合式	1级离心式
燃烧室	环管形	环管形	环形
燃气发生器涡轮	2级,整体叶盘	2级,整体叶盘	2级,整体叶盘
动力涡轮	2级,整体叶盘	2级,整体叶盘	2级,整体叶盘

应用

发动机型号	Model 250 - C30R/3	T63 - A - 720 (Model 250 - C20B)	T703 - A - 700 (Model 250 - C30R)
装机对象	OH - 58D"基奥瓦勇士" A/MH - 6"小鸟"	贝尔 OH - 58A, TH - 57/TH - 67 MD500 RQ - 8A/MQ - 813	贝尔 OH - 58D
首台发动机运行时间	1981	1959(第 1 台派生型)	1959(第 1 台派生型)
获得许可时间	1983	1974	1983
投入使用时间	1986	1976	1986
备注	全权限数字式飞机发动 机控制	250 - C20 型号的军用型发 动机	非全权限数字式飞机 发动机控制,与 250 - C30 相当

4. T406/AE 1107C

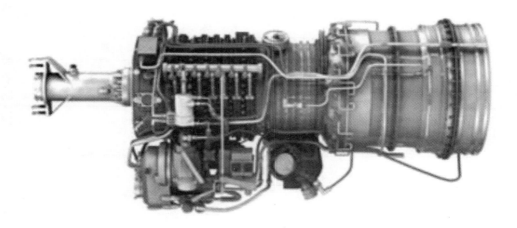

T406/AE 1107C

　　20 世纪 80 年代初,美国政府提出"多军种先进垂直起落飞机"计划(1985 年正式将这种飞机编号为 V - 22"鱼鹰"),美国海军和空军参与,由贝尔公司和波音直升机公司具体实施。1984 年,海军公布了这项计划的发动机招标要求,即功率为 3680~4420kW、可靠性好、维修性好、使用费用低和耗油率低的一种涡轴发动机。1985 年,艾利逊 T56/501 - M80C 被选为 V - 22 的全面研制和生产型发动机,军方编号为 T406 - AD - 400,民用编号为 AE1107C。1986 年,首台 T406 完成整机试验。1988 年完成飞行前规定试验,1989 年在 V - 22 上首次试飞。2000 年获得美国海军陆战队的陆上飞行使用适航证。

技术参数

国际标准大气海平面		尺寸	
轴功率/hp(kW)	6150(4586.1)	长度/in(m)	77.2(1.96)
总增压比	16.7	宽度/in(m)	26.40(0.671)
空气流量/(lb·s⁻¹(kg·s⁻¹))	35.5(16.1)	高度/in(m)	34.01(0.864)
应急状态下最大值(单发停车)		包线直径/in(m)	34.2(0.87)
轴功率/hp(kW)	6830(5093.1)	干重/lb(kg)	972(441.2)
最大连续			
轴功率/hp(kW)	4362(3252.7)		
耗油率/(lb·h⁻¹·shp⁻¹(kg·h⁻¹·kW⁻¹))	0.425(0.259)		

结构与系统

压气机	14级轴流式压气机,进口导叶和前5级静子叶片排可调
燃烧室	环形燃烧室,16个气动雾化燃油喷嘴
燃气发生器涡轮	2级轴流式燃气发生器涡轮,带气冷单晶叶片,2级都悬挂在燃气发生器推力轴承后面
动力涡轮	2级轴流式动力涡轮,转子叶片为实心并带Z形叶冠。导向器为铸件
控制系统	全权限数字式电子控制系统,带模拟备份系统
滑油系统	自主式滑油系统,有回油泵

应用

装机对象	贝尔-波音 V-22"鱼鹰"
首台发动机运行时间	1986
获得许可时间	1988
投入使用时间	2002*

* 已获得民用许可的发动机卖给了美国国防部

5. T800

  T800-LHT-800 是为 21 世纪的 RAH-66 侦察/攻击直升机研制的最先进的涡轴发动机,T800 源于先进技术验证机发动机计划(ATDE)。1984 年,艾利逊公司(现属罗·罗公司)和联信公司下属加雷特涡轮发动机公司(现属霍尼韦尔公司)宣布组成轻型直升机涡轮发动机公司(LHTEC)参与 T800 竞争,并最终在 1985 年与陆军签订了 T800 的研制合同。

  T800-LHT-801 是 T800 的功率增长型,美国陆军 1992 年订购,用于质量增加 136kg

的 RAH-66 飞机。T800-802 在 T800-801 的基础上功率增加到 1253kW（增加 7%），起飞功率更高（特别是单发失效时），该发动机成为"科曼奇"新的生产型发动机。

CTS800-4N

CTS800-4N 是 T800 的民用涡轴改型，是为阿古斯塔-韦斯特兰公司"超山猫"多用途直升机研制的发动机，先后被马来西亚海军、南非空军及海军等用于配装其"超山猫"200/300 直升机。该发动机于 2004 年获得适航证。

技术参数

发动机型号	CTS800-4N	T800-LHT-801	T800-802
国际标准大气海平面			
轴功率/hp(kW)	1362(1015.6)	1563(1165.5)	1680(1253.3)
总增压比	15	14	14
空气流量/(lb·s^{-1}(kg·s^{-1}))	7.8(3.54)	9.8(4.43)	10(4.54)
应急状态下最大值(单发停车)			
轴功率/hp(kW)	1614(1203.6)	1460(1089)	1721(1283.9)
最大连续			
轴功率/hp(kW)	1279(947.0)	1231(918.0)	1276(951.9)
耗油率/(lb·h^{-1}·shp^{-1}(kg·h^{-1}·kW^{-1}))	0.460(0.280)	0.458(0.278)	0.47(0.286)
尺寸			
长度/in(m)	48.4(1.23)	33.7(0.86)	33.3(0.85)
包线直径/in(m)	22.2(0.564)	21.7(0.55)	22.2(0.56)
干重/lb(kg)	408(185)	330(149.7)	340(154.2)

结构与系统

进气装置	环形进气道,装有整体式粒子分离器(IPS),分离效果 97% 以上
压气机	2 级离心式压气机,每一级为钛合金叶轮
燃烧室	回流式环形燃烧室,带 12 个燃油喷嘴
燃气发生器涡轮	2 级燃气发生器涡轮,第 1 级为冷却叶片
动力涡轮	2 级动力涡轮,转子叶片带叶冠,不冷却
控制系统	全权限数字式电子控制系统
滑油系统	独立滑油系统,带空气/滑油散热器,油箱容量为 4.1L

应用

发动机型号	CTS800 - 4N	T800 - LHT - 801	T800 - 802
装机对象	阿古斯塔-韦斯特兰"超山猫" 200/300,新明和 US-2	RAH-66"科曼奇" 阿古斯塔-韦斯特兰"超山猫"	目前没有
首台发动机运行时间	1988(第 1 台派生型)	2001	2004
获得许可时间	2003	2003	
投入使用时间	2003	2007	

二、普·惠加拿大公司军用涡轴发动机

1. T400

T400

T400 是 PT6T 的军用改型,是普·惠加拿大公司根据美国和加拿大军方装备双发直升机的要求研制的一种双发并车涡轴发动机。这种军用改型释放的红外信号甚少,不易被红外制导武器发现和命中,适用于军用直升机。

T400 - CP - 400/401 是 PT6T - 3 的军用改型,性能和尺寸均与 PT6T - 3 相同,主要的不同在于采用铝合金机匣替代镁合金机匣。1970 年通过军用鉴定试验。

T400 - WV - 402 是 PT6T - 6 的军用改型,在美国生产,用于 AH - 1J 和 AH - 1T。

技术参数(T400 - CP - 400/401)

起飞功率(双发/单发)/kW	1342/671	功重比/(kW·kg^{-1})	2.25
最大连续功率(双发)/kW	1193	空气流量/(kg·s^{-1})	3.04
最大巡航功率(双发/单发)/kW	932/466	总增压比	7.4
起飞耗油率/(kg·h^{-1}·kW^{-1})	0.362	质量/kg	298
最大连续耗油率/(kg·h^{-1}·kW^{-1})	0.364	长度/mm	1702
最大巡航耗油率/(kg·h^{-1}·kW^{-1})	0.382		

结构与系统

进气装置	空气径向进入,然后转成轴向进入压气机
减速器	平行轴简单传动分 3 级减速,前 2 级圆柱直齿轮,第 3 级斜齿轮并车减速,总减速比为 0.2
压气机	3 级轴流加 1 级离心组合式压气机。均装在发动机前轴上。轴流级为盘鼓结构,不锈钢转子和整流叶片
燃烧室	回流式环形燃烧室。14 个单油路燃油喷嘴
燃气发生器涡轮	1 级轴流式燃气发生器涡轮。采用气冷导向器叶片和单晶涡轮转子叶片
自由涡轮	1 级轴流式自由涡轮。驱动减速齿轮
尾喷管	两个排气弯管,出口向上
控制系统	除自动功率调节和扭矩限制系统外,与 PT6A 的控制系统基本相同

应用

派生型	起飞功率/kW	装机对象	获得适航证时间
T400 - CP - 400/401	1342(双发)	AH - 1J;UH - 1N;CUH - 1N	1970
T400 - WV - 402		AH - 1J;AH - 1T	

2. PW200

PW207D

PW200 系列是普·惠加拿大公司于 1983 年 10 月开始研制的直升机涡轴发动机,可用于军用或民用。该系列的基本型别 PW205B 于 1990 年开始在直升机 Bo.105LS-4 上使用,并打算于 1992 年投入批生产,后因市场情况不好,生产计划被搁置。PW200 系列发动机是在PT6 发动机的基础上结合最先进的技术开发的,在可靠性和经济性上有突出表现。发动机功率为 621～710shp,其仍在研制中的功率增大型功率为 950shp。

PW200 系列发动机在维修方面要求很少,不需要特殊工具,只是在工作 600h 或经过 1 年的间隔时间后需要检修。发动机具有良好的可靠性。带有机械备份的数字电子控制系统能够精确地控制发动机的输出转速,对发动机的功率需求做出快速反应,另外该系统还传递发动机的进口信号条件、数据存储及计算状况给地面计算机系统,用于地面监控发动机工作状况。

普·惠加拿大公司在研制 PW200 系列发动机时,使用了单晶材料、数字式发动机控制和一体化的计算机设计和制造等现代技术,使发动机结构简单、易于维修、耗油率降低。该公司给定的 PW200 系列的轮盘寿命为 10000 次循环,翻修寿命为 3000h。

技术参数

技术参数	PW209T	PW207D
起飞功率/kW	699(双发,5min)	426.5
最大连续功率/kW	597	466
起飞耗油率/($kg \cdot h^{-1} \cdot kW^{-1}$)	0.353(按当量功率计算)	0.327
最大连续耗油率/($kg \cdot h^{-1} \cdot kW^{-1}$)	0.368(按当量功率计算)	0.33(单位耗油率)
长度/mm	894	912
空气流量/($kg \cdot s^{-1}$)	1.58～2.04	1.59～2.04
总增压比	8.1	8.1
涡轮进口温度/℃	1038	－
质量/kg	211(空机重,计入标准设备)	110.2(干重)

结构与系统

进气装置	径向进气。复合材料进气涡壳,镁合金进气机匣
压气机	1级离心式压气机。由 Ti-6Al-4V 材料制造。转速为 55000r/min
燃烧室	回流式环形燃烧室。12 个气动雾化燃油喷嘴和 2 个电容放电点火器。结构与 PT6A-65 的相同,但为了提高燃烧温度并缩短燃烧室长度,燃烧室采用了滚压环或浮壁结构
燃气发生器涡轮	1级轴流式燃气发生器涡轮。转子和导向器叶片均不冷却
动力涡轮	1级轴流式动力涡轮。最大同心轴转速为 6000r/min
控制系统	全权限数字电子控制系统。机械-液压控制系统作为备份系统使用

应用

派生型	起飞功率/kW	装机对象	获得适航证时间
PW205B	440(单发,5min)	Bo.105LS-4,Bo.108	
PW206A	463	MD900MDX	1991
PW206B	321.5	EC135	1996
PW206B2	321.5	EC135	
PW206C	418	阿古斯塔公司 A109E"动力"	1995
PW206D		卡-115	1998
PW206E	477	麦道直升机公司 MD902	1997
PW207A	559	EC120 系列、MD900(军用)	
PW207C	485	A 109S 格兰德	
PW207D	426.5	贝尔直升机德事隆加拿大公司 427	1998
PW207E	482	MD902,EC635	
PW209T	699(双发,5min)	贝尔 400A/440	2003

三、通用电气公司军用涡轴发动机

1. T700

1967 年,美国陆军为"通用战术运输系统"(UTTAS)招标一种新的涡轮轴发动机,通用电气公司以 GE12 参加竞标且最终中选。后通用电气公司将 GE12 做些小的改进,并加上整体式进口粒子分离器后,改名为 T700,并于 1972 年正式开始 T700 的研制。1973 年,T700 首次进行台架试验,1974 年首飞,1978 年投入使用。T700-GE-701/-401 为 T700 的第一批改进型,T700-GE-701C/401C 为第二批改进型。目前,世界上大约有 12000 多台 T700 系列发动机在服役,累计飞行时数超过 $4000×10^4$h。

T700 – GE – 700

T700 – GE – 401

技术参数

发动机型号	T700 – GE – 700	T700 – GE – 401	T700 – GE – 701C	T700 – GE – 701D
国际标准大气海平面				
轴功率/shp(kW)	3070(2290.2)	2032（1515）/2625(1957)	1890(1409.4)	1994(1487.5)
总增压比	22		18	18
空气流量/(lb · s⁻¹(kg · s⁻¹))	14(6.35)		10(4.5)	10(4.5)
应急状态下最大值(单发停车)				
轴功率/shp(kW)	1622(1210)	1723(1285)	1890(1409)	2215(1652)

续表

最大连续

轴功率/shp(kW)	1324(987)	1437(1072)	1662(1239.4)	1780(1327)
耗油率/(lb·h⁻¹·shp⁻¹ (kg·h⁻¹·kW⁻¹))	0.470(0.286)	0.471(0.287)	0.462(0.281)	0.462(0.281)

尺寸

长度/in(m)	47(1.19)	47(1.19)	47(1.19)	47(1.19)
进气口直径/in(m)	13.2(0.385)	13.2(0.385)	13.2(0.385)	13.2(0.385)
干重/lb(kg)	437(198)	443(201)	456(207)	456(207)

结构与系统

进气装置	环形进气道,带防冰粒子分离器
压气机	5级轴流加1级离心组合式压气机
燃烧室	短环形燃烧室,带12个燃油喷嘴
燃气发生器涡轮	2级燃气发生器涡轮,最高功率时转速为44720r/min
动力涡轮	2级动力涡轮,叶尖带冠。最高功率时输出转速为21000r/min
控制系统	机械-液压与电子综合控制系统

应用

发动机型号	T700-700	T700-401	T700-701C	T700-701D
装机对象	UH60A,EH-60A,UH60Q	SH60B"海鹰",SH-2G"超级海怪",AH-1W"超级眼镜蛇"	AH64,UH60L	AH-64D,UH-60M
首台发动机运行时间	1973		1973	2002
获得许可时间			1976	2004
投入使用时间		1999(投入生产)	1978	2006
备注			研制过程中的时间是第一台T700的数据	为美国国防部更新了T700-701,第一台T700在1973年使用,也为KMH选择了派生型

　　T700-T6A由菲亚特-艾维欧(现艾维欧集团)和阿尔塔罗密欧-艾维欧公司共同研制,是T700第三代改型机,预装备于意大利装配的EH101。1998年,加拿大政府选定T700-T6A1作为EH101鸬鹚直升机群的动力,由GE飞机发动机加拿大分公司负责测试和装配。T700/

T6E1 是 T700 另一款改型机,增大了压气机进气流量,改善了涡轮冷却方案,且采用了先进的 FADEC。

T700 – T6A/– T6A1 发动机

技术参数

发动机型号	T700 – T6A/A1	T700 – 8/8A/8F/T6E
国际标准大气海平面		
轴功率/hp(kW)	2000(1492)/2180(1626.3)	2269~2498(1692.7~1863.5)
总增压比	18	19~21
空气流量/(lb·s⁻¹(kg·s⁻¹))	13(5.89)	13(5.89)
应急状态下最大值(单发停车)		
轴功率/hp(kW)	2215(1652)/2180(1626)	2600~2850(1939.6~2126.1)
最大连续		
轴功率/hp(kW)	1780(1327)/1870(1394)	2043~2179(1524.1~1625.5)
耗油率/(lb·h⁻¹·shp⁻¹)(kg·h⁻¹·kW⁻¹))	0.458(0.278)/0.452(0.275)	0.473(0.288)
尺寸		
长度/in(m)	48.2(1.22)	47(1.19)
直径/in(m)	26(0.66)(最大值)	26(0.66)(最大值)
干重/lb(kg)	485(219.9)/493(223.6)	538(244.0)

结构与系统

进气装置	环形进气道,带防冰分离器。T700 – T6E1 还有带两道滤网的复合材料钟形进口
压气机	5 级轴流加 1 级离心组合式。T700 – T6A/AE1 压气机基本全用 AM355 钢和 Inco718 制造
燃烧室	全环形燃烧室,带 12 个喷嘴
燃气发生器涡轮	2 级燃气发生器涡轮,最高功率时转速为 44720r/min
动力涡轮	2 级自由涡轮,叶尖带冠。最高功率时输出转速为 21000r/min
控制系统	机械-液压与电子控制系统。T700 – T6E1 采用汉胜公司的 FADEC 系统

应用

发动机型号	T700 - T6A/A1	T700 - 8/8A/8F/T6E
装机对象	"鸬鹚"直升机，EH101MMI 直升机，NH90	NH90，S - 92，H - 60
首台发动机运行时间	1986	2000
获得许可时间	1988	2005
投入使用时间	1988	
备注	菲亚特-艾维欧占发动机 40%的股份	

2. T58/T64

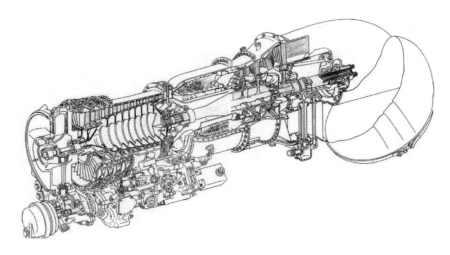

T58

　　T58 是通用电气公司于 20 世纪 50 年代初为美国海军研制的涡轮轴发动机。1955 年 12 月，该发动机进行了首次台架试验，1957 年 2 月，两台 T58 装 SH - 34H 直升机首次试飞，1958 年开始生产。1959 年 7 月获得 FAA 的适航证，成为美国第一种获 FAA 适航证的涡轴发动机。后来，GE 改进了 T58 的第一级压气机叶片，使空气流量增加，并安装了功率协调控制系统，发展出了 T58 - GE - 10，将 T58 - GE - 10 的功率协调系统去掉，就产生了 T58 - GE - 5。T58 - GE - 16 是对 T58 首次进行重大改型的成果，主要改进：第一级涡轮导向器叶片采用冷却；增加 1 级自由涡轮；改进排气管道。2002 年美海军将 300 台 T58 - GE - 16 升级成 T58 - GE - 16A，主要是改进核心机、修正动力涡轮和附件机匣增加发动机寿命。

　　T64 是美国通用电气公司按美海军要求，为对地支援和战术飞机设计的一种涡轮轴/涡轮螺旋桨发动机，军用型编号为 T64，民用型编号为 CT64。该发动机于 20 世纪 50 年代后期开始设计，1961 年 9 月首飞，1963 年 8 月投入使用。自此后，该发动机不断改进和升级。其衍生型别有 T64 - GE - 1/3/6，- 7，- 7A，- 16，- 100，- 413/413A，- 415/416/416A，- 419 和 T58 - MTU - 7。

T64 - GE - 415/416

技术参数

发动机型号	T58 - GE - 5/10	T58 - GE - 16A	T64 - GE - 419
国际标准大气海平面			
轴功率/hp(kW)	1500(1118.6)	1870(1395.0)	4750(3543.5)
总增压比	8.4	8.4	14.9
空气流量/(lb·s⁻¹(kg·s⁻¹))	13.69(6.21)	13.9(6.31)	29.4(13.34)
应急状态下最大值(单发停车)			
轴功率/hp(kW)			4751(3542)
最大连续			
轴功率/hp(kW)	1250(932.1)	1770(1320.4)	4230(3155.6)
耗油率/(lb·h⁻¹·shp⁻¹(kg·h⁻¹·kW⁻¹))	0.610(0.371)	0.61(0.371)	0.47(0.286)
尺寸			
长度/in(m)	59(1.50)	64(1.62)	79(2.01)
直径/in(m)	20.9(0.53)	23.9(0.61)	32.5(最大值)(0.83)
干重/lb(kg)	335(152)	443(200.9)	755(342.5)

结构与系统

发动机型号	T58 - 5/10	T58 - 16A	T64 - 419
压气机	10 级轴流式	10 级轴流式	14 级轴流式
燃烧室	环形	环形	环形
燃气发生器涡轮	2 级轴流式	2 级轴流式	2 级轴流式
动力涡轮	1 级轴流式	2 级轴流式	2 级轴流式
控制系统	电子-机械-液压式	电子-机械-液压式	电子-机械-液压式

应用

发动机型号	T58 - 5/10	T58 - 16A	T64 - 419
装机对象	S72,CH3	CH - 46E,S - 61/H - 3	CH - 53E,MH - 53E
首台发动机运行时间		2001	
获得许可时间	1976(T58 - 10)	2003	1990
投入使用时间		2003	1995

3. GE38

GE38

GE38 是通用电气公司最新研制的一款强劲的自由涡轮式涡轴发动机,由 GE27 MTFE 派生而来,用于配装下一代美国海军陆战队重型直升机。2005 年 12 月,美国国防部提出了下一代海军陆战队直升机运输机需求,计划在 2021 年前交付 156 架 CH - 53K 三发直升机,但当时并未公布发动机相关信息,直到 2006 年 1 月才透露会在通用电气公司的 GE38 和普·惠公司的 PW100T 以及罗·罗公司的 AE1107 之间选定最终用发动机。2007 年 1 月,宣布最终选定了 GE38 - 1B。

2008 年 7 月,GE38 开始部件台架试验,2009 年 7 月开始首台整机发动机试验。计划在系统研制与验证合同内研制 5 台地面试验用和 20 台飞行试验用发动机。其配装的 CH - 53K 直升机有望在 2015 年开始服役。

技术参数

功率/hp(kW)	7500(5592)	最大直径/in(m)	27(0.685)
长度/in(m)	57.5(1.466)		

结构与系统

压气机	5 级轴流加 1 级离心组合式压气机
燃烧室	环形燃烧室,低排放
燃气发生器涡轮	2 级燃气发生器涡轮
动力涡轮	3 级动力涡轮

应用

发动机型号	装机对象
GE38	CH-53K 直升机运输机

四、霍尼韦尔公司军用涡轴发动机

1. HTS900

HTS900

    2002 年 8 月,霍尼韦尔公司宣布要进行一项功率等级为 373～522kW(500～700shp)的发动机项目,旨在用其在未来 10 年内成功打入轻质单发和双发直升机市场。到 2006 年上半年,霍尼韦尔公司宣布将发展 HTS900 成为一整个适用于单发和双发直升机的系列发动机,功率将拓展至超过 746kW(1000shp)。还将采用两个输出转速为 6317r/min 或 9598r/min 的变速箱。该发动机的设计继承了先前的 LTS101 的简单、耐用优点,但是增加了 2 级离心式压气机,控制系统也改成了双通道 FADEC。

技术参数

国际标准大气海平面		应急状态下最大值(单发停车)	
轴功率/hp(kW)	925(690.1)	轴功率/hp(kW)	970(723.3)
总增压比	9.0(最大)	尺寸	
空气流量/(lb·s⁻¹(kg·s⁻¹))	5.5(2.49)(最大)	长度/in(m)	36(0.914)
最大连续		高度/in(m)	24(0.610)
轴功率/hp(kW)	900(671.4)	最大直径/in(m)	25.4(0.65)
耗油率/(lb·h⁻¹·shp⁻¹ (kg·h⁻¹·kW⁻¹))	0.513(0.312)	干重/lb(kg)	315(142.9)

结构与系统

压气机	2级离心式压气机
燃烧室	回流式环形燃烧室
燃气发生器涡轮	2级燃气发生器涡轮,带冷却叶片
动力涡轮	单级动力涡轮,安装在后主轴承之后的传动轴末端
尾喷管	直接连接到动力涡轮后面
控制系统	双通道全权限数字式电子控制系统,带 Arinc 429 接口

应用

装机对象	贝尔407X;贝尔407ARH
首台发动机运行时间	2004
获得许可时间	2007
投入使用时间	2011
备注	LTS101 为新一代,第一台 LTS101 在 1972 年运行

2. T53

T53 是霍尼韦尔公司根据与美国空军和陆军签订的联合研制合同于 1952 年开始研制的。最初定型的是功率为 641kW 的涡轴发动机。1955 年交付第一台原型机,T53 的早期生产型是 T53-L-1,功率为 820kW。1966 年生产了功率增大型 T53-L-11,将其取代,主要改动在于第 1 和第 2 级压气机采用跨声速设计和宽弦叶片,用雾化油嘴取代早期的喷射喷嘴,燃气发生器和自由涡轮分别增加 1 级。

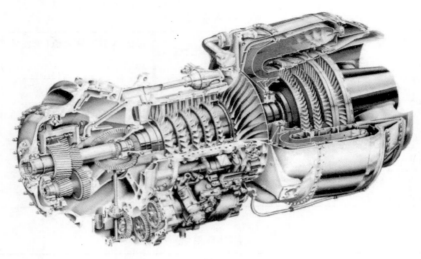

T53

技术参数(T53 - L - 11)

国际标准大气海平面		应急状态下最大值(单发停车)	
轴功率/hp(kW)	1500(1119.0)	轴功率/hp(kW)	1500(1119.0)
总增压比	7.1	尺寸	
空气流量/(lb·s^{-1}(kg·s^{-1}))	10.7(4.85)	长度/in(m)	47.6(1.21)
最大连续		高度/in(m)	23(0.58)(最大值)
轴功率/hp(kW)	1350(1007.1)	干重/lb(kg)	554(251.3)
耗油率/(lb·h^{-1}·shp^{-1} (kg·h^{-1}·kW^{-1}))	0.59(0.359)		

结构与系统(T53 - L - 11)

进气装置	镁合金环形进气机匣,由6个支板支承,支板也支承减速器和前主轴承。热空气防冰
压气机	5级轴流加1级离心组合式压气机
燃烧室	回流式环形燃烧室,22个蒸发管式燃油喷嘴
燃气发生器涡轮	2级轴流式燃气发生器涡轮,在L-11之前的型号均为1级涡轮盘
动力涡轮	2级轴流式动力涡轮,实心转子叶片,叶尖带冠
尾喷管	固定面积喷管,钢制外机匣和内整流锥,4个径向支板
控制系统	机械-液压式燃油控制系统

应用

派生型	装机对象	投入使用时间
T53 - L - 11	贝尔 UH - 1B/D/E,卡门 HH - 43F	
T53 - L - 13	贝尔 UH - 1C/H/M,CUH - 1H,AH - 1F/G/J	1966

3. T55

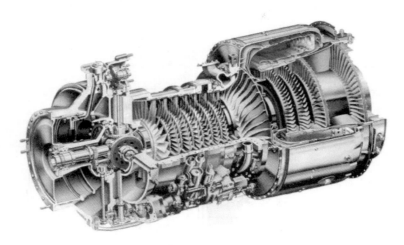

T55 - L - 712

20 世纪 50 年代末至 60 年代初,美国阿芙科·莱康明公司(现霍尼韦尔公司)根据与美国空军和陆军的合同研制 T55 发动机。原型机于 1958 年试车,最初的生产型 T55 - L - 5 于 1961 年首次交付使用。T55 是在 T53 发动机的基础上发展的放大型,加装了 2 级轴流式压气机,较 T53 空气流量更大。早期型号上压气机各级均为亚声速设计。在 T55 - L - 11 和 T55 - L - 712 发动机上,前 2 级和前 3 级分别为跨声速设计。早期型号上的燃气发生器涡轮均为单级,自 T55 - L - 11 开始,增至 2 级。该公司于 1993 年试验了全尺寸的动力装置,研制工作一直延续到 1997 年。T55 - L - 714 为 T55 系列中的新型动力装置,同以往的 T55 发动机相比,去掉了发动机前段的镁合金部件,延长了第一级涡轮组件的寿命,减少了冷却空气的漏气量,采用了扇形段导向器等,除提高功率外,预计耗油率可降低 3%,翻修间隔时间可达 3000h。

技术参数

发动机型号	T55 - L - 712	T55 - L - 714
国际标准大气海平面		
轴功率/hp(kW)	3750(2796)	4887(3643)
耗油率/(lb · h^{-1} · shp^{-1}(kg · h^{-1} · kW^{-1}))	0.530(0.322)	0.503(0.306)
总增压比	8.5	9.3
空气流量/(lb · s^{-1}(kg · s^{-1}))		29.1(13.19)
应急状态下最大值(单发停车)		
轴功率/hp(kW)		5069(3781.5)
最大连续		
轴功率/hp(kW)		4168(3109.3)
耗油率/(lb · h^{-1} · shp^{-1}(kg · h^{-1} · kW^{-1}))	0.520(0.316)	0.49(0.298)

续 表

尺寸		
长度/in(m)	46.5(1.18)	47.1(1.19)
直径/in(m)	27.1(0.69)	24.2(0.61)
干重/lb(kg)	750(340.2)	824(374)

结构与系统

进气装置	铸镁合金环形进气通道,4个径向支板支承中心安装的减速器和前轴承座。热空气防冰
压气机	7级轴流加1级离心组合式压气机
燃烧室	回流式环形燃烧室
燃气发生器涡轮	2级轴流式燃气发生器涡轮,均为气冷转子叶片
动力涡轮	2级轴流式自由涡轮,实心转子叶片
尾喷管	固定面积喷管,内锥由4个径向支板支承
控制系统	全权限数字式控制系统

应用

发动机型号	T55-L-712	T55-L-714
装机对象	CH47D;HC.MK1/414	CH-47D/F;MH-47E/C
首台发动机运行时间		1957(第一台派生型)
获得许可时间	1978	
投入使用时间		1993
备注		功率为7500shp的型号正在研制中

五、透博梅卡公司军用涡轴发动机

Turmo

Turmo(透默)是法国透博梅卡公司研制的世界上第一种自由涡轮式涡轴发动机。1950年年初开始试验,透默是在阿都斯特发动机的基础上增加1级自由涡轮和输出减速器发展而成的。1954年发展出了功率为298kW的透默Ⅱ,1957年开始研制的透默Ⅲ系列发动机于1959年投入使用。

透默Ⅲ C3是三发"超级黄蜂"SA321直升机的最初发动机,输出轴转速为5700r/min。

Turmo

技术参数(透默 Ⅲ C3)

国际标准大气海平面		应急状态下最大值(单发停车)	
轴功率/hp(kW)	1480(1104)	轴功率/hp(kW)	1480(1104)
耗油率/(lb·h^{-1}·shp^{-1}(kg·h^{-1}·kW^{-1}))	0.603(0.367)	尺寸	
总增压比	5.9	长度/in(m)	78.0(1.98)
空气流量/(lb·s^{-1}(kg·s^{-1}))	13.01(5.9)	干重/lb(kg)	655(297)

结构与系统

进气装置	环形进气道,整体机匣,机匣空腔为滑油箱
减速器	1级斜齿轮传动,减速比0.28249,输出转速为6000r/min
压气机	1级轴流加1级离心组合式压气机
燃烧室	回流式环形燃烧室,整体机匣,甩油盘离心喷油
燃气发生器涡轮	2级轴流式燃气发生器涡轮
动力涡轮	1级轴流式动力涡轮,透默Ⅲ C3,C5 和 E6 为 2级轴流式动力涡轮
尾喷管	固定面积喷管
控制系统	机械式燃油控制系统,燃气发生器调节器

应用

派生型"透默"	国际标准大气海平面轴功率/kW	装机对象	获得适航证时间	投入使用时间
Ⅲ C3	1104	SA321"超级黄蜂"		1959
Ⅲ C4	1032	SA330"美洲狮"	1970	
Ⅲ C5/C6/C7		SA321F/G/H/Ja		
Ⅲ E6	1181			
Ⅳ A	1057			
Ⅳ B	1057	IAR-330"美洲狮"		
Ⅳ C	1163			

六、俄罗斯军用涡轴发动机

1. VK - 800

VK - 800

VK - 800(BK - 800)是克里莫夫股份公司研制的一种600kW(800shp)级多用途涡轴发动机。该发动机核心机于1998年亮相莫斯科航展时即将开始台架试验,但是到了2004年,因为资金缺乏而一度暂停研制。2007年巴黎航展上,克里莫夫公司宣布该发动机研制已经重新启动,并且完成了发动机的原型机试验。在当时公布的研制进度表中提到,该发动机将于2008年适航取证并开始批量生产,计划于2009年研制其涡桨型号,2010年研制其更高功率的涡轴型号。

技术参数

发动机型号	VK - 800S	VK - 800V
起飞额定功率/shp(kW)	800(597)	800(597)
巡航功率/shp(kW)	620(462)	600(447.8)
总增压比	10	10
起飞耗油率/(lb·h^{-1}·shp^{-1}(kg·h^{-1}·kW^{-1}))	0.517(0.315)	0.524(0.319)
巡航耗油率/(lb·h^{-1}·shp^{-1}(kg·h^{-1}·kW^{-1}))	0.436(0.265)	0.5247(0319)
干重/lb(kg)	275.6(125)(2006年后更重)	309(140)
长度/in(m)	50.24(1.276)	39.37(1.0)
高度/in(m)	23.19(0.589)	22.83(0.580)
宽度/in(m)	21.85(0.555)	23.23(0.590)

结构与系统

进气装置	径向向里的进气道
压气机	1 级离心式压气机,总增压比为 10
燃烧室	环形燃烧室,带 20 个气动雾化喷嘴
燃气发生器涡轮	1 级涡轮,带不冷却叶片,涡轮进口温度为 1050℃
动力涡轮	1 级动力涡轮

应用

派生型	国际标准大气海平面功率/shp（kW）	装机对象
VK - 800V	597(800)	多用途飞机
VK - 800S	597(800)	喀山 Ansat,Ka - 226,Mil Mi - 54 双发运输机

2. VK - 2500

VK - 2500

VK - 2500(BK - 2500)发动机是乌克兰扎波罗日"进步"机械制造设计局与克里莫夫股份公司在 TV3 - 117VMA 发动机基础上合作研制的一种涡轮轴发动机,用于改进中型直升机,如民用直升机米 - 14、米 - 8MT/米 - 17、卡 - 32,以及军用直升机米 - 24、米 - 28、卡 - 50 和卡 - 52 - 2 等。

技术参数

起飞功率/shp(kW)	2000(1491)（功率状态Ⅰ） 2200(1640.5)（功率状态Ⅱ） 2500(1864)（功率状态Ⅲ）	空气流量/$(kg \cdot s^{-1})$	9.3
		总增压比	10
		长度/in(m)	80.91(2.055)
巡航功率/shp(kW)	1750(1305)	宽度/in(m)	25.98(0.66)
起飞耗油率/$(lb \cdot h^{-1} \cdot shp^{-1}$ $(kg \cdot h^{-1} \cdot kW^{-1}))$	0.463(0.281)（功率状态Ⅲ）	高度/in(m)	28.66(0.728)
巡航耗油率/$(lb \cdot h^{-1} \cdot shp^{-1}$ $(kg \cdot h^{-1} \cdot kW^{-1}))$	0.507(0.308)	干重/lb(kg)	657(298)

结构与系统

压气机	12级轴流式压气机,带进口导流叶片,前3级静子叶片可调。总增压比为10
燃烧室	环形燃烧室。可以采用汽车燃料
燃气发生器涡轮	2级轴流式燃气发生器涡轮。转速为18739r/min,涡轮进口温度为1050℃
自由涡轮	2级轴流式自由涡轮。转速14700r/min,后输出
控制系统	全权限数字式发动机电子控制系统,在地面和飞行中可自动控制。与早期TV3-117发动机上的控制系统可互换

应用

发动机型号	装机对象	获得适航证时间
VK-2500	米-14、米-8MT/米-17、卡-32,以及军用直升机米-24、米-28、卡-50和卡-52-2	2001

3. VK-3000

VK-3000

　　VK-3000(BK-3000)最初命名为TV7-117V,由TV7-117S发展而来,是克里莫夫公司为米-38直升机研制的一种涡轴发动机,于2006年改名为VK-3000。VK-3000与TV7-117S涡桨发动机相同之处达90%,尤其是拥有相同的核心机。

技术参数

起飞功率(S/L,静态)/shp(kW)	2800(2088)	空气流量/(lb·s^{-1}(kg·s^{-1}))	20.28(9.2)
最大连续功率(S/L,静态)/shp(kW)	2800(2088)	长度/in(m)	61.46(1.561)
巡航功率(S/L,静态,ISA+20℃)/shp(kW)	2000(1491)	高度/in(m)	33.07(0.840)
总增压比	17	宽度/in(m)	26.77(0.680)
起飞耗油率/(lb·h^{-1}·shp^{-1}(kg·h^{-1}·kW^{-1}))	0.439(0.267)	干重/lb(kg)	837.7(380)
巡航耗油率/(lb·h^{-1}·shp^{-1}(kg·h^{-1}·kW^{-1}))	0.485(0.295)		

结构与系统

进气装置	环形冲压式进气装置
压气机	与 TV7-117S 相似,为 5 级轴流加 1 级离心组合式压气机,但转速更高
燃烧室	回流式环形燃烧室
高压涡轮	2 级高压涡轮,涡轮进口温度为 1237℃
尾喷管	双管道排气装置
控制系统	新型双通道全权限数字式电子控制系统 BARK-65,带自动控制和监控装置

应用

派生型	国际标准大气海平面功率/shp(kW)	装机对象
TV7-117VM	2800(2088)	米-38
TV7-117VK		卡-50,卡-52

七、国际合作军用涡轴发动机

1. MTR390

MTR390

　　MTR390 于 1980 年开始设计,配装欧洲直升机公司 665"虎"式 UH-T,HAP 和 HAC 直升机。其研制经费为 3.6 亿美元,罗·罗公司负责设计和制造 20% 的发动机部件,包括自由涡轮。MTU 公司负责研制燃烧室和 1 级高压涡轮,占 40% 份额。透博梅卡公司在罗·罗公司帮助下负责 2 级离心式压气机,也占 40% 份额。第 1 台 MTR390 发动机于 1989 年 12 月在 MTU 公司运转。1991 年 2 月开始飞行试验,同年 4 月配装"虎"式直升机首飞。

技术参数

国际标准大气海平面		应急状态下最大值(单发停车)	
轴功率/hp(kW)	1285(958.2)	轴功率/hp(kW)	1556(1160.3)
总增压比	13	尺寸	
空气流量/(lb·s^{-1}(kg·s^{-1}))	7.05(3.20)	长度/in(m)	42.4(1.078)
耗油率/(lb·h^{-1}·shp^{-1}(kg·h^{-1}·kW^{-1}))	0.460(0.280)	宽度/in(m)	17.4(0.442)
最大连续		高度/in(m)	26.9(0.682)
轴功率/hp(kW)	1171(873.2)	包线直径/in(m)	29.1(0.7)
耗油率/(lb·h^{-1}·shp^{-1}(kg·h^{-1}·kW^{-1}))	0.467(0.284)	干重/lb(kg)	372.6(169)

结构与系统

压气机	2 级离心式压气机,串联
燃烧室	回流式短环形燃烧室,可燃烧劣质燃油,排放物少,易起动。蒸发式喷嘴
涡轮	1 级高压涡轮,2 级低压涡轮为对转自由动力涡轮
功率输出装置	输出轴转速为 8000r/min 的齿轮箱
控制系统	全权限数字式电子控制系统。手动油门杆作为备份系统
滑油系统	整体滑油系统,发动机自带油箱和冷油器
尾喷管	固定面积喷口

应用

派生型	MTR390-2C,MTR390-E,MTR390L,MTR390T
装机对象	"虎"式直升机
首台发动机运行时间	1989.12
获得许可时间	1993.8
投入使用时间	2001
备注	与透博梅卡公司和 MTU 公司的合作项目

2. RTM322

RTM322 是英国罗·罗公司与法国透博梅卡公司共同研制的涡轴发动机,前者负责进气装置、进口粒子分离器、回流式环形燃烧室、燃气发生器和自由涡轮,后者负责组合式压气机、功率输出轴、体内减速器及附件齿轮箱。

RTM322-01/8 指的是 RTM322-01/8Mk100。Mk100 的研制始于 1988 年英国 EH101 三发直升机的发动机选配竞争。同年,Mk100 赢得竞争,并于 1993 年 7 月 6 日配装 EH101 首飞。到 1995 年,总计 158 台 RTM322-01/8 实现交付。

RTM322

RTM322－01/9

　　RTM322－01/9 是全日本航空公司（NH）双发 NH90 战术运输直升机（TTH）和北约舰载直升机（NFH）的标配发动机。1995 年 12 月首飞以来,选用于法国、德国、荷兰、希腊和澳大利亚等多个国家的 NH90 直升机上。2004 年 7 月,RTM322 01/9 获得欧洲航空安全局适航认证。到 2009 年年中,该发动机累计飞行时数超过 9000h。2012 年年初,NH 公司宣布交付配装该型机的第 100 架 NH90。

技术参数

发动机型号	RTM322－01/8	RTM322－01/9
国际标准大气海平面		
轴功率/hp(kW)	2101(1566)	2412(1799)
总增压比	14.7	14.7
空气流量/(lb·s^{-1}(kg·s^{-1}))	12.7(5.8)	12.7(5.8)
耗油率/(lb·h^{-1}·shp^{-1}(kg·h^{-1}·kW^{-1}))	0.441(0.268)	0.420(0.255)

续 表

应急状态下最大值(单发停车,30s)		
轴功率/hp(kW)	2242(1673)	2958(2206)
最大连续		
轴功率/hp(kW)	1842(1375)	2232(1664)
耗油率/(lb·h^{-1}·shp^{-1}(kg·h^{-1}·kW^{-1}))	0.454(0.276)	0.424(0.258)
尺寸		
长度/in(m)	46.1(1.17)	46.1(1.17)
宽度/in(m)	25.94(0.659)	25.94(0.659)
高度/in(m)	23.78(0.604)	23.78(0.604)
包线直径/in(m)	28.98(0.736)	28.98(0.736)
干重/lb(kg)	559(254)	503(228)

结构与系统

进气装置	阳极铝合金机匣,环形前向进气道。由内外锥体和轴对称进口粒子分离器组成
压气机	3级轴流加1级离心组合式压气机,前两级进口导叶可调,叶片和盘都为钛合金整体铸造,机械加工而成
燃烧室	回流式环形燃烧室。12个蒸发式喷嘴,可燃烧劣质燃油。带卢卡斯点火激励器
燃气发生器涡轮	2级轴流式燃气发生器涡轮,第1级转子叶片和第1,2级导向器叶片采用气冷,非气冷转子叶片采用单晶材料制成
动力涡轮	2级非冷却式动力涡轮。简单的整体铸造喷管
起动系统	电动起动机,带高能点火装置
控制系统	全权限数字式电子控制系统。手动油门杆作为备份系统

应用

发动机型号	RTM322-01/8	RTM322-01/9
装机对象	EH101,WAH-64(01/12)	NH90,S-92
首台发动机运行时间	1984	1995
获得许可时间	1990	1998
投入使用时间	1998	2004
备注	与透博梅卡公司的合作项目	法国、德国、芬兰、瑞典、荷兰为NH-90飞机选定的发动机

八、其他公司军用涡轴发动机

1. MG5

MG5 发动机是日本三菱重工从 1987 年开始研制的涡轮轴发动机,是采用该公司专利技术的日本第一台民用涡轮轴发动机。该发动机是在三菱重工多年航空燃气涡轮发动机技术的基础上发展起来的大功率、小尺寸、轻质量和高性能的发动机。1991 年,功率为 597kW 的 MG5 原型机开始试验。1997 年 6 月,该发动机获得适航证。

MG5

MG5 发动机主要型别:

MG5 - 10:1993 年,三菱重工装有两台 MG5 - 10 发动机的 RP - 1 试验型直升机首飞,该发动机的功率降低为 447kW。

MG5 - 100:1995 年,三菱重工起飞功率为 597kW 的 MG5 - 100 发动机被选为三菱重工 MH2000 双发民用直升机的动力。1997 年 6 月,该发动机获得日本民用航空局(JCAB)的适航证。

MG5 - 110:在 MG5 - 100 基础上改进而来,起飞功率为 653kW。该发动机用于 MH2000A 直升机,该直升机于 1999 年 9 月 24 日获得由 JCAB 颁发的 TA 类适航证。

技术参数

起飞功率(5min)/ kW	653	直径/mm	737
起飞耗油率(5min)/(lb·h^{-1}·shp^{-1})	0.27	宽度/mm	675
连续功率/kW	582	高度/mm	574
功重比/(kW·kg^{-1})	4.32	长度/mm	1184
总增压比	11	干重/kg	154.2

结构与系统

压气机	1 级离心式压气机
燃烧室	环形燃烧室
燃气发生器涡轮	1 级轴流式燃气发生器涡轮
动力涡轮	1 级轴流式动力涡轮
控制系统	全权限数字式电子控制系统

应用

发动机型号	装机对象
MG5	MH - 2000 直升机

2. TS1

TS1 是日本三菱重工从 1991 年开始研制的涡轮轴发动机。该发动机的第一个用途是川崎公司的双发的 OH - 1 武装侦察/观测直升机。

TS1 发动机的主要型别：

XTS1：研制型发动机，用于地面试验。1993 年完成首次发动机整机试验。

XTS1 - 10：首台飞行标准型发动机。从 1995 年开始试验，1996 年 8 月 6 日装在 OH - X 原型机上首飞。

TS1 - 10：改进型发动机，降低了耗油率。1998 年 3 月 30 日，首架换发的 OH - 1 原型机首飞。

TS1 - M - 10：初始生产型发动机。1999 年获得日本防卫厅的合格证。1999 年 7 月，首架 OH - 1 生产型直升机开始飞行试验，2000 年 1 月 24 日交付 JGSDF（日本陆上自卫队）。到 2007 年，生产型 OH - 1 直升机的订购数量达到 28 架，2009 年开始连续交付使用。

技术参数

起飞功率(30min)/shp(kW)	940(700)	直径/in(m)	24(0.6096)
起飞耗油率/(lb·h^{-1}·shp^{-1}(kg·h^{-1}·kW^{-1}))	0.52(0.316)	长度/in(m)	59(1.499)
总增压比	11	干重/lb (kg)	334(151.5)

结构与系统

进气装置	带有粒子分离器和红外抑制器
压气机	单级单边离心式压气机，高转速，总增压比为 11
燃烧室	紧凑型回流式环形燃烧室
涡轮	2 级轴流式涡轮
控制系统	全权限数字式电子控制系统

应用

发动机型号	装机对象
TS1	OH－1武装侦察/观测直升机

3. GTD－350

GTD－350

　　GTD－350(ГТД－350)是苏联依索托夫设计局(现波兰航空集团热舒夫公司)于1958—1961年间设计的自由涡轮式涡轴发动机,用作米－2直升机的动力。1963年,由于该直升机在波兰 WSK－PZL Swidnik 生产,所以发动机也移交热舒夫公司全面负责。从1966年开始,这家波兰工厂共交付了19000多台发动机。该厂还研制该发动机的改型——起飞功率为313kW 的 GTD－350W 发动机。GTD－350 的总寿命为4000h。

技术参数

起飞功率(6min,96% N1)/kW GTD－350	294	功重比/(kW·kg^{-1}) GTD－350	2.15
额定功率(1h,90% N1)/kW GTD－350	236	空气流量/(kg·s^{-1})	2.19
巡航功率Ⅰ(87.5% N1)/kW	210	总增压比	6.05
巡航功率Ⅱ(84.5% N1)/kW	173	涡轮进口温度/℃ GTD－350 GTD－350W	970 985
起飞耗油率/(lb·h^{-1}·shp^{-1})	0.84	宽度/mm	520 626(带喷管)
额定耗油率/(lb·h^{-1}·shp^{-1})	0.91	高度/mm	760(带喷管)
巡航耗油率Ⅰ/(lb·h^{-1}·shp^{-1})	0.96	长度/mm	1385
巡航耗油率Ⅱ/(lb·h^{-1}·shp^{-1})	1.02	干重/kg	139.5(不带喷管 和附件)

结构与系统

进气装置	不锈钢机匣。进口导流叶片和头锥用热空气自动防冰
压气机	7级轴流加1级离心组合式压气机,全部采用钢材料。转速为45000r/min
燃烧室	回流式燃烧室。空气经两个管子提供。1个离心式双路喷嘴和1个半导体点火嘴
燃气发生器涡轮	1级轴流式燃气发生器涡轮。叶片带冠,用枞树形榫头与盘相连
自由涡轮	2级轴流式自由涡轮。恒定转速为24000r/min。叶片带冠,用枞树形榫头与盘相连。导向器为整体铸造。涡轮盘用螺栓相连
减速器	2级减速器,减速比为0.246。镁合金机匣。输出转速为5900r/min
燃油系统	NR-40TA油泵调节器、RO-40TA自由涡轮调节器、DS-40放气阀控制器和电磁起动阀。燃油规格为TS-1,TS-2和JetA-1
滑油系统	闭式。1个供油泵和4个回油泵均为齿轮泵。油箱容积为12.5L。滑油规格为B3-W合成油、Castrol98或5000、Elf涡轮喷气Ⅱ和Shell涡轮油500
起动系统	STG3起动/发电机,适于4000m以下高度工作
附件	STG3 3kW起动/发电机、NR-40TA调节器泵、燃气发生器传动的D1转速表和滑油泵、RO-40TA转速调节器和由自由涡轮传动的D1转速表和离心通风器

应用

发动机型号	装机对象
GTD-350	米-2 直升机

4. PZL-10W

PZL-10W

PZL-10W是波兰航空集团热舒夫公司在PZL-10B(最初名为TWD-10B)涡桨发动机

基础上研制的自由涡轮式单转子涡轴发动机,目前已经获得了波兰、俄罗斯、美国和德国的适航证,用于所有的双发 W－1"鹰"直升机。到 2002 年 1 月,"鹰"直升机的产量达到 143 架。

技术参数

应急功率/kW	858	空气流量/(kg・s⁻¹)	4.6(转速为 29600r/min 时)
最大功率/kW	746	宽度(左发)/mm	740
起飞功率/kW	671	宽度(右发)/mm	765
连续功率/kW	574	长度/mm	1875
起飞耗油率/(lb・h⁻¹・shp⁻¹)	0.60	干重/kg	141
功重比/(kW・kg⁻¹)	4.79		

结构与系统

压气机	6 级轴流加 1 级离心组合式压气机。第 2~6 级用主轴作为螺栓压紧,第 1 级用螺栓与第 2~6 级组件连接。前机匣为钛合金,水平对开,后机匣为钢板焊接的。设有防喘放气阀和径向扩压器
燃烧室	环形燃烧室。用离心喷油嘴、两个起动喷油嘴和半导体点火嘴
燃气发生器涡轮	2 级轴流式燃气发生器涡轮。空心导向器叶片用板材制成。机匣有陶瓷内衬
自由涡轮	1 级轴流式自由涡轮。叶片用枞树形榫头与盘相连。转速为 23615r/min
控制系统	液压-电子控制,自由涡轮采用电子控制。控制系统在发动机转速从慢车到起飞之间变化时,保持直升机的旋翼转速恒定,能防止压气机和自由涡轮转速及燃气温度超出最大限制值,能控制防喘放气阀,在自由涡轮超速时关闭发动机并能保持设定的输出轴扭矩
燃油系统	燃油规格为 T－1,T－2,TS－1,RT,PSM－2a 和 JetA－1
滑油系统	增压闭合式滑油系统。带 1 个供油泵和 1 个回油泵。滑油箱容积为 14L。滑油箱和冷却器安装在飞机机体上
滑油规格	B－3W,Castrol 599,Castrol 500,Castrol 5050,ASTO 500,ASTO555,Elf 涡轮喷气Ⅱ
附件传动	整体铸造齿轮箱传动 5kW 起动机、起动装置、电子温度限制器、振动传感器、转速表发电机、滑油泵和离心泵、相位转矩表、防冰阀、自由涡轮转速限制器和运转时间计数器

应用

发动机型号	装机对象
PZL－10W	波兰希维德尼克厂"鹰"直升机

第四章 军用涡桨发动机

一、罗·罗公司军用涡桨发动机

1. Tyne Mk21/22

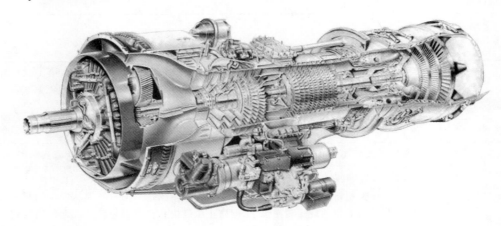

Mk21

Mk22

Tyne(苔茵) Mk21 是配装达索公司 Br. 1150 "大西洋"和 ATL2"大西洋 2"飞机的轴流式双转子涡桨发动机,斯奈克玛和 MTU 公司按许可总共装配了 275 台,预计寿命到 2035 年截止。Mk22 总计装配了 605 台,法国宣布 2005 年开始将所装的飞机退役。

技术参数

发动机型号	Mk21 /Mk22		
国际标准大气海平面		**尺寸**	
额定功率/hp(kW)	6105(4552)	长度/in(m)	108.72(2.762)
涡轮进口温度/℃	1000	最大直径/in(m)	55.0(1.4)
总增压比	13.97	螺旋桨直径/in(m)	192(4.88)/216(5.49)
空气流量/(lb·s^{-1}(kg·s^{-1}))	46.58(21.1)	干重/lb(kg)	2420(1098)/2436(1105)
耗油率/(lb·h^{-1}·shp^{-1}(kg·h^{-1}·kW^{-1}))	0.485(0.295)		

结构与系统

进气装置	环形镁合金整体铸造机匣,支板用热滑油防冰,整流罩用电热防冰,还用高压压气机放气防冰
压气机	6级轴流式低压压气机,9级轴流式高压压气机
燃烧室	环管形燃烧室,有10个火焰筒
涡轮	1级轴流式高压涡轮,3级轴流式低压涡轮
尾喷管	结构不可调尾喷管,内锥体用10个径向支板支承
起动系统	空气涡轮起动机
控制系统	机械-电气式控制器,采用超级电子空速2A40磁放大电控制的节流阀
滑油系统	干油池。一个供油泵,6个正齿轮式回油泵,油箱容量为26.2L

应用

发动机型号	Mk21 /Mk22
装机对象	Br.1150"大西洋",ATL2"大西洋2",C.160"协和式"军用运输机
投入使用时间	1961.10/1963.2

2. AE 2100

AE 2100是继T56之后的新一代涡桨发动机,既可作为军用也可作为民用。结构部件包括发动机、螺旋桨和减速器,发动机在T406涡轴发动机基础上设计而成,其减速齿轮在T56减速器基础上重新设计。主要部件都经过使用和试验验证,具有良好的可靠性和耐久性。AE 2100是第一台具备对发动机和螺旋桨实行整体全权限数字式电子控制系统控制的涡桨发动机。

AE 2100D3

截至 2011 年 10 月，罗·罗公司向洛克希德·马丁公司交付 C－130J 飞机用 AE 2100D3 总计 1155 台。

技术参数

发动机型号	AE 2100D2	AE 2100D3	AE 2100J
国际标准大气海平面			
轴功率/hp(kW)	4593(3424)	4637(3457.8)	4591(3423)
保持功率不变的最高温度/℃	39	39	
总增压比	16.6	16.6	16.6
空气流量/(lb·s⁻¹(kg·s⁻¹))	37.4(16.96)	37.4(16.96)	37.4(16.96)
减速齿轮传动比			0.400
耗油率/(lb·h⁻¹·shp⁻¹(kg·h⁻¹·kW⁻¹))	0.424(0.258)	0.424(0.258)	
尺寸			
长度/in(m)	118(2.997)	124(3.15)	114(2.896)
高度/in(m)	45.3(1.151)	45.3(1.151)	45.3(1.151)
直径/in(m)	28.7(0.729)	28.7(0.729)	28.7(0.729)
进口直径/in(m)	24.5(0.622)	24.5(0.622)	24.5(0.622)
干重/lb(kg)	1727(745.7)	1925(873)	1640(743.9)

结构与系统

压气机	14 级轴流式压气机，带可调进口导叶，并且前 5 级为静子排
燃烧室	环形燃烧室，有 16 个喷嘴和 2 个高能点火器
高压涡轮	2 级轴流式高压涡轮，带气冷叶片，第一级叶片为单晶叶片，第二级叶片为实心叶片
动力涡轮	2 级轴流式非冷却动力涡轮，第 1 级导叶处安装热电偶
功率输出装置	新型齿轮箱使减速器质量减轻 68kg(150lb)，故障间隔时间为 $3×10^4$ h
控制系统	全权限数字式电子控制系统，通过一根控制杆同时控制发动机和螺旋桨
附件	铝合金减速器安装在进气口下方，由压气机前轴驱动。后面轴驱动起动机、燃油计量装置和滑油泵，前面轴驱动永磁交流发电机，为 FADEC 供电

应用

发动机型号	AE 2100D2	AE 2100D3	AE 2100J
装机对象	C-27J"斯巴达"	C-130J/30,L-100J/30,C-27J	US-1A Kai
首台发动机运行时间		1994.3	
获得许可时间		1997.4	2000
投入使用时间	1999	1998.9	

3. T56

T56-A-427

　　T56是艾利逊公司(现属罗·罗公司)研制的涡桨发动机,是史上连续生产运行时间最长的一型发动机。该系列发动机于1948年开始研制,1954年开始批量生产计划,到1956年完成全面工程发展,美国政府投资2.22亿美元。第一种使用T56的飞机是1956年年底开始服役的美国军用运输机C-130。自20世纪50年代投入使用以来,T56得到不断改进发展,已经发展出4个军用系列和3个民用系列,用于约50个国家和地区的军、民用运输机上。该发动机耐久性好、可靠性高而且耗油率低,很适合低马赫数飞机使用。其最新改型是T56Ⅳ。

技术参数

发动机型号	T56-A-14,-15,-425 Ⅲ系列	T56-A-427 Ⅳ系列
国际标准大气海平面		
轴功率/hp(kW)	4591(3424)	5250(3914.9)
保持功率不变的最高温度/℃	15	
总增压比	9.5	11.5
空气流量/(lb·s⁻¹(kg·s⁻¹))	32.35(14.7)	33.5(15.2)
减速齿轮传动比	0.0738	

续 表

最大连续

高度/ft①(m)	25000(7620)	
马赫数	0.47	
轴功率/hp(kW)	2821(2103)	
耗油率/(lb·h⁻¹·shp⁻¹ (kg·h⁻¹·kW⁻¹))	0.465(0.283)	0.420(0.255)

| 高度/ft①(m) | 25000(7620) | |

尺寸

长度/in(m)	146.3(3.72)	146.1(3.71)
直径/in(m)	27.0(0.69)	27.0(0.68)
干重/lb(kg)	1848~1899(838~861)	1940(880.0)

结构与系统

进气装置	机匣与8块整流支板用镁合金整体铸造。放气防冰
压气机	14级轴流式压气机,相邻盘之间互锁,转子用螺栓固定在轴上
燃烧室	目前生产的是环管形燃烧室,6个不锈钢火焰筒,整体机匣,有16个喷嘴,2个点火器
涡轮	4级涡轮,不锈钢涡轮盘。早期T56型号采用非冷却转子叶片和导向器叶片,从T56-A-15开始,第1级采用气冷转子叶片
尾喷管	圆形不锈钢结构,固定面积喷管
起动系统	空气涡轮起动机,安装于螺旋桨齿轮箱上
控制系统	机械-液压式控制系统,使用帮迪克斯高压燃油控制装置。起动和加速自动控制。最新的T56-A-101/427采用数字式电子控制系统
滑油系统	回路式综合滑油系统

应用

发动机型号	T56-A-14,-15,-425 Ⅲ系列	T56-A-427 Ⅳ系列
装机对象	洛克希德C-130H,P-3C, 格鲁门E-2C,C-2A	TE-2C,"鹰眼"2000,C-130H,E-2C, C-2A,P-3C,L-100HTTB
首台发动机运行时间	1962	1981
获得许可时间	1963	1986
投入使用时间	1964	1987

---

① 1ft=0.304 8 m

4. Model 250 – B17F

Model 250 – B17F

Model 250 – B 系列是罗·罗艾利逊公司研制的涡桨发动机,民用编号为 Model 250 – B,军用编号为 T63。Model 250 – B17F 是 Model 250 系列中最新的一个系列,采用了 Model 250 – C20R 涡轴发动机的压气机,但总增压比、空气流量和功率都有所提高,耗油率有所下降。截至 2006 年,所有 B17 型号产量达到 1196 台,运行时数为 6231700h。

技术参数

国际标准大气海平面		尺寸	
轴功率/hp(kW)	450(335.6)	长度/in(m)	45(1.14)
总增压比	7.9	直径/in(m)	19.4(0.49)
空气流量/(lb·s^{-1}(kg·s^{-1}))	3.8(1.7)	干重/lb(kg)	212(96.2)
耗油率/(lb·h^{-1}·shp^{-1}(kg·h^{-1}·kW^{-1}))	0.613(0.373)		

结构与系统

进气装置	环形整体式钢进气机匣,放气防冰
压气机	4 级轴流加 1 级离心组合式压气机
燃烧室	单管式燃烧室
燃气发生器涡轮	2 级轴流式高压涡轮,水平对开机匣,整体叶盘
动力涡轮	2 级轴流式动力涡轮,整体叶盘
控制系统	机械-液压式燃油控制系统,等转速调节

应用

装机对象	T – 5,T – 7,L90,SF260TP
首台发动机运行时间	1985
获得许可时间	1988
投入使用时间	1990

二、普·惠加拿大公司军用涡桨发动机

PT6A

PT6A 是 PT6 系列中涡桨型的编号(涡轴型编号为 PT6B/C),T74 是美国军方为军用型 PT6A 和 PT6B 的编号。

PT6A 于 1958 年由普·惠加拿大公司研制,1959 年 11 月试验型 PT6A 首次运转,1961 年 5 月配装比奇 18 飞机试飞。第一台投入生产的是 1963 年取得合格证的 PT6A - 6,随后发展出一系列改型,用于军用和民用固定翼和旋翼机上。

PT6A - 135

PT6A - 38

PT6A 的螺旋桨转速可低至 400r/min;在巡航时,典型的螺旋桨转速仅为最大转速的 70%。发动机起动时,起动机仅需带动燃气发生器转子,不必同时带动螺旋桨和减速器,从而缩短了起动时间,降低了起动功率要求,PT6A 的起动功率要求仅为同级定轴设计的 50%～ 60%。在双发飞机上,当一发停车时,PT6A 的风车阻力仅为同级定轴设计的 25%。因此,不需要负扭矩传感器和自动顺桨设备;而在单发飞机上,当动力装置发生故障时,PT6A 也有较大的安全裕度,能防止螺旋桨振动或螺旋桨触地等故障传到核心机上去,从而避免整个发动机遭到损坏。1993 年第二季度统计,PT6A 的平均非计划更换时间为 47619h,平均空中停车间隔为 1.25×10^4 h。PT6A 的翻修寿命各型不尽相同,PT6A - 11AG,- 25,- 25A,- 38,- 41,- 42,- 45A,- 45B 和 - 45R 为 3000h,- 50 型为 2000h,其余的为 3500h,最高翻修寿命已达 8500h。飞行试验证明 PT6A 的稳态和过渡态性能包线高度已达 9144m,点火高度达 7620m。

技术参数(PT6A - 11)

起飞功率/kW	373	功重比/$(kW \cdot kg^{-1})$	2.51
最大连续功率/kW	373	长度/mm	1757
起飞耗油率/$(kg \cdot h^{-1} \cdot kW^{-1})$	0.394	质量/kg	148.8
最大连续耗油率/$(kg \cdot h^{-1} \cdot kW^{-1})$	0.393		

结构与系统

进气装置	环形进气道位于发动机后部,用酒精或惯性分离防冰
压气机	3 级轴流加 1 级离心式压气机。离心压气机为钛合金锻造的单面压缩式。轴流压气机为盘鼓式。转子叶片和整流叶片用不锈钢制造
燃烧室	回流式环形燃烧室。14 个单油路离心燃油喷嘴
燃气发生器涡轮	1 级轴流式燃气发生器涡轮。起飞转速 38000～39000r/min
自由涡轮	1 级轴流式自由涡轮。大部分 PT6A 输出轴转速为 2200r/min
尾喷管	集气管在自由涡轮轴外围,燃气通过两个水平排气口排出
控制系统	帮迪克斯公司的气动-电子燃油控制系统和伍德沃德公司的自由涡轮控制器

应用

派生型	最大起飞功率/kW	装机对象	保持推力不变的最高温度/℃	获得适航证时间
PT6A - 6	410	Potez841,DHC - 2"涡轮海狸"	21	1963
PT6A - 11	373	"管道工"T1040,"管道工柴恩"1A;Y - 12(中国)	42	1977
PT6A - 11AG	410	B - 146BG"涡轮猫";"艾尔斯画眉鸟 S2RT - 11 和海上画眉鸟"	42	1979
PT6A - 110	354	128 - 6"涡轮天空仆人"	38.3	1980
PT6A - 112	373	赛斯纳"征服"I/425	56	1978
PT6A - 114	447	赛斯纳 208A "大篷车"I;Roks - Aero 公司 T - 610	57.7	1984
PT6A - 114A	503	赛斯纳"大篷车"I;赛斯纳 208B"超级货运能手";赛斯纳 675	46.1	1989
PT6A - 121	457	毕亚交航空工业公司 P · 166 - DP1	22	1977

续表

派生型	最大起飞功率/kW	装机对象	保持推力不变的最高温度/℃	获得适航证时间
PT6A－15AG	507	"农业猫" 164D, AT－400、402B、502; CNIARIAR－827TP/－828;福克/格鲁门"农业猫";Schweizer B－146BG"涡轮猫";艾尔斯 S2RT－15	22	1977
PT6A－20	410	比奇99;比奇B90;比奇18;比奇 U－21A/G; Air Parts Flecher1060; Schafer Comanchero500	21	1965
PT6A－21	410	"空中国王"C90	33	1974
PT6A－25	410	T－34C,Aero Maroc Gepal MKⅣ	33.8	1976
PT6A－25A	410	派士公司 PC-7"涡轮教练机";Pzl Warszawa－Okecie Pzl－30T Turo Orlik		1976
PT6A－25C	559	EMB－312"巨嘴鸟",AACA.10 教练机	30.5	1981
PT6A－27	507	比奇B99,DHC－6,Y－12,EMB－110,"涡轮搬运工"PC－6	22	1967
PT6A－28	507	"空中国王"E90,"空中国王"A100,EMB－121A		1969
PT6A－29	559	巴西航空工业公司 EMB－121A XinguⅡ;比奇E90;比奇 U－21A/G		1968
PT6A－34	559	EMB－111,EMB－110k1/S1/P1/P2;Avalon－680;OmniTurbo Titan404; CNIAR IAR－825;LTV L－450F	30.5	1971
PT6A－34AG	559	NAC6"农场主";AT－802/A;艾尔斯 S2RT－34。CNIAR IAR－827A;福克/格鲁门农业猫		1977
PT6A－135	559	"管道工柴恩"11XL;先进飞机公司鹰;艾芙迪克 400		1978
PT6A－36	559	比奇C99;比奇 99;塞斯纳公司 O－ST(攻击型)	36	1973
PT6A－38	559	双发 C－12 军用运输机	39	1975
PT6A－40	559	比奇38P		
PT6A－41	634	"超级空中国王"200,C－12;比奇99;比奇200;Commutur 飞机公司 CAC－100	41	1973
PT6A－42	634	比奇 1300; AASI jetcruzer650; Aero Vodocchody Ae270MP;比奇99;比奇B200;比奇 U－12B/F/M;派泊公司 malibu 子午线		

续　表

派生型	最大起飞功率/kW	装机对象	保持推力不变的最高温度/℃	获得适航证时间
PT6A-42A	634	Grob 宇航公司 G160(6～8座公务机)；莫霍克298		
PT6A-45	835	巴西航空工业公司 EMB-312 T-27"巨嘴鸟"；艾芙迪克441		
PT6A-45A	875	肖特330；莫霍克298	8	1976
PT6A-45B	875	肖特330		1978
PT6A-45R	892	肖特330；肖特C23A；Gafhawk125；费尔柴尔德飞机公司 Metro Ⅱ ⅠA	22.8	1980
PT6A-50	835	"冲锋"7；比奇300/300LW	15	1976
PT6A-60A	783	OMAC Laser 300A	25	
PT6A-61	634	"搬运工柴恩"111A	46.1	1982
PT6A-65AG	969	"农场主"65	21	
PT6A-65B	874.7	安东诺夫设计局的安-28PT	38.3	1982
PT6A-65R	1026	肖特360	27.8	1982
PT6A-65AR	1062	肖特360	27.7	1984（合格证）
PT6A-66A	634	JetCruzer 500	50.1	1998
PT6A-67	895	Aircraft A-67	46.1	1987
PT6A-67AF	1062	"空中拖拉机"AT-802	32.7	1987
PT6A-67AG	1006	AT-802A	33.3	1994
PT6A-67D	947	比奇1900D/Execuliner	46.1	1990
PT6A-67R	1062	肖特360-300	48.3	1987
PT6A-67B	895	派士公司 PC-12	45.0	1990
PT6A-68A	969	EMB-312H，EMB-312HJ	44.9	1994

三、通用电气公司军用涡桨发动机

T64 - P4D

T64 - P4D

　　T64 是美国通用电气公司按美国海军要求,为对地支援和战术飞机设计的一种涡轮轴/涡轮螺旋桨发动机,军用型编号为 T64,民用型编号为 CT64。该发动机于 20 世纪 50 年代后期开始设计,初始试验型发动机为涡桨发动机,于 1961 年 9 月首飞,1963 年 8 月投入使用。自此后,该发动机不断改进和升级。

　　T64 - P4D 为 T64 的衍生涡桨型发动机,于 1975 年经 GE 公司和意大利政府签署合同,由 GE 公司与菲亚特-艾维欧公司联合研制。

技术参数

国际标准大气海平面功率/hp(kW)	3400(2535.4)	长度/in(m)	110(2.79)
总增压比	13	直径/in(m)	26.9(0.68)
空气流量/(lb·s^{-1}(kg·s^{-1}))	26.9(12.2)	干重/lb(kg)	1188(538)
耗油率/(lb·h^{-1}·shp^{-1}(kg·h^{-1}·kW^{-1}))	0.480(0.292)		

结构与系统

压气机	14 级轴流式压气机
燃烧室	环形燃烧室,有 12 个双油路喷嘴
涡轮	2 级轴流式燃气发生器涡轮,2 级自由涡轮
控制系统	机械-液压式控制系统,综合控制器控制燃油和可调进口导流叶片

应用

发动机型号	装机对象
T64 - P4D	G222,C - 27A

四、国际合作军用涡桨发动机

TP400 - D6

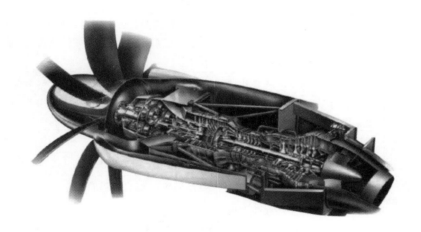

TP400 - D6

　　TP400 - D6 是西方世界最强劲的涡桨发动机,用于配装 A400M 飞机。2000 年 8 月 30 日,欧洲 6 家发动机制造商签订了为空客军机公司(AMC)A400 军用运输机研制 TP400 涡桨发动机的初步协议。但到了 2001 年年中,飞机与发动机研制合同却未能签订,而发动机制造商对发动机的初步设计工作已经在进行中。2003 年,4 家主要的发动机制造商成立了欧洲螺旋桨国际发动机公司(EPI)后,公布了该型机的研制进度,研制改进工作全面铺开。

　　2003 年,在飞机订购数基础上,各发动机公司分别负责如下工作:

　　欧洲螺旋桨国际公司为项目管理和型号合格证的拥有者。

　　意大利的艾维欧公司按转包合同负责主齿轮箱。

　　西班牙 ITP 公司负责部分研制试验、试验设备、低压涡轮、涡轮出口机匣、外装饰和综合寿命保障。

　　德国 MTU 公司负责部分研制试验、生产组装,完成中压转子(压气机/轴/涡轮)和部分发动机/螺旋桨控制系统,完成发动机总装和整机试验。

　　罗·罗公司负责发动机性能、整体发动机模型、空气/滑油系统、高压压气机、中介机匣、热端支承(轴承支承)和低压轴。这些工作将在罗·罗公司位于英国和德国的几个基地进行。

　　2009 年 12 月,装有该型发动机的第 1 架 A400M 完成首飞。2010 年年中,TP400 - D6 取得欧洲航空安全局(EASA)的适航证。

技术参数

国际标准大气海平面		尺寸	
轴功率/hp(kW)	13000(9694)	长度(包括齿轮箱)/in(m)	137.8(3.5)
总增压比	25	直径/in(m)	36.4(0.9245)
空气流量/(lb·s^{-1}(kg·s^{-1}))	58.0(26.31)	干重(不包括螺旋桨)/lb(kg)	4177(1895)
耗油率/(lb·h^{-1}·shp^{-1})(kg·h^{-1}·kW^{-1}))	0.350(0.213)	齿轮箱传动比	9.5

结构与系统

进气装置	早期 TP400 有一个分叉式进气口,短舱两侧各有一个椭圆形进口。TP400-D6 进口较大,沿螺旋桨下整流罩的前部弯曲成形。管道急剧向上弯曲,使外来物排向后方。采用先进的防冰和粒子分离技术
螺旋桨	8 片直径为 5.3m 的桨叶,顺桨或反桨状态下都能吸收最大功率,且变距快
动力齿轮箱	最初的 TP400 采用两级行星传动,带斜齿轮。TP400-D6 采用差动传动,从而使螺旋桨轴高于进口,第 1 级是直齿正齿轮,第 2 级仍是行星齿轮,带固定环形齿轮
压气机	5 级低压气机,6 级高压压气机
燃烧室	环形燃烧室,带 18 个环形燃烧室喷嘴,最大循环温度约为 1227℃
涡轮	1 级高压涡轮(气冷叶片),1 级低压涡轮,3 级自由涡轮
尾喷管	轴对称喷管,中心线稍微偏下
控制系统	双通道全权限数字式电子控制系统,带机内测试、状态和使用监视、综合螺旋桨控制、应急功率和监视装置以及综合热动力系统
滑油系统	用于发动机润滑、螺旋桨齿轮箱润滑和空气冷却器热量移除以及大功率螺旋桨油门控制的综合润滑系统

应用

发动机型号	装机对象	首台发动机运行时间	获得适航证时间	投入使用时间
TP400-D6	AMC A400M	2007	2010	在研

五、其他公司军用涡桨发动机

1. M601

　　M601 是捷克为 L-410 运输机设计的自由涡轮式单转子涡桨发动机,第一个型别于 1967 年 10 月首次试车。M601 发动机的噪声很小,M601E 发动机采用了 5 片桨叶的螺旋桨,因而噪声得到进一步抑制。该发动机具有尺寸小、易于安装和更换、结构简单、可靠性高的特点。

M601

M601 系列发动机主要型别：

M601A：从 1968 年开始研制的最初生产型，1976 年投入使用。

M601B：第一个重要的批生产型，在原型机的基础上增大了直径，1968 年开始改进。曾用于 2001 年在莫斯科航展展出的 T - 411。

M601D：功率增大型。1982 年投产，延长了翻修间隔时间。用于 CA - 7 的该型号发动机采用 5 片桨叶的 V. 510 可反桨螺旋桨，带有自动顺桨和最大转速限制器。翻修间隔时间 1500h，总寿命为 4500h。

M601Z：有驱动辅助活塞式压缩机的功率提取轴，供喷雾/除尘装置用。1983 年投产。翻修间隔时间为 1500h，总寿命为 3000h。

M601E：装有低噪声的 5 片桨叶 VJ8. 510 螺旋桨，可自动顺桨，也可采用 3 片桨叶的 VJB. 508E 可反桨螺旋桨。设有交流电机，供螺旋桨和风挡防冰用。M601D 和 M601E 都有喷水装置，在应急的情况下使用，可增加压气机转速。1998 年 1 月 1 日以前生产的发动机的翻修间隔时间为 2000h 或 2250 循环或 5 个日历年，以先到者为准。以后生产的发动机的翻修间隔时间为 3000h 或 3300 循环。它获得俄罗斯、捷克和（M601E - 11）美国 FAA 的适航证。2002 年 11 月，"空中国王"90/A90/B90/C90 改装 M601E - 11 获得 FAA 适航证，其性能大大改善。

M601T：空中特技型。装 V. 510T 螺旋桨。翻修间隔时间为 1000h。

M601F：获得俄罗斯、捷克和（M601E - 11）美国 FAA 的适航证，翻修间隔时间为 3000h 或 3300 循环，以先到者为准。

截至 2003 年，已交付 4500 多台 M601 发动机，飞行时间超过 1490×10^4 h，有超过 50 多个国家的 200 多家户在使用该系列不同型别的发动机。

技术参数

起飞功率/kW		空气流量/(kg·s^{-1})	
M601B	515	M601B	3.25
M601D	540	M601D	3.55
M601D-1	548	M601E/F/T	3.60
M601D-2	400	M601Z	3.27
M601D-11	450		
M601E/F-32/T	560		
M601Z	382		
M601F	580		
最大连续功率/kW		**总增压比**	
M601D/E	490	M601B	6.4
M601F	500	M601D	6.55
		M601E/F/T	6.65
		M601Z	5.65
起飞耗油率/(lb·h^{-1}·shp^{-1})		**全装质量/kg**	
M601B	0.656	M601B/D	193
M601D	0.654	M601Z	197
M601D-11	0.68	M601D-11/E	200
M601E/T	0.649	M601F/T	202
M601F	0.633		
M601Z	0.804		
功重比/(kW·kg^{-1})		**长度/mm**	
M601B	2.27	M601D	1658
M601D	2.85	M601B/E/Z/F/T	1675
M601D-11	2.29		
M601E	2.86		
M601F	2.93		
M601T	2.83	**高度/mm**	650
M601Z	1.98		
涡轮进口温度/℃	957	**宽度/mm**	590

结构与系统

进气装置	带防尘网的环形进气装置安装在发动机的后部。空气向前流动
减速器	在发动机前部,减速比为 0.05142～0.05652。有测扭装置
压气机	2 级轴流加 1 级离心组合式压气机。轴流级为不锈钢组件,离心级为钛合金。对开机匣
燃烧室	环形燃烧室。离心甩油喷嘴。低压电点火器
燃气发生器涡轮	1 级轴流式燃气发生器涡轮。对开机匣。气冷导向器叶片。涡轮盘固定在压气机的后驱动轴上
自由涡轮	1 级轴流式自由涡轮。整体机匣。反转自由涡轮盘固定在带动螺旋桨减速器的前驱动轴上
控制系统	机械-液压式控制系统。两个涡轮间装有温度控制器。两个操纵控制杆控制器,等转速控制。LUN6740 低压燃油系统,控制燃气发生器和自由涡轮转速。M601D－1/F－33/T 和 Z 有应急顺桨装置,其他为自动顺桨
燃油系统	燃油从后轴上的旋转分配器离心喷入燃烧室。燃油规格为 PL6,PR－7,RT,PSM－2,TS－1,JetA－1
滑油系统	压力齿轮泵回路系统。整体滑油箱和冷却器。滑油规格为 B3V 合成油,Aeroshell 500/555/560,Mobol Jet Ⅱ,Exxon2380 或 Castrol599
起动系统	8kW 的 LUN2132－8 型电起动/发电机。起动过程自动控制

应用

派生型	装机对象
M601A	L410M
M60lB	L－410M,L－410UVP
M601D	PZL－106,BT－601,CA－7T/7L/8/10XL
M601Z	Z137T
M601E	L－410UVP－E,"空中国王"90/A90/B90/C90
M601T	PZL－130TC－1,Z－37T
M601F	L－420,Ae－270W,PZL－106BT,M－101,M103,VF－600W

2. M602

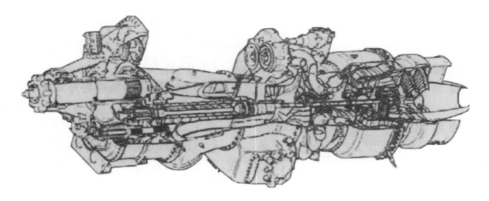

M602

M602 发动机是捷克为 32～40 座双发运输机 L－610 研制的自由涡轮式双转子涡桨发动机。1988 年 12 月 28 日装在 L－160 上首次飞行。到 1993 年共有 5 架原型机飞行,34 台发动机运转。原计划在 1990 年配装 M602 的 L－610M 取证,1996 年 LZ 飞机公司中止 L－610M 的研制。后来,该机被 L－610G 取代,配装进口的通用电气公司 CT7－9D 发动机。该计划也因 LZ 公司和 Ayres 公司破产而中断。

M602 主要型别:

M602A:基本型,为捷克空军研制。

M602B:为先进的 L610 研制的功率增长型,采用视情维修技术。

技术参数

起飞功率/kW		空气流量/(kg·s⁻¹)	7.33
M602A	1360	宽度/mm	753
M602B	1500(保持至 40℃,螺旋桨转速 1320r/min)		
最大连续功率/kW		总增压比	13
M602A	1200		
M602B	1500		
巡航功率/kW		长度(mm)	
M602A	700	M602A	2869
		M602B	2285
起飞耗油率/(kg·h⁻¹·kW⁻¹)		高度/mm	
M602A	0.350	M602A	872
M602B	0.303	M602B	852
功重比/(kW·daN⁻¹)		干重/kg	
M602A	2.43	M602A	570
M602B	3.12	M602B	490

结构与系统

进气装置	S 形进气装置设在前部
减速器	双正齿轮减速器。减速比为 0.07949
低压压气机	1 级离心式低压压气机。转速为 25000r/min 时,总增压比为 4.15
高压压气机	1 级离心式高压压气机。转速为 31489r/min 时,总增压比为 3.133
燃烧室	回流式短环形燃烧室。装 14 个单油路喷嘴。低压半导体点火器
燃气发生器涡轮	轴流式燃气发生器涡轮。高压涡轮和低压涡轮各 1 级
自由涡轮	2 级轴流式自由涡轮。转速为 16600r/min
控制系统	低压系统电子-液压调节器和电子温度限制器
燃油系统	使用 T－1,TS－1,RT,JetA－1 燃油
滑油系统	压力齿轮泵回路系统,带整体油箱和冷却器。滑油规格为 B3V 合成油或 Aeroshell 500/550
起动系统	LUN5363－8 起动机

第二篇　民用航空发动机

第一章　民用涡扇发动机

一、罗·罗公司民用涡扇发动机

1. Trent 700

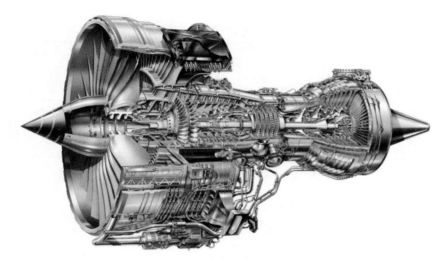

Trent 700

Trent 700(遄达 700)发动机是最先投入使用的遄达系列发动机。它采用了很多创新的技术,如扩散焊接超塑成形的宽弦风扇叶片和"第 5 代"燃烧室。遄达 700 发动机是专为 A330 飞机研制,而不是由现有发动机改型的发动机,这样就确保了其最佳的工作循环。该系列发动机是用于配装 A330 飞机的所有发动机中唯一采用宽弦风扇叶片和全长短舱的发动机。遄达 772B 发动机在各种工作状态下的额定推力都较高,而对 A330 飞机经营者而言,遄达 700 发动机具有最好的起飞性能和最大盈利潜力。该发动机在设计上具有性能增长的潜力,可以满足未来飞机质量增加的要求。需要时,该发动机的推力可以提高到 316.3kN。

技术参数

起飞推力/kN	300.3~316.3	空气流量/(kg·s^{-1})	898.58~919.45
巡航推力/kN	53.51	风扇直径/in(m)	97.4(2.474)
推重比	6.4~6.79	进气道直径/in(m)	155.0(3.937)
涵道比	5.0~5.1	高度/in(m)	120(3.048)
总增压比	33.7~35.5	长度/in(m)	154(3.912)
巡航耗油率/(lb·h^{-1}·lbf^{-1} (kg·h^{-1}·daN^{-1}))	0.560(0.571)	干重/lb(kg)	10467 ~ 10500 (4748~4785)

结构与系统

进气装置	环形进气道,无进口导流叶片,可防冰,有消声措施
风扇	单级轴流式风扇
压气机	8 级轴流式中压压气机,6 级轴流式高压压气机
燃烧室	环形燃烧室,装有 24 个气动雾化喷嘴
涡轮	1 级轴流式高压涡轮,1 级轴流式中压涡轮,4 级轴流式低压涡轮
尾喷管	采用强迫掺混的喷管
控制系统	全权限数字式电子控制系统

应用

派生型	国际标准大气海平面推力/kN	保持功率不变的最高温度/℃	装机对象	首台发动机运行时间	获得适航证时间	投入使用时间
遄达 768	300.3	ISA+15	A330-330	1992.7	1994.1	1995.3
遄达 772	316.3	ISA+15	A330-330	1992.7	1994.1	1995.5
遄达 772B	316.3	ISA+22	A330-200/300/200F*	1992.7	1998.12	1999.2

* 取决于该飞机是否会投入生产使用

2. Trent 800

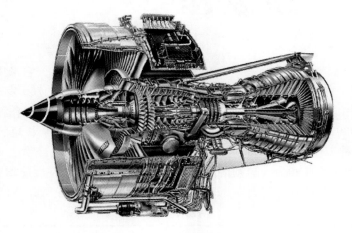

Trent 800

　　Trent 800(遄达 800)发动机是专门为 B777 飞机研制的发动机,是遄达系列发动机中推力最大的一种。该发动机按遄达 700 发动机的比例放大,采用了当时所有最新技术,并吸取了遄达 700 发动机的使用经验而来。设计上最大的变化是增加了 1 级低压涡轮,可以为直径更大(110in(2.79m))的风扇提供动力。在实际使用中,遄达 800 发动机取得了创纪录的使用可靠性以及经验证的性能。作为一种标准型发动机,只需通过简单地改变数据输入插件和名称标牌,即可实现从 331.9～422.6kN 的各种起飞推力。同与之竞争的发动机相比,遄达 800 发动机紧凑的 3 轴设计使得每架 B777 飞机的质量可减轻 8000lb(3628.8kg),从而可进一步提高部分航线的有效负载。

技术参数

起飞推力/kN	331.9～422.6	空气流量/(kg・s^{-1})	1119～1243
巡航推力/kN	60.05	风扇直径/in(m)	110(2.794)
推重比	5.7～7.26	高度/in(m)	121.1(3.076)
总增压比	34.5～45.0	长度/in(m)	172(4.369)
涵道比	5.4～6.2	干重/lb(kg)	13100(5942.2)
巡航耗油率/(lb・h^{-1}・lbf^{-1} (kg・h^{-1}・daN^{-1}))	0.56(0.571)		

结构与系统

进气装置	环形,无进口导流叶片,风扇机匣具备先进的减噪特征
风扇	1 级轴流式风扇
压气机	8 级轴流式中压压气机,6 级轴流式高压压气机
燃烧室	环形燃烧室,装有 24 个气动雾化喷嘴
涡轮	1 级轴流式高压涡轮,1 级轴流式中压涡轮,5 级轴流式低压涡轮
尾喷管	采用强迫掺混的喷管
控制系统	全权限数字式电子控制系统

应用

派生型	国际标准大气海平面推力/kN	保持功率不变的最高温度/℃	装机对象	首台发动机运行时间	获得适航证时间	投入使用时间
遄达 875	331.9	ISA＋15	B777-200	1993.9	1995.1	1996.4
遄达 877	343.4	ISA＋15	B777-200/200ER	1993.9	1995.1	1996.4
遄达 884	377.9	ISA＋15	B777-200/ 200ER/300	1993.9	1995.1	1996.4
遄达 892	407.5	ISA＋15	B777-200ER/300	1993.9	1995.1	1996.4
遄达 892B**	407.5	ISA＋15	B777-200ER/300	1993.9	1997.4	1997.4
遄达 895	422.6	ISA＋10	B777-200ER/300*	1993.9***	1999.6	2000.1

　　＊遄达 895 发动机的额定推力适用于 B777-300 飞机,只需文件性许可即可使用;

　　＊＊遄达 892B 发动机在 3000～8000ft(914.4～2438.4m)之间的额外推力;

　　＊＊＊无需再进行研制型发动机的试车。

3. Trent 500

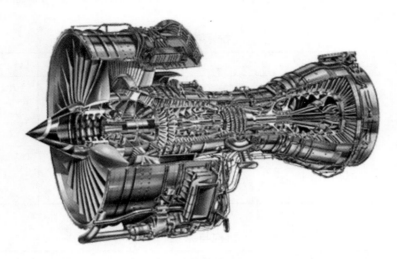

Trent 500

Trent 500(遄达 500)发动机是空客公司在 1997 年专为 A340－500/600 超远程飞机选择的发动机。该发动机核心机按遄达 800 发动机的比例缩小 20％制成,并采用了经遄达 8104 发动机验证的 3D 气动技术。该发动机风扇尺寸与遄达 700 发动机相同,但核心机更小、涵道比更大,达到了远程 4 发飞机所需的最低单位耗油率和最小噪声。它的级数与遄达 800 发动机的相同,采用浮动壁燃烧室,改善了可维护性。该发动机以 60000lbf(266.9kN)的起飞推力获得许可证,但是投入使用时推力降为 53000lbf(235.7kN)和 56000lbf(249.1kN),为未来的推力增大留有空间。2004 年发展了一种性能提高型发动机遄达 500A2,该发动机可以降低1％的燃油消耗,并可以与基本型发动机互换混合使用。

技术参数

起飞推力/kN	235.8～249.0	空气流量/(kg·s⁻¹)	860.5～879.5
巡航推力/kN	47.71	进气道直径/in(m)	97.4(2.47)
涵道比	7.6～7.5	长度/in(m)	155(3.94)
总增压比	34.8～36.3	干重/lb(kg)	10660(4835)
巡航耗油率/(lb·h⁻¹·lbf⁻¹(kg·h⁻¹·daN⁻¹))	0.539(0.550)		

结构与系统

风扇	单级轴流式风扇
压气机	8 级轴流式中压压气机,6 级轴流式高压压气机
燃烧室	环形燃烧室,装有 20 个气动雾化喷嘴
涡轮	1 级轴流式高压涡轮,1 级轴流式中压涡轮,5 级轴流式低压涡轮
尾喷管	采用强迫掺混的喷管
短舱	几何结构与遄达 900 相似,但采用单独的入口
控制系统	全权限数字式电子控制系统

应用

派生型	国际标准大气海平面推力/kN	保持功率不变的最高温度/℃	装机对象	首台发动机运行时间	获得适航证时间	投入使用时间
遄达553	235.8	ISA+15	A340-500	1999.5	2000.12	2003.12
遄达556	249.0	ISA+15	A340-600	1999.5	2000.12	2002.8

4. Trent 900

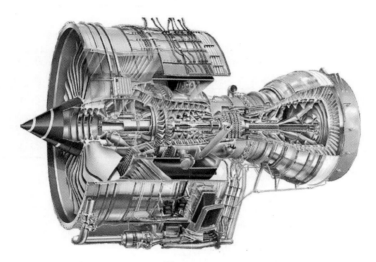

Trent 900

Trent 900(遄达900)发动机是为 A380 飞机设计的,是遄达系列的第4代发动机。其按遄达 500 发动机的比例放大得来,风扇采用了掠形叶片,压气机和涡轮部件均采用 3D 气动设计,高压转子采用对转结构。该发动机还拥有最新的能够提供实时在役发动机状态监控的标准软件,该发动机以 80000lbf(355.9kN)的推力于 2004 年 10 月获得定型,使用中有所降低。由于 A380-800 飞机的推力降为 70000lbf(311.3kN),A380F 飞机的推力降为 76500lbf(340.3kN),这就为发动机提供了较大的使用裕度,确保了高可靠性。只需简单地更换一个数据输入插件就可实现上至 80000lbf(355.9kN)的各种额定推力,并且发动机在设计上留有推力增大到 84000lbf(373.7kN)的潜力。遄达 900 发动机达到甚至超过了目前所有的环境法规要求。

技术参数

起飞推力/kN	311.4~340.3	空气流量/(kg·s^{-1})	1204.3~1245.1
巡航推力/kN	65.4	巡航耗油率/(lb·h^{-1}·lbf^{-1})(kg·h^{-1}·daN^{-1}))	0.518(0.528)
推重比	4.94~5.4	风扇直径/in(m)	116(2.946)
涵道比	8.5~8.7	长度/in(m)	179(4.546)
总增压比	38.5~41.1	干重/lb(kg)	14190(6436.57)

结构与系统

风扇	单级轴流式风扇
压气机	8 级轴流式中压压气机,6 级轴流式高压压气机
燃烧室	环形燃烧室,在遄达 500 基础上改进,装有 20 个气动雾化喷嘴
涡轮	1 级轴流式高压涡轮,1 级轴流式中压涡轮,5 级轴流式低压涡轮
尾喷管	采用强迫掺混的喷管
控制系统	全权限数字式电子控制系统,推力设定值通过数据输入插头改变

应用

派生型	国际标准大气海平面推力/kN	保持功率不变的最高温度/℃	装机对象	首台发动机运行时间	获得适航证时间	投入使用时间
遄达 970	311.4	ISA+15	A380-800	2003.3	2004.10	2007.10
遄达 977	340.3	ISA+15	A380F	2003.3	2004.10	2010
遄达 972	320.3	ISA+15	A380-800	2003.3	2004.10	2007.10

5. Trent 1000

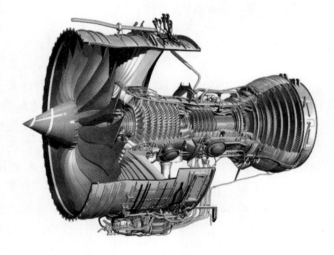

Trent 1000

　　Trent 1000(遄达 1000)发动机是设计成功的第 5 代遄达系列发动机,为 B787 梦想客机而研制。为使寿命期成本最低,遄达 1000 发动机为每个 B787 的派生型配备了单独的材料清单,并可满足远程和短途经济性的设计要求。同与之竞争的发动机相比,公司独特的 3 轴设计使遄达 1000 发动机质量明显减轻。由于可配装于 B747 运输机中,使遄达 1000 发动机成为最便于运输的发动机。其核心机按照成功的遄达 900 发动机成比例放大,并配装低速掠形风扇。遄达 1000 发动机的新技术包括中压功率提取轴,先进材料和涂层,以及下一代涡轮叶片冷却技术。

技术参数

起飞推力/kN	283.6～333.58	空气流量/(kg·s^{-1})	1088.64～1211.11
推重比	4.47～6.29	风扇直径/in(m)	112(2.845)
涵道比	10.4～11.0	长度/in(m)	153(3.886)
总增压比	47.7～50	干重/lb(kg)	11924(5408.7)
起飞耗油率/(lb·h^{-1}·lbf^{-1})（kg·h^{-1}·daN^{-1}）	0.487(0.497)		
巡航耗油率/(lb·h^{-1}·lbf^{-1})（kg·h^{-1}·daN^{-1})）	0.506(0.516)		

结构与系统

风扇	单级轴流式风扇,轮毂直径相对遄达800或遄达900缩小
压气机	8级轴流式中压压气机,前3级为可调静子;6级轴流式高压压气机,全部叶片为活动叶片
燃烧室	环形燃烧室,装有18个气动雾化喷嘴
涡轮	1级轴流式高压涡轮,1级轴流式中压涡轮,6级轴流式低压涡轮
控制系统	先进FADEC系统,综合了健康监控与管理系统

应用

派生型	国际标准大气海平面推力/kN	保持功率不变的最高温度/℃	装机对象	首台发动机运行时间	获得适航证时间	投入使用时间
遄达1000-A1	283.6	ISA+15	B787-8	2006.2	2007.7	2008.5
遄达1000-C1	310.5	ISA+15	B787-8,B787-9	2006.2		2008.5
遄达1000-D1	310.5	ISA+20	B787-8,B787-9	2006.2		2008.5
遄达1000-E1	236.7	ISA+15	B787-3	2006.2		2010.7
遄达1000-G1	298.0	ISA+15	B787-8,B787-9	2006.2		2008.5
遄达1000-H1	258.0	ISA+15	B787-3,B787-8	2006.2		2008.5
遄达1000-J1	329.2	ISA+15	B787-9	2006.2		2010.9
遄达1000-K2	333.58	ISA+18	B787-9	2006.2		2010.9

6. Trent 600

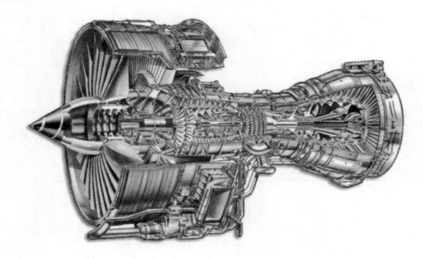

Trent 600

　　Trent 600(遄达 600)发动机是罗·罗公司在 20 世纪 80 年代后期所研制的三转子涡扇发动机,用于波音 B747－400XQLR 民用飞机。该发动机是在 RB211－524G/H 基础上发展的推力加大型 RB211－524L,1990 年改名为遄达 600。

　　遄达 600 发动机更高的涵道比和更先进的部件可以降低 B747 飞机的噪声信号,减少燃油消耗量,并延长航程。

技术参数

起飞推力/kN	285.7～302.6	涵道比	4.66～4.79
巡航推力/kN	55.9	空气流量/(kg·s^{-1})	829.0～845.3
推重比	4.66～4.93	风扇直径/m	2.403
总增压比	33.05～33.10	长度/m	3.91
巡航耗油率/(kg·h^{-1}·daN^{-1})	0.547	干重/kg	6.256

结构与系统

风扇	1 级轴流式风扇
压气机	8 级轴流式中压压气机,6 级轴流式高压压气机
燃烧室	环形燃烧室,装有 20 个气动雾化喷嘴
涡轮	1 级轴流式高压涡轮,1 级轴流式中压涡轮,5 级轴流式低压涡轮
控制系统	全权限数字式电子控制系统

应用

派生型	国际标准大气海平面推力/kN	保持功率不变的最高温度/℃	装机对象
遄达665	285.7	ISA+15	MD-11,B747-400QXLR(计划)
遄达668	302.6		B767-400ER,B747-8(计划)

7. Trent XWB

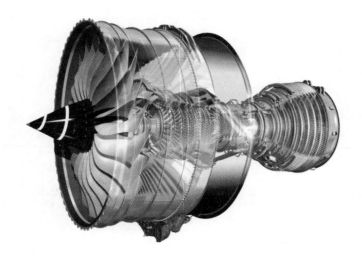

Trent XWB

Trent XWB(遄达 XWB)发动机处于设计阶段,专为 A350 XWB 系列飞机设计,最初的型号是为 A350 设计的遄达 1700。该发动机采用空客公司和 R·R 公司的迭代设计过程开发设计,吸取了遄达系列发动机的 $750×10^4$ h 的使用经验。它将是遄达系列的第 6 代发动机,其 3 轴结构能够发挥各个部件的优势。发动机与机身匹配很好,使得燃烧效率更高,推力范围更宽。遄达 XWB 发动机采用确保投入使用的先进成熟技术。为了以较低的风险获得先进性能以及完美的环境特性,这些技术将通过 R·R 公司展望计划开发和验证。遄达 XWB 发动机可为用户提供极高的性能、极好的可靠性和较好的经济性。

技术参数

发动机型号	遄达 1700	遄达 XWB
起飞推力/lbf(kN)	63000~75000(280.28~333.65)	75000~97000(333.6~431.5)
涵道比	10	≥11
总增压比	51	51
空气流量/(lb·s⁻¹(kg·s⁻¹))	2740(1243)	>2740(1243)

续 表

巡航耗油率/(lb·h^{-1}·lbf^{-1}) (kg·h^{-1}·daN^{-1}))	0.486(0.496)	
风扇直径/in(m)	112(2.845)	118(3.0)
长度/in(m)	160(4.064)	
干重/lb(kg)	12300(5579)	

结构与系统

风扇	单级轴流式风扇
压气机	8级轴流式中压压气机(整体叶盘结构,前3级为可调叶片),6级轴流式高压压气机(与中压压气机反向旋转)
燃烧室	环形燃烧室,装有18个气动雾化喷嘴
涡轮	1级轴流式高压涡轮,1级轴流式中压涡轮,6级轴流式低压涡轮
控制系统	TPR(涡扇总增压比)控制,整合了健康监控与管理系统,封装在风扇机匣左侧

应用

派生型	国际标准大气海平面推力/kN	保持功率不变的最高温度/℃	装机对象	获得适航证时间	投入使用时间
遄达1700	280.28~333.65	ISA+15		2010	
遄达XWB	333.6~431.5	ISA+15	A350XWB系列	2011	2014

8. RB211-22B

RB211-22B

RB211-22B 发动机是罗·罗公司生产的第 1 种大涵道比发动机,1972 年投入使用,配装 L1011 三星(Tristar)飞机。该发动机设计有很大突破,不仅推力接近以前民用发动机最大推力的 2 倍,而且巡航状态下的单位耗油率也降低了 20%～25%,还大大地降低了噪声。同与之竞争的发动机相比,RB211-22B 发动机的不同在于它采用 3 转子方案,级数更少、结构更加紧凑,从而提高了发动机的性能保持能力,使转子以最优的转速旋转,减少了对压气机可调导向叶片的需要。此外,其采用了简单的单元体结构,便于快速装卸。

技术参数

起飞推力/lbf(kN)	42000(186.8)	空气流量/(lb·s⁻¹(kg·s⁻¹))	1380(626.0)
涵道比	4.89	风扇直径/in(m)	84.8(2.2)
总增压比	25	长度/in(m)	119.4(3.0)
巡航耗油率/(lb·h⁻¹·lbf⁻¹(kg·h⁻¹·daN⁻¹))	0.655(0.668)	干重/lb(kg)	9195(4170.9)

结构与系统

风扇	1 级风扇,复合材料制进气整流锥,钛合金空心宽弦叶片
压气机	7 级轴流式中压压气机,6 级轴流式高压压气机
燃烧室	环形燃烧室,装有 18 个气动雾化喷嘴
涡轮	1 级轴流式高压涡轮,1 级轴流式中压涡轮,3 级轴流式低压涡轮
尾喷管	深槽强迫混合器
滑油系统	连续循环的干油池系统,油箱容量为 27L,与齿轮箱成一整体

应用

发动机型号	国际标准大气海平面推力/kN	保持功率不变的最高温度/℃	装机对象	获得适航证时间
RB211-22B	186.8	ISA+14	L1011-1/-100	1973.4

9. RB211-524B/C/D

RB211-524 发动机的研制宗旨是为较长航程的 L1011 飞机和 B747 飞机提供更大推力。推力增大的主要措施包括在风扇直径不变的情况下,增大风扇与压气机的空气流量,并采用新的高压涡轮。这些改变没有影响发动机总体尺寸,并且其部件也保持了与 RB221-22B 发动机的通用性。RB211-524 发动机之后的各种衍生型号,如 B4/D4 和这些型号的改进型采用了更高效的气动设计,以降低单位耗油率;也采用了低排放燃烧室和更轻质的材料。

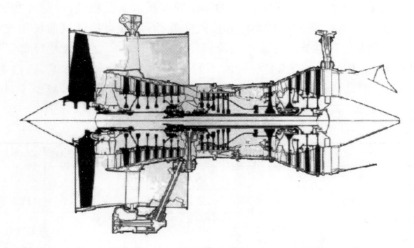

RB211-524

技术参数

起飞推力/lbf(kN)	50000～53000 (222.4～235.75)	总增压比	28.4～29.6
巡航推力/lbf(kN)	11000～11490 (48.9～51.1)	风扇直径/in(m)	84.8～85.8 (2.15～2.18)
涵道比	4.5～4.4	长度/in(m)	119.4～122.3 (3.03～3.106)
空气流量/(lb·s⁻¹(kg·s⁻¹))	1480～1548 (671.3～702.2)	干重/lb(kg)	9814～9874 (4451.6～4478.8)
巡航耗油率/(lb·h⁻¹·lbf⁻¹ (kg·h⁻¹·daN⁻¹))	0.614～0.656 (0.627～0.669)		

结构与系统

风扇	1级风扇,复合材料进气整流锥,钛合金空心宽弦叶片
压气机	7级轴流式中压压气机,6级轴流式高压压气机
燃烧室	全环形燃烧室,装有18个气动雾化喷嘴
涡轮	1级轴流式高压涡轮,1级轴流式中压涡轮,3级轴流式低压涡轮
尾喷管	深槽强迫混合器
控制系统	全权限数字式燃油控制系统。反推力装置,单排可调进口导叶和压气机放气活门由机械-液压系统控制
滑油系统	连续循环的干油池系统,油箱容量为27L,与齿轮箱成一整体

应用

派生型	国际标准大气海平面推力/kN	保持功率不变的最高温度/℃	装机对象	首台发动机运行时间	获得适航证时间	投入使用时间
RB211-524B/B2	222.4	ISA+14	L1011-200/-500,B747-200,B747SP	1973.10	1975.12	1977.10
RB211-524B3	222.4		L1011-500		1980.5	
RB211-524B4	222.4	ISA+14	L1011-500	1979.4	1980.7	1981.4
RB211-524B4改进型	222.4	ISA+14	L1011-250		1986.12	1987.2
RB211-524C2	229.0	ISA+14	B747-200	1979.2	1979.12	1980.3
RB211-524D4	235.75	ISA+15	B747-200	1979.9	1981.3	1981.12
RB211-D4-B/D4改进型	235.75	ISA+15	B747-200/-300,B747SP	1983.7	1984.9	1984.10

10. RB211-524G/H

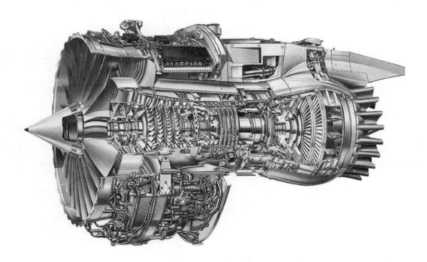

RB211-524

　　RB211-524G 和 RB211-524H 保留了 RB211-524 型发动机的结构,但采用了一些新技术,如直径略微增大的宽弦叶片风扇、带有强迫混合器的全长短舱、可控扩散叶型的压气机和全功能数字燃油控制系统。这些技术的应用使发动机的推力增大、单位耗油率降低、噪声减小、控制更加灵活。两型发动机都为 B747-400 研制,后者还在 B767-300 飞机上获得鉴定验证。

技术参数

起飞推力/lbf(kN)	58000～60600(258～269.6)	总增压比	33～34.5
巡航推力/lbf(kN)	11813(52.5)	风扇直径/in(m)	86.3(2.19)
涵道比	4.3～4.1	长度/in(m)	125(3.2)
巡航耗油率/(lb·h⁻¹·lbf⁻¹ (kg·h⁻¹·daN⁻¹))	0.582(0.593)	干重/lb(kg)	9670(4386.3)
空气流量/(lb·s⁻¹(kg·s⁻¹))	1605～1628(728.0～738.5)		

结构与系统

风扇	1级风扇,复合材料进气整流锥,钛合金空心宽弦叶片
压气机	7级轴流式中压压气机,6级轴流式高压压气机
燃烧室	全环形燃烧室,装有18个气动雾化喷嘴
涡轮	1级轴流式高压涡轮,1级轴流式中压涡轮,3级轴流式低压涡轮
尾喷管	深槽强迫混合器
控制系统	全权限数字式燃油控制系统。反推力装置、单排可调进口导叶和压气机放气活门仍然由-524D上经过验证的机械-液压系统控制。
滑油系统	连续循环的干油池系统,油箱容量为27L,与齿轮箱成一整体

应用

派生型	国际标准大气海平面推力/kN	保持功率不变的最高温度/℃	装机对象	首台发动机运行时间	获得适航证时间	投入使用时间
RB211-524G	258.0	ISA+15	B747-400,B767	1987.7	1988.3	1988.5
RB211-524H	269.6	ISA+15	B747-400,B767-300	1988.8	1989.11	1990.2

11. RB211-524G/H-T

RB211-524G/H-T 发动机是在 1998 年 RB211-524G/H 发动机基础上采用遄达系列发动机更先进的高压系统改型而成的。新的高压系统有很多特点,如涡轮和压气机采用最新的气动设计、高压涡轮叶片使用第 3 代单晶材料、轮盘使用性能更好的材料、燃烧室采用先进的低排放技术等。这可使发动机的质量减轻 200lb(90.7kg)以上,NO_x 的排放降低 40%。由于核心机效率更高,降低了发动机的工作温度,进而延长了部件的使用寿命和发动机在飞机上的工作时间。这种 RB211-524G/H-T 发动机的变化是使用一套完整改型组件,并且飞行编队中的大部分 RB211-524G/H 发动机已经进行了这种改进。

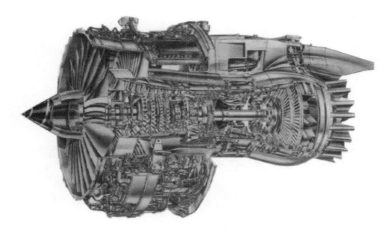

RB211-524G/H-T

技术参数

起飞推力/lbf(kN)	58000~60600 (258~269.6)	空气流量/(lb·s⁻¹(kg·s⁻¹))	1628(738.5)
巡航推力/lbf(kN)	11813(52.5)	风扇直径/in(m)	86.3(2.19)
涵道比	4.1	长度/in(m)	125(3.2)
总增压比	34.5	干重/lb(kg)	9429(4277)
巡航耗油率/(lb·h⁻¹·lbf⁻¹(kg·h⁻¹·daN⁻¹))	0.572(0.583)		

结构与系统

风扇	1级风扇,复合材料进气整流锥,钛合金空心宽弦叶片
压气机	7级轴流式中压压气机,6级轴流式高压压气机
燃烧室	全环形燃烧室,装有24个气动雾化喷嘴
涡轮	1级轴流式高压涡轮,1级轴流式中压涡轮,3级轴流式低压涡轮
尾喷管	深槽强迫混合器
控制系统	全权限数字式燃油控制系统
滑油系统	连续循环的干油池系统,油箱容量为27L,与齿轮箱成一整体

应用

派生型	国际标准大气海平面推力/kN	保持功率不变的最高温度/℃	装机对象	首台发动机运行时间	获得适航证时间	投入使用时间
RB211-524G-T	258.0	ISA+15	B747-400	1996.8	1997.5	1998.4
RB211-524H-T	269.6	ISA+15	B747-400 B767-300	1996.8	1997.5	1998.4

12. RB211 - 535C

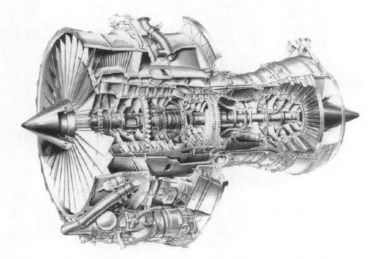

RB211 - 535C

1982 年 2 月,RB211 - 535C 发动机成为首台用于波音公司民用飞机飞行试验的非美国发动机。配装 B757 飞机的 RB211 - 535C 发动机包括由 RB211 - 524 发动机缩比而成的 1 级风扇(33 片钛合金叶片),6 级中压压气机,以 RB211 - 22B 发动机结构为基础的高压系统,3 级低压涡轮。

技术参数

起飞推力/lbf(kN)	37400(166.4)	总增压比	21.2
最大爬升推力/lbf(kN)	9023(40.1)	空气流量/(lb・s^{-1}(kg・s^{-1}))	1142(518)
最大巡航推力/lbf(kN)	8453(37.6)	风扇直径/in(m)	73.2(1.859)
涵道比	4.4	长度/in(m)	118.5(3.01)
巡航耗油率/(lb・h^{-1}・lbf^{-1}(kg・h^{-1}・daN^{-1}))	0.663(0.676)	干重/lb(kg)	7294(3308.6)

结构与系统

进气装置	环形进气道,无进口导流叶片,整流锥随风扇一起旋转
风扇	1 级风扇,33 片钛合金叶片
压气机	6 级轴流式中压压气机(无可调静子叶片),6 级轴流式高压压气机
燃烧室	环形燃烧室,装有 18 个气动雾化喷嘴
涡轮	1 级轴流式高压涡轮,1 级轴流式中压涡轮,3 级轴流式低压涡轮
尾喷管	整体喷管,内外涵混合排气
控制系统	机械-液压式燃油控制系统

应用

发动机型号	国际标准大气海平面推力/kN	保持功率不变的最高温度/℃	装机对象	首台发动机运行时间	获得适航证时间	投入使用时间
RB211 – 535C	166.4	ISA＋14	B757 – 200，B757 – 200SF	1979.4	1981.9	1983.1

13. RB211 – 535E4

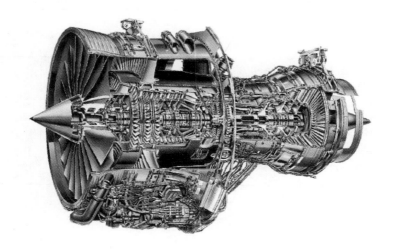

RB211 – 535E4

RB211 – 535E4 发动机是一种单元体结构、大涵道比涡扇发动机。其特点包括 22 片宽弦叶片的风扇(世界上第一种使用空心宽弦风扇叶片的发动机),6 级中压压气机,6 级采用端弯技术的高压压气机(可降低损失并提高压气机效率),无可调导向叶片,第 5 代低排放燃烧室,单级高压涡轮和中压涡轮,3 级低压涡轮,共用的喷管确保了冷热气流的充分混合。2000 年 3 月,RB211 – 535E4 创造了在飞机上连续使用而未取下维修长达 40531h 的世界纪录。该发动机是首台使用俄罗斯飞机(图-204)进行验证的西方发动机。1996 年,其被波音公司选为 B – 52 飞机的新发动机。

技术参数(RB211 – 535E4)

起飞推力/lbf(kN)	40100(178.36)	总增压比	25.8(-535E4B 为 28.0)
最大爬升推力/lbf(kN)	9300(41.4)	空气流量/(lb·s⁻¹(kg·s⁻¹))	1151(522.1)
最大巡航推力/lbf(kN)	8700(38.7)	风扇直径/in(m)	74.1(1.88)
涵道比	4.3	长度/in(m)	117.9(2.995)
巡航耗油率/(lb·h⁻¹·lbf⁻¹ (kg·h⁻¹·daN⁻¹))	0.617(0.629)	干重/lb(kg)	7264(3294.95)

结构与系统

进气装置	环形进气道,无进口导流叶片,整流锥随风扇一起旋转
风扇	1 级风扇,22 片钛合金宽弦叶片
压气机	6 级轴流式中压压气机(无可调静子叶片),6 级轴流式高压压气机
燃烧室	环形燃烧室,装有 18 个气动雾化喷嘴
涡轮	1 级轴流式高压涡轮,1 级轴流式中压涡轮,3 级轴流式低压涡轮
尾喷管	整体喷管,内外涵气流混合排气
控制系统	机械-液压式燃油控制系统

应用

派生型	国际标准大气海平面推力/kN	保持功率不变的最高温度/℃	装机对象	首台发动机运行时间	获得适航证时间	投入使用时间
RB211－535E4	178.36	ISA＋14	B757－200/200PE,图-204	1982.5	1983.11	1984.10
RB211－535E4B	191.71	ISA＋10	B757－200/200PE		1989.1	1989.1

14. BR710

BR710

  BR710 系列发动机是宝马/罗·罗公司(现罗·罗德国公司)为满足 80～130 座的支线客机以及超远程喷气客机的需要研制的双转子涡扇发动机,设计推力在 14000～17000lbf (62.27～75.6kN)之间,实际推力范围是 14750～15577lbf(65.6～69.3kN)。其核心机包括 10 级高压压气机,20 个燃油喷嘴的低排放环形燃烧室和 2 级带冠高压涡轮。低压系统为 1 级直径为48in(1.22m)的风扇,由2级低压涡轮驱动。1999年10月,罗·罗公司推出Corporate Care计划,按每个飞行小时固定的价格来维护和维修A1-10(湾流V)飞机和A2-20(全球快车)飞机的BR710发动机。到2003年年中,这个计划涵盖了上述两款发动机中70%的在役发动机。

技术参数

起飞推力/lbf(kN)	14750~15577 (65.6~69.3)	风扇直径/in(m)	48(1.219)
爬升推力/lbf(kN)	4000(17.79)	进口直径/in(m)	52(1.311)
巡航推力/lbf(kN)	2300(10.23)	短舱长度/in(m)	201(5.105)
涵道比	4.2	长度/in(m)	134(3.409)
总增压比	24	最大高度/in(m)	62(1.572)
空气流量/(lb·s⁻¹(kg·s⁻¹))	432(195.96)	干重/lb(kg)	3600(1632.96)
巡航耗油率/(lb·h⁻¹·lbf⁻¹ (kg·h⁻¹·daN⁻¹))	0.63(0.641)		

结构与系统

风扇	1级轴流式风扇,26片钛合金宽弦无凸台叶片
压气机	2级轴流式低压压气机,10级轴流式高压压气机(4排静子可调)
燃烧室	环形燃烧室,装有20个气动雾化喷嘴
涡轮	2级轴流式高压涡轮,2级轴流式低压涡轮
尾喷管	混合排气尾喷管
控制系统	全权限数字式电子控制系统

应用

派生型	国际标准大气海平面推力/lbf(kN)	保持功率不变的最高温度/℃	装机对象	获得适航证时间	投入使用时间
BR710-A1-10	14750(65.6)	ISA+20	湾流V,C-37A	1996.8	1997.5
BR710-A2-20	14750(65.6)	ISA+20	"投弹手"全球快车 "投弹手"全球5000	1997.1	1999.7
BR710-B3-40	15577(69.3)	ISA+20	"猎迷"MRA.4	2000.3	
BR710-C4-11	15385(68.4)	ISA+20	湾流G550	2002.12	2003

15. BR715

BR715是宝马/罗·罗公司(现罗·罗德国公司)为波音公司B717-200飞机研制的大涵道比涡扇发动机,是BR710家族中目前最大的型号。该发动机于1997年4月首次运行,1998

年 9 月获得 FAA 适航证。截至 2003 年 6 月,该发动机累计飞行时数达到 1010770h。

该发动机的特点是,1 级直径为 58in(1.47m)的风扇,2 级低压压气机作为增压级,3 级低压涡轮。被选为 B717 飞机的动力装置,是因为它同时具有出色的性能、良好的环保特性、低采购成本和高可靠性。2 级高压涡轮和 1 级低压涡轮(共 3 级)采用了单晶叶片,第 2 级高压涡轮带冠。在使用过程中,耗油率比预计的要低。

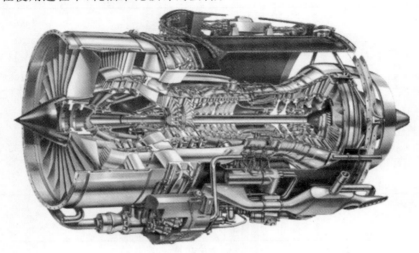

BR715

技术参数

起飞推力/lbf(kN)	18500~21000(82.3~93.41)	总增压比	29.0~32.0
爬升推力/lbf(kN)	4654(20.70)	进口直径/in(m)	62(1.564)
巡航推力/lbf(kN)	4200(18.68)	风扇直径/in(m)	58(1.47)
涵道比	4.68~4.55	长度/in(m)	147(3.734)
空气流量/(lb·s⁻¹(kg·s⁻¹))	591~625(268.1~283.5)	干重/lb(kg)	4597(2085.2)
巡航耗油率/(lb·h⁻¹·lbf⁻¹ (kg·h⁻¹·daN⁻¹))	0.621(0.633)		

结构与系统

风扇	1 级轴流式风扇,24 片钛合金实心叶片
压气机	2 级轴流式低压压气机,10 级轴流式高压压气机(与 710 相似,但效率提高)
燃烧室	环形燃烧室,装有 20 个气动雾化喷嘴
涡轮	2 级轴流式高压涡轮,3 级轴流式低压涡轮
风扇涵道	采用钛合金材料,而不是 CF 复合材料

应用

派生型	国际标准大气海平面推力/lbf(kN)	保持功率不变的最高温度/℃	装机对象	获得适航证时间	投入使用时间
BR715 – A1 – 30	18500(82.3)	ISA＋15	B717 – 200	1998.9	1999.10
BR715 – B1 – 30	20000(88.96)	ISA＋15	B717 – 200	1998.9	1999.10
BR715 – C1 – 30	21000(93.41)	ISA＋15	B717 – 200	1998.9	1999.10

16. BR725

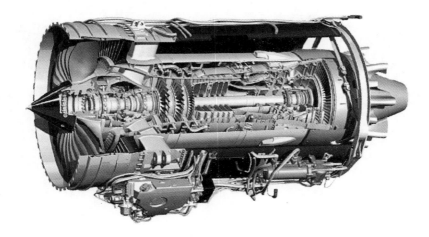

BR725

　　BR725 是 BR700 系列的最新成员,用于配装湾流 G650 公务机。2008 年 3 月发布,设计推力达到 75.6kN(17000lbf),风扇直径介于 BR710 和 BR715 之间。2008 年 4 月 28 日实现首次运行,其采用的全复合材料吊舱增加了进气量。与 BR710 发动机相比,BR725 的噪声降低了 4dB,燃烧效率提高了 4％,氮氧化物的排放量降低了 21％。2009 年 11 月 25 日,湾流 G650 完成首飞;同年 12 月 23 日,BR725 发动机通过 FAA 适航认证。

技术参数

起飞推力/lbf(kN)	15000～17000(67.7～75.6)	风扇直径/in(m)	50(1.27)
涵道比	4.4	长度/in(m)	202(5.13)

结构与系统

风扇	1 级轴流式风扇,24 片钛合金后掠叶片
压气机	10 级高压压气机,5 级采用整体叶盘
燃烧室	环形燃烧室,装有 20 个气动雾化喷嘴
涡轮	2 级带冠轴流式高压涡轮,3 级轴流式低压涡轮(排气混合器经优化后降低了噪声)
反推力装置	改进设计使反推力增加

应用

发动机型号	国际标准大气海平面推力/lbf(kN)	装机对象	首台发动机运行时间	获得适航证时间	投入使用时间
BR725	17000(75.6)	湾流 G650	2008.4	2009.12	2012

17. Tay 611/620

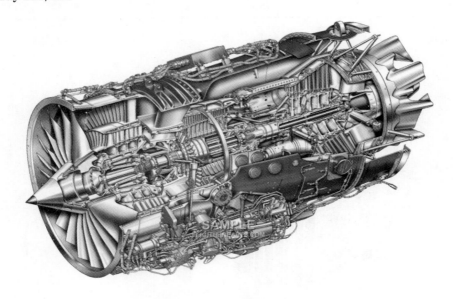

泰 611

　　Tay(泰)发动机是 20 世纪 80 年代初罗·罗公司在斯贝发动机的核心机和外部齿轮箱基础上研制的一种中等涵道比双转子涡扇发动机。其研制计划于 1982 年年初正式提出,年底启动。泰 610 和泰 620 于 1986 年取得 FAA 和 CAA 适航证,同年实现首批生产型发动机交付。

　　该发动机是同等级发动机中噪声最小的发动机,且其排放量低于未来可能制定的排放标准。在一些有较高要求的短航程的应用中,该发动机具有非常高的可靠性和耐久性。湾流Ⅳ飞机所使用的泰 611-8 发动机以可靠性高而著称,其改进型已被选为下一代湾流飞机的动力装置。泰发动机采用 44in(1.118m)的宽弦叶片风扇,外涵道大部分由碳纤维增强的复合材料制成,冷外涵空气和热燃气在强迫混合器中混合,具有很高的推进效率和较低的噪声。

技术参数

起飞推力/lbf(kN)	13850(61.6)	涡轮进口温度/℃	1041
涵道比	3.04	风扇直径/in(m)	44(1.118)
总增压比	15.8	长度/in(m)	94.7(2.405)
空气流量/(lb·s⁻¹(kg·s⁻¹))	410(185.98)	干重/lb(kg)	2951(1338.6)/3185(1444.7)
巡航耗油率/(lb·h⁻¹·lbf⁻¹) (kg·h⁻¹·daN⁻¹))	0.71(0.724)/ 0.69(0.704)		

结构与系统

风扇	1 级风扇，带 22 片宽弦叶片
压气机	3 级轴流式低压压气机，12 级轴流式高压压气机
燃烧室	环形燃烧室，装有 10 个喷嘴
涡轮	2 级轴流式高压涡轮，3 级轴流式低压涡轮
尾喷管	深槽强迫混合器，碳纤维复合材料旁通涵道
控制系统	与斯贝 MK 55 类似，但改进了 TRW 燃油控制装置

应用

派生型	国际标准大气海平面推力/lbf(kN)	保持功率不变的最高温度/℃	装机对象	首台发动机运行时间	获得适航证时间	投入使用时间
泰 611-8	13850(61.6)	ISA+15	湾流Ⅳ	1984.8	1986.6	1987.6
泰 620-15	13850(61.6)	ISA+15	福克 70/100	1984.8	1986.6	1988.4

18. Tay 650/651

泰 650

Tay 650（泰 650）发动机在结构上与泰 620 相似，但风扇直径略微加大，并使用了新高压涡轮。这些改进使起飞推力增大了 9%，在此基础上爬升状态的、最大可保持的以及巡航状态的额定推力又增大了 15%。泰 650 发动机用于福克 100 飞机；泰 651 用于更换 B727 飞机的发动机。

技术参数

起飞推力/lbf(kN)	15100(67.17)/15400(68.51)	总增压比	16.2/16.6
涵道比	3.06/3.07	风扇直径/in(m)	44.8(1.138)
空气流量/(lb·s⁻¹(kg·s⁻¹))	418(189.6)/426(193.2)	长度/in(m)	94.8(2.408)
巡航耗油率/(lb·h⁻¹·lbf⁻¹(kg·h⁻¹·daN⁻¹))	0.692(0.706)	干重/lb(kg)	3340(1515.0)/3380(1533.2)

结构与系统

风扇	1级风扇,带22片宽弦叶片
压气机	3级轴流式低压压气机,12级轴流式高压压气机
燃烧室	环形燃烧室,装有10个喷嘴
涡轮	改进型2级轴流式高压涡轮,3级轴流式低压涡轮
尾喷管	深槽强迫混合器,碳纤维复合材料旁通涵道
控制系统	与斯贝Mk555类似,但改进了TRW燃油控制装置

应用

派生型	国际标准大气海平面推力/lbf(kN)	保持功率不变的最高温度/℃	装机对象	首台发动机运行时间	获得适航证时间	投入使用时间
泰650-15	15100(67.2)	ISA+15	福克100	1986.12	1988.6	1989.10
泰651-54	15400(68.50)	ISA+15	B727-100	1991.5	1992.3	1992.12

19. RB163 Mk511/512

RB163

　　Spey(斯贝)发动机在全世界的军机和民机上均有应用。RB163 为其民用型号,包括 Mk511 和 Mk512 两个系列。Mk511-8 为湾流Ⅱ和湾流Ⅲ公务机提供动力,Mk511-14 和 Mk512-14 配装 BAC1-11,但已不再生产。目前 BAC1-11,F28 飞机和前面提到的湾流等飞机上仍在使用这种发动机。RB163 是双转子涡扇发动机,有 5 级低压压气机和 12 级高压压气机,分别由 2 级低压涡轮和 2 级高压涡轮驱动。

技术参数

起飞推力/lbf(kN)	11400~12550(50.7~55.82)	总增压比	18.4~21
涵道比	0.64~0.71	风扇直径/in(m)	32.5(0.825)
空气流量/(lb·s⁻¹(kg·s⁻¹))	197~208(89.4~94.3)	长度/in(m)	110.0(2.794)
起飞耗油率/(lb·h⁻¹·lbf⁻¹(kg·h⁻¹·daN⁻¹))	0.612(0.624)	干重/lb(kg)	2483 ~ 2575 (1126~1168)
巡航耗油率/(lb·h⁻¹·lbf⁻¹(kg·h⁻¹·daN⁻¹))	0.800(0.816)		

结构与系统

进气装置	整体式钢制机匣,19 个固定进口导叶,热空气防冰
风扇	5 级轴流式风扇
高压压气机	12 级轴流式高压压气机
燃烧室	环形燃烧室,装有 10 个双油路燃油喷嘴,10 个火焰筒
涡轮	2 级轴流式高压涡轮,2 级轴流式低压涡轮
尾喷管	主喷口面积可调,副喷口为不可调的引射喷口
控制系统	机械-液压式控制系统
燃油系统	普莱赛公司 BP240/Mk9 低压燃油泵,卢卡斯公司 P1001 高压燃油泵,出口压力为 6865kPa,燃油规格为 MIL-T-5624,JP4 或 JP5
滑油系统	压力齿轮泵回路系统,压力为 245kPa,滑油规格为 DERD2487,2493
起动系统	普莱赛公司 Solent Mk200 燃气涡轮起动机

应用

派生型	国际标准大气海平面推力/lbf(kN)	保持功率不变的最高温度/℃	装机对象	首台发动机运行时间	获得适航证时间	投入使用时间
Mk511-8	11400(50.7)	ISA+8.5	湾流Ⅱ,湾流Ⅲ	1965.12	1967	1968
Mk511-14	11400(50.7)		BAC 1-11			
Mk512-5/-14	12000(53.37)		BAC 1-11			
Mk512-5W/14DW	12550(55.82)(最大值)	ISA+10	"三叉戟"2E/3B,BAC1-11475/500	1966	1968	1969

20. RB183 Mk555

RB183

Spey(斯贝)Mk555 编号为 RB183,是配装 F28"伙伴"支线飞机的结构简化的斯贝发动机,由 1964 年投入使用的斯贝 Mk505-1 发展而来,1969 年投入航线使用。其拥有 4 级低压压气机,并装有带 10 个波瓣的混合器的喷管。

技术参数

起飞推力/lbf(kN)	9900(44.03)	空气流量/(lb·s⁻¹(kg·s⁻¹))	199(90.3)
涵道比	1.00	风扇直径/in(m)	32.5(0.825)
总增压比	15.4	长度/in(m)	97.1(2.466)
起飞耗油率/(lb·h⁻¹·lbf⁻¹(kg·h⁻¹·daN⁻¹))	0.56(0.571)	干重/lb(kg)	2257(1024)
巡航耗油率/(lb·h⁻¹·lbf⁻¹(kg·h⁻¹·daN⁻¹))	0.800(0.816)		

结构与系统

进气装置	整体式钢制机匣,热空气防冰
风扇	4 级轴流式风扇
压气机	4 级低压压气机,12 级高压压气机
燃烧室	环形燃烧室,装有 10 个喷嘴
涡轮	2 级轴流式高压涡轮,2 级低压涡轮
尾喷管	内外涵混合排气,固定面积喷管
控制系统	机械-液压式控制系统
燃油系统	普莱赛公司 BP.250 低压燃油泵,卢卡斯公司 GD 型高压燃油泵,出口压力为 6472kPa,燃油规格为 DERD2494,2486
滑油系统	压力齿轮泵回路系统,压力为 245kPa,滑油规格为 DERD2487
起动系统	罗塔克斯公司 CT1013 空气涡轮起动机

应用

派生型	国际标准大气海平面推力/lbf(kN)	保持功率不变的最高温度/℃	装机对象	首台发动机运行时间	获得适航证时间	投入使用时间
Mk555-15	9900(44.03)	ISA+14.7	F28 Mk1000 F28 Mk2000 F28 Mk3000 F28 Mk4000	1965	1968	1969

二、普·惠公司民用涡扇发动机

1. PW2000

PW2000

　　PW2000(美国军方名称为 F117)发动机的研制始于 20 世纪 60 年代后期,直到 1979 年才在 B757 飞机上得到应用。研制之初,发动机遇到了可靠性问题。1994 年 3 月,为了解决这一问题,普·惠公司使用了一套改进耐久性的降温结构组件,包括新的风扇和高压涡轮叶片。一年后,又推出另一套改进组件,包括风扇机匣进出口处的消音装置,加强的风扇叶片前缘,更多的叶片,改进的高压涡轮冷却,改进的单晶叶片,使用热障涂层,提高涡轮可承受温度。F117-PW-100 发动机在结构上与 PW2040 发动机相似,为 C-17A 飞机提供动力。

技术参数

起飞推力/lbf(kN)	37250～43000 (165.4～190.9)	风扇压比	1.65～1.74
保持功率不变的温度/℃	35	空气流量/(lb·s⁻¹(kg·s⁻¹))	1210～1340 (548.9～608)
涵道比	5.3～5.77	风扇直径/in(m)	78.5(1.99)
总增压比	27.4～31.9	长度/in(m)	146.8(3.73)
巡航耗油率/(lb·h⁻¹·lbf⁻¹ (kg·h⁻¹·daN⁻¹))	0.563(0.574)	干重/lb(kg)	7300(3311.3)

结构与系统

风扇	1 级风扇,带 36 片实心钛合金叶片,风扇直径为 1994mm
低压压气机	4 级低压压气机,与风扇同轴
高压压气机	12 级高压压气机,前 5 级静叶可调
燃烧室	单管式燃油喷嘴
高压涡轮	2 级高压涡轮。气冷动叶采用 PW1480 和 PW1484 的单晶合金铸造
低压涡轮	5 级低压涡轮。由德国 MTU 公司设计和生产
控制系统	全权限数字式电子控制系统

应用

派生型	国际标准大气海平面推力/lbf(kN)	装机对象	保持推力不变的最高温度/℃	获得适航证时间
PW2037	38250(170.1)	B757－200,IL96M	30.5	1983.12
PW2040	41700(185.5)	B757－200	30.5	1987.1
PW2043	43734(194.5)	757－300	35.5	1995.2
PW2337	38250(170.1)	IL－96M	30.5	1999.6
F117－PW－100	40440(179.9)	C－17		1988.12

2. PW4000(94in 风扇)

PW4000 系列发动机包括风扇直径为 94in(2.39m),100in(2.54m)和 112in(2.84m)三种型号的发动机。其中 94in(2.39m)系列的推力范围是 50000～62000lbf(222.4～275.8kN)。PW4000 发动机的部件数仅为 JT9D 发动机的一半。它的设计包括 1 级带有 38 个钛合金叶片有减振凸台的风扇,4 级增压级,11 级高压压气机(带有 4 级可调静子叶片),浮动壁燃烧室,2 级单晶叶片高压涡轮(带有主动间隙控制),第 1 级静子叶片涂有陶瓷涂层,4 级低压涡轮,全功能数字发动机控制系统。

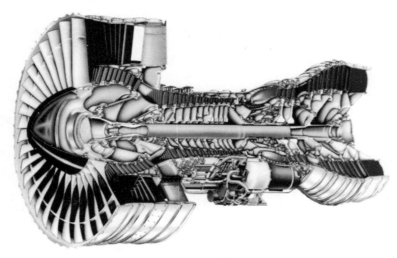

PW4000(94in 风扇)

技术参数

推力范围/lbf(kN)	50000～62000 (222.4～275.8)	空气流量/(lb·s⁻¹(kg·s⁻¹))	1705(773.4)
涵道比	5.1～4.8	风扇直径/in(m)	93.6(2.38)
总增压比	26.3～32.3	长度/in(m)	153.6(3.9)
巡航耗油率/(lb·h⁻¹·lbf⁻¹ (kg·h⁻¹·daN⁻¹))	0.576(0.587)	干重/lb(kg)	9420(4272.9)

结构与系统

进气装置	环形进气道，固定唇口。内衬有消声材料。钛合金机匣
风扇	单级轴流式风扇。38 片宽弦长、带凸台的工作叶片。总增压比为 1.71
低压压气机	4 级轴流式低压压气机。采用可控扩散叶型叶片。内外涵分流环向后移动了约 3cm，位于分流环后的转子和静子叶片后掠一个角度，减少吸入内涵的尘沙。中介机匣为整体铸造结构
高压压气机	11 级轴流式高压压气机。进口导流叶片和前 3 级静叶可调。叶片采用可控扩散叶型。压气机鼓筒为电子束焊接的整体式结构
燃烧室	短环形燃烧室。扩散机匣为整体铸造。滚轧成型火焰筒。24 个喷油嘴
高压涡轮	2 级轴流式高压涡轮。空气冷却
低压涡轮	4 级轴流式低压涡轮。出口机匣为整体铸造
喷管	固定面积喷管。镍合金材料，带一个大的整流尾锥。外涵道上装有反推力装置
控制系统	汉胜公司的全权限数字式电子控制系统

应用

派生型	国际标准大气海平面推力/lbf(kN)	装机对象	保持推力不变的最高温度/℃	获得适航证时间
PW4050	50000(222.4)	B767 - 200/ - 200ER/ - 300	33.3	1989
PW4052	52200(232.2)	B767 - 2008/ - 200ER/ - 300/ - 300ER	33.3	1986.7
PW4056	567500(252.3)	B747 - 400/ - 400F/ B767 - 200/ - ER/ B767 - 300/ - ER	33.3	1987.10
PW4060	60000(266.8)	B767 - 200/ - 200ER	33.3	1988
PW4062	62000(275.8)	所有 B767 型飞机	30.0	1992.1
PW4152	52000(231.3)	A310 - 300	42.2	1986.7
PW4156A	56000(249.1)	A300 - 600	30.0	1987.10
PW4158	58000(257.98)	A300 - 600R	30.0	1988.4
PW4460	60000(266.9)	MD - 11	30.0	1988.10
PW4462	62000(275.8)	MD - 11	30.0	1992.1

3. PW4000(100in 风扇)

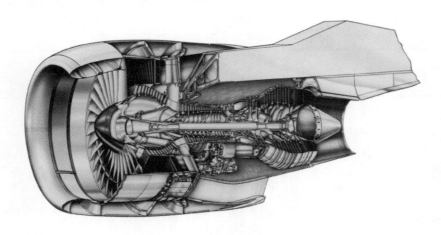

PW4000(100in 风扇)

PW4000(100in 风扇)发动机是为 A330 飞机设计的,风扇直径为 99.8in(2.53m),34 片叶片,带有减振凸台。为给核心机增压,低压压气机增加了第 5 级,高压压气机和燃烧室与 94in(2.39m)的 PW4000 发动机相同,低压涡轮也增加了第 5 级,采用了浮动壁燃烧室和全功能数字发动机控制系统。高压压气机可与后来生产的 94in(2.39m)发动机互换。PW4173/75 发动机的研制项目在进行中遇到问题,已经取消。PW4168A 发动机适用于处于高温、高海拔地区的机场。1994 年 11 月用于 4164/4168 的 90min 双发延程飞行,堪称工业界的首例。

技术参数

推力范围/lbf(kN)	64000~73000(284.16~324.12)	风扇直径/in(m)	99.8(2.53)
涵道比	5.2~4.8	长度/in(m)	163.1(4.14)
总增压比	32~35.4	干重/lb(kg)	12480(5660.9)
巡航耗油率/(lb·h^{-1}·lbf^{-1}(kg·h^{-1}·daN^{-1}))	0.570(0.581)		

结构与系统

风扇	1级风扇由34片钛合金风扇叶片组成。风扇直径为2535mm(99.8in)
低压压气机	5级低压压气机
高压压气机	11级高压压气机
燃烧室	与PW4000(94in风扇)基本相同
高压涡轮	2级高压涡轮。采用了先进的单晶合金,高温陶瓷材料和内部冷却方案
低压涡轮	5级低压涡轮

应用

派生型	国际标准大气海平面推力/lbf(kN)	装机对象	获得适航证时间
PW4164	64000(284.7)	A330-200	1993.8
PW4168	68600(307.9)	A330-200/-300	1993.8
PW4168A	70000(314.2)	A330-323	1999
PW4170	比PW4168A提高1%~2%	A330-200/-300	
PW4173	73000(324.7)	A330	2000

4. PW4000(112in 风扇)

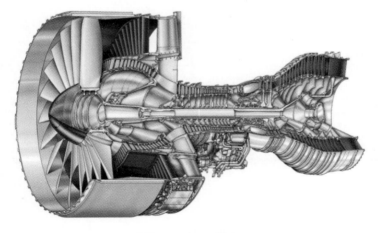

PW4000(112in 风扇)

风扇直径为 112in(2.84m)的 PW4000 发动机是 PW4000 系列中直径最大的型别。它的风扇有 22 个空心的钛叶片(无减振凸台)、6 级增压级(低压压气机)和重新设计的 7 级低压涡轮。最初的型号是 PW4084,其后是 PW4090。PW4090 发动机通过进一步改进高压压气机的 3D 气动设计、重新设计风扇出口导向叶片、改进高压涡轮的冷却及涡轮材料的耐高温性能,从而提高涡轮进口温度,实现推力增大。PW4098 发动机增加了 1 级低压压气机(达到 7 级),和 112.9in 的风扇,虽然最终投入了使用,但目前正逐渐被淘汰,并被 PW4090 所取代。

技术参数

推力范围/lbf(kN)	77000~115000 (342.5~511.5)	空气流量/(lb·s⁻¹(kg·s⁻¹))	2400~2850 (1088.6~1292.8)
涵道比	5.5~6.4	风扇直径/in(m)	112.9(2.87)
总增压比	34.2~46.4	长度/in(m)	191.7~194.7 (4.87~4.95)
巡航耗油率/(lb·h⁻¹·lbf⁻¹ (kg·h⁻¹·daN⁻¹))	0.554(0.565)	干重/lb(kg)	14920~16500 (6767.7~7484.4)

结构与系统

风扇	带 22 片宽心钛合金叶片
低压压气机	PW4047,PW4077,PW4084,PW4090 有 6 级;PW4090,PW4098 有 7 级
高压压气机	11 级高压压气机
燃烧室	浮壁式燃烧室
高压涡轮	2 级高压涡轮
低压涡轮	7 级低压涡轮,完全由 MTU 设计

应用

派生型	国际标准大气海平面推力/lbf(kN)	装机对象	保持推力不变的最高温度/℃	获得适航证时间	投入使用时间
PW4084	84000(373.6)	B777-200	30	1994.4	1995.6
PW4090	90000(400.3)	B777-200IGW/-300	30	1996.6	1997.3
PW4098	98000(435.9)	B777-300	30	1998	1999.8
PW40102	102000(453.7)	B777-300	25		1999.6
PW40115	115000(511.5)	B777-200X/-300X			

5. PW6000

PW6000 发动机始终使用同样的风扇,它是通过改进涡轮材料和涂层来实现推力增大的。它被选为 A318 飞机的发动机。研制过程中压气机曾出现问题,使项目完成时间推迟了 2.5

年,促使 CFM56 发动机率先投入使用。其核心机推力更大,为齿轮驱动风扇发动机 PW8000 的研制奠定了基础。其最大特点是部件数量少,有 24 片实心钛合金宽弦叶片的风扇,4 级低压压气机,6 级高压压气机,浮动壁燃烧室,单级高压涡轮,3 级低压涡轮,全功能数字发动机控制系统。

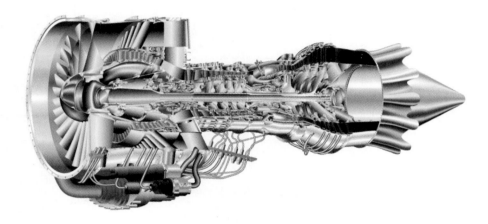

PW6000

技术参数

推力范围/lbf(kN)	18000～24000 (81.6～106.8)	长度/in(m)(不包括喷管)	108.2(2.748)
涵道比	4.8～5.0	直径/in(m)	56.5(1.435)
总增压比	26.1～28.2	干重/lb(kg)	5046(2289)
涡轮前燃气温度/K	1650		

结构与系统

风扇	单级风扇,直径 1.435m(56.5in),采用实心无冠(宽弦)叶片
低压压气机	4 级轴流式低压压气机用作增压级
高压压气机	5 级轴流式高压压气机
燃烧室	以 V2500 发动机浮壁构型为基础,但采用激光钻孔。具有薄膜冷却的壁板
高压涡轮	单级高压涡轮
低压涡轮	3 级低压涡轮
控制系统	双通道全权限数字式电子控制系统

应用

派生型	起飞推力/kN	装机对象	保持推力不变的最高温度/℃	获得适航证时间
PW6122	98.3	A318		2004.11
PW6122 – 1D	98.4	A318 – 100	15	2002
PW6122A	98.4	A318 – 100	15	2004
PW6124	105.96	A318	15	2004.11
PW6124A	105.96	A318 – 100	15	2004

6. PW8000

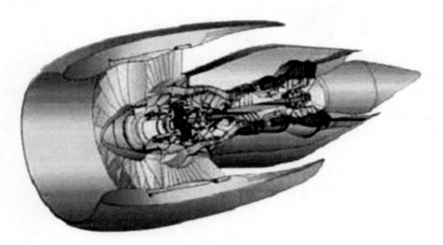

PW8000

为配合新一代窄体客机系列的发展,普·惠公司1998年开始研制新型齿轮传动式涡扇发动机,由于在风扇与低压压气机间装了一种新型减速器,因此风扇、低压涡轮均处于最优转速下工作,这是发动机发展中的又一大举措。预计的推力范围在 25000～35000 lbf 之间。后来,该项目被 PW1000G 所取代和吸收。PW8000 这一命名可能会用于以后的全新项目。

技术参数

推力范围/kN	111～156	风扇直径/m	1.93
涵道比	11.0	长度/m	3.15
总增压比	40	干重/kg	3730

结构与系统

风扇	实心无凸台风扇叶片
低压压气机	3 级低压压气机。导向叶片几何形状均可调。大展弦比叶片设计
高压压气机	5 级高压压气机。宽弦叶片。进口导向器及第 1 级叶片排采用了可调几何形状设计
燃烧室	TALON 燃烧室
高压涡轮	1 级高压涡轮。工作叶片采用单晶材料制造。静子叶片涂有陶瓷涂层
低压涡轮	3 级低压涡轮

7. PW1000G

PW1000G

　　进入 21 世纪后,在"绿色航空"要求的推动下,各航空发动机公司均提出了用于民用客机的低耗油率、低噪声与低排放的新一代发动机的研制计划。普·惠公司提出了"齿轮传动涡扇发动机 GTF"计划,并将其命名为"洁净动力 PW1000G",涵盖了推力级别为 63～106kN 的新型齿轮传动涡扇发动机。

　　该计划于 2008 年启动,公司将用于 MRJ 的发动机命名为 PW1215G,将用于庞巴迪 C 系列的发动机命名为 PW1524G,将用于空客 A320neo 系列的发动机命名为 PW1124G。截至 2011 年 12 月,普·惠公司已获得 2000 余台该系列发动机的订单。

技术参数(PW1124G)

推力/lbf(kN)	24000～33000(106.6～142.35)
涵道比	12
齿轮箱传动比	3:1
风扇直径 in(m)	80 (2.1)
耗油率	15%(与同类型现役发动机相比较耗油率下降)

结构与系统

风扇	80in 后掠翼风扇,带 18 片钛合金叶片
低压压气机	分别有 2 级和 3 级配置,用作增压级
高压压气机	8 级轴流式高压压气机,采用先进气动设计、整体叶盘、整体转子和新的钛合金材料
燃烧室	TALON X 燃烧室
高压涡轮	2 级高压涡轮
低压涡轮	3 级低压涡轮。起飞功率下的转速为 9000r/min 左右
喷管	与 PW6000 类似
短舱	三位置,带可变面积喷管,由 FADEC 操作
控制系统	全权限数字式电子控制系统
滑油系统	干油池,压力泵和回油泵

应用

派生型	推力/kN	装机对象	投入使用时间
PW1124G/1127G/1133G	106.8～142.35	A319neo,A320neo,A321neo	2015
PW1215G/1217G	59.8～75.6	MRJ70,MRJ90	2014
PW1428G/1431G/1433G	124.6～142.35	MC-21-200/300/400	2016
PW1521G/1524G/1519G	73.5～106.8	CS100,CS300	2013

8. JT3D

JT3D-3B

JT3D 发动机的军用编号为 TF33。它是由美国普·惠公司研制的双转子涡扇发动机。1957 年开始方案研究,1958 年 2 月着手设计,1959 年 1 月开始试验,1959 年 7 月进行第一次飞行试验,1960 年 3 月完成定型试验,1960 年 7 月开始批生产。

JT3D 发动机是在 J57 的民用型 JT3C 涡轮喷气发动机基础上发展的,将 JT3C 低压压气机前 3 级去掉,换上 2 级风扇。为了满足风扇所需压缩功,加大了 JT3C 低压涡轮的出口级直径,并增加第 4 级涡轮。

JT3D 与 J57 相比,性能有较大的提高,起飞推力提高 50%,巡航推力提高 27%,巡航耗油率降低 13%。

1961 年投入使用时,JT3D 翻修寿命为 800h,1965 年其寿命达 5000h,1968 年翻修寿命为 12000h,1971 年达 20000h。

技术参数(JT3D-3B)

起飞推力/kN	80	涵道比	1.36
起飞耗油率/$(kg \cdot h^{-1} \cdot daN^{-1})$	0.525	直径/m	1.346
空气流量/$(kg \cdot s^{-1})$	209	长度/m	3.429
总增压比	13.0	干重/kg	1932

结构与系统

进气装置	固定的进口导流叶片
风扇	2 级轴流式风扇,钛合金叶片,中部带减振凸肩。与低压压气机转子前端延伸轴连接
低压压气机	6 级轴流式低压压气机。与风扇一起由低压涡轮驱动
高压压气机	7 级轴流式高压压气机。对开机匣。由高压涡轮驱动
燃烧室	环管形燃烧室,整体机匣,8 个火焰筒,每个火焰筒有 6 个燃油喷嘴,火焰筒采用贫油头部设计
高压涡轮	单级轴流式高压涡轮。气冷导向叶片和工作叶片
低压涡轮	3 级轴流式低压涡轮
控制系统	机械-液压式控制系统。起动、加速、减速和稳态均用自动转速控制,单油门杆控制

应用

派生型	起飞推力/kN	装机对象	获得适航证时间
JT3D-1	78.8	DC-8-50	1960
JT3D-1A	78.8(MCA*)	波音 720B	1977
JT3D-1-MC6	78.8	波音 707-120B	1960
JT3D-1A-MC6	78.8(MCA)	波音 707-100B,波音 720B	1977
JT3D-1-MC7	78.8	波音 707-100B,波音 720B	1961
JT3D-1A-MC7	78.8(MCA)	波音 707-100B,波音 720B	1977
JT3D-3	80.14(MCA)	DC-8-50	1961
JT3D-3B	80.14	DC-8-62	1963
JT3D-3C	80.14		1977
JT3D-5A	93.5	C-141A	1963
JT3D-7	85.86	波音 707	1967
JT3D-7A	85.86	DC-8-62/63,DC-8-62F/63F	1977

*　MCA 即穿越航线最低高度。

9. JT8D

JT8D

JT8D 发动机为 B727 飞机研制,随后还应用于其他类型的飞机,现在应用于超声速飞机。JT8D 发动机采用钢和钛制成,设计包括 2 级带有 27 片钛叶片有减振凸台的风扇,6 级低压压气机,7 级高压压气机,环管燃烧室,单级气冷式叶片的高压涡轮,3 级低压涡轮。为满足噪声方面更严格的各项要求,现已研制出各种降低噪声的改进装置。

技术参数(JT8D - 7/7A)

保持环境温度为 28.9℃时的起飞推力/lbf(kN)	14000(62.28)	涵道比	1.07
起飞耗油率/(lb·h⁻¹·lbf⁻¹(kg·h⁻¹·daN⁻¹))	0.585(0.596)	总增压比	15.4
巡航推力(H=10670m,Ma=0.8)/lb(kN)	3630(16.13)	直径/in(m)	42.5(1.08)
巡航耗油率/(lb·h⁻¹·lbf⁻¹(kg·h⁻¹·daN⁻¹))	0.791(0.807)	长度/in(m)	123.5(3.137)
空气流量/(lb·s⁻¹(kg·s⁻¹))	315.0(143.0)	干重/lb(kg)	3205(1454)

结构与系统

进气装置	环形进气口。19 片固定进口导流叶片,钛合金机匣
风扇	2 级轴流式风扇。第 1 级有 27 片钛合金叶片,叶片用燕尾形榫头与盘连接,风扇压比为 1.93
低压压气机	6 级轴流式低压压气机。与风扇成一整体,由低压涡轮驱动。钛合金转子叶片
高压压气机	7 级轴流式高压压气机,整体机匣,由高压涡轮驱动。钛或钢合金转子叶片
燃烧室	环管形燃烧室,整体机匣,9 个火焰筒,双油路喷嘴
高压涡轮	单级轴流式高压涡轮。导向叶片均系空心气冷
低压涡轮	3 级轴流式低压涡轮。实心涡轮导向叶片和转子叶片
尾喷管	固定面积喷管。可以装用蛤壳式反推力装置
控制系统	机械-液压式控制系统。燃油及转速综合控制

应用

派生型	起飞推力/kN	装机对象	保持推力不变的最高温度/℃	获得适航证时间	投入使用时间
JT8D-1	62.3	波音727-100/100C		1963年（合格证）	
JT8D-1A	62.3(MCA)	DC-9-10/10F		1971	
JT8D-lb	62.3(MCA)	波音727-100/100C		1975	
JT8D-5	54.49(MCA)	DC-9-10		1963	
JT8D-7/7A/7B	62.3	Caravelle，B727，B737，DC9	13.9	1966.3	1966/1970/1975
JT8D-9/9A	64.5	Caravelle，B727，DC9，Kawasaki C-1	13.9	1967.5	1967/1973
JT8D-M-9	64.5	C-1	13.9		
JT8D-11	66.7	Caravelle，DC9	13.9	1968.9	1968.11
JT8D-15/15A	69.0	B727-200Adv/300Adv，DC9-30/40/50，Mercure	13.9	1971.4	1971/1982
JT8D-17/17A	71.2	B727-200Adv/300Adv，DC9-30/50	13.9	1974.2	1974/1982
JT8D-17R/17AR	72.95	B727-200Adv	13.9	1976/1983	1976/1983

10. JT8D-200

JT8D-200

JT8D-200 系列发动机是改进风扇设计的 JT8D 发动机的改进型。与 JT8D 发动机的核心机相同,但从 NASA 重新设计 JT8D 发动机风扇的项目中引入了新的低压系统。双级风扇由单级更大的风扇和新的 6 级增压级(低压压气机)取代。新的风扇有 34 片钛合金叶片,带有减振凸台,后面是安装在一起的 6 级低压压气机和 7 级高压压气机。单级高压涡轮使用气冷叶片和 3 级低压涡轮。几种改进型仅有的不同是额定推力值。

技术参数(JT8D-209)

保持环境温度为 28.9℃ 的起飞推力/lbf(kN)	18500(82.2)	总增压比	17.1
起飞耗油率/(lb·h⁻¹·lbf⁻¹(kg·h⁻¹·daN⁻¹))	0.491(0.501)	涡轮进口温度/℃	1012
巡航推力($H=10670\text{m}, Ma=0.8$)/lbf(kN)	4945(22.0)	直径/in(m)	49.2(1.25)
巡航耗油率/(lb·h⁻¹·lbf⁻¹(kg·h⁻¹·daN⁻¹))	0.724(0.738)	长度/in(m)	154(3.911)
空气流量/(lb·s⁻¹(kg·s⁻¹))	469(213)	干重/lb(kg)	4533(2056)
涵道比	1.78		

结构与系统

进气装置	环形进气道。23 片固定进口导流叶片
风扇	单级轴流式风扇。34 片带凸台的钛合金叶片用燕尾形榫头与盘连接。多圆弧叶型
低压压气机	6 级轴流式低压压气机。与风扇成一整体,由低压涡轮驱动。钛合金叶片
高压压气机	7 级轴流式高压压气机。整体机匣,由高压涡轮驱动。钢或钛合金转子叶片
燃烧室	环管形燃烧室。整体机匣,9 个火焰筒,气动雾化喷嘴
高压涡轮	单级轴流式高压涡轮。气冷导向叶片,实心转子叶片
低压涡轮	3 级轴流式低压涡轮。实心转子叶片和静子叶片
尾喷管	固定面积喷口
控制系统	机械-液压式控制系统。燃油和转速综合控制

应用

派生型	起飞推力/kN	装机对象	保持推力不变的最高温度/℃	获得适航证时间
JT8D-109	73.9	波音 727,波音 737	13.9	
JT8D-209	82.29	MD-80 系列	13.9	1979.6
JT8D-217	88.96	MD-80	13.9	1980.10
JT8D-217A	88.96	MD-82	13.9	1981
JT8D-217C	88.96(正常)	MD-88	13.9	1986
JT8D-219	93.41(正常)	MD-80 系列	13.9	1985.2

11. JT9D

JT9D - 20

JT9D 发动机是第 1 种采用美国空军技术研制的商用发动机,由普·惠公司研制。风扇有 46 片钛叶片,有减振凸台,直径为 92in(2.34m),增加了 3 级增压级,11 级高压压气机,环形燃烧室,2 级带有气冷式叶片的高压涡轮,4 级低压涡轮,液压控制系统。通过改进发动机的气动设计、在涡轮段使用定向凝固材料和改进叶片冷却实现了推力增大。

技术参数

发动机型号	JT9D - 7	JT9D - 20
起飞推力/lbf(kN)	45600(202.8) 47200(210)(喷水)	46300(206.0) 49400(220.0)(喷水)
巡航推力($H=10670\text{m}, Ma=0.85$)/lbf(kN)	10200(45.4)	10680(47.5)
巡航耗油率($H=10670\text{m}, Ma=0.85$)/ (lb·h^{-1}·lbf^{-1}(kg·h^{-1}·daN^{-1}))	0.620(0.632)	0.624(0.636)
推重比	5.15	5.48
涵道比	5.15	
总增压比	22.2	21.1
空气流量/(lb·s^{-1}(kg·s^{-1}))	1540(698)	
风扇直径/in(m)	92.3(2.34)	92.3(2.34)
直径/in(m)	95.56(2.427)	95.56(2.427)
长度/in(m)	128.15(3.255)	128.15(3.255)
干重/lb(kg)	8850(4014)	8450(3833)

结构与系统

进气装置	环形进气道,固定几何形状
风扇	单级轴流式风扇,多圆弧宽叶弦实心钛合金叶片
低压压气机	3级轴流式低压压气机。与风扇同轴,低压压气机转子叶片与整流叶片倾斜安装
高压压气机	11级轴流式高压压气机。高压压气机的前4级整流叶片的安装角可调
燃烧室	环形燃烧室。扩压器内径处采用斜通道,外径处采用突尖环
高压涡轮	2级轴流式高压涡轮。转子叶片与导向叶片均用气冷式
低压涡轮	4级轴流式低压涡轮
喷管	简单固定面积收敛喷口

应用

派生型	净推力/lbf(kN)	最大推力/lbf(kN)	装机对象	保持推力不变的最高温度/℃	获得适航证时间
JT9D-3A	44250(196.8)	45800(203.7)	B747-100	26.7	1970.1
JT9D-7	45600(202.8)	47200(210)	B747-100/200B,C,F&SR	30	1971.6
JT9D-7C	45600(202.8)	47200(210)	B747-100/200,B747F	30	
JT9D-7A	46950(208.8)	48570(216.0)	B747-100/200B,C&F, B747SR&SP	30	1972.9
JT9D-7ASP	46950(208.8)	48570(216.0)	B747-100/200B,C&F, B747SR&SP	30	1972.9
JT9D-7F	48000(213.5)	50000(222.4)	B747-100/200B,C&F, B747SR&SP	30	1974.9
JT9D-7J	50000(222.4)		B747-100/200B,C&F, B747SR&SP	26.7	1976.8
JT9D-20	46300(206.0)	49400(220.0)	DC-10-40	30	1972.10

12. JT9D-59A/70A/7Q

JT9D-59A/70A 发动机是 JT9D 系列第 1 种推力明显增大的型别。这是通过将风扇直径增加 1in(0.0254m)到 93.6in(2.38m),并改进转子叶片的形状实现的。它增加了 1 级增压级(使低压压气机达到 4 级),改进了高压涡轮转子叶片材料,增大了高压涡轮的环形面积。

JT9D 的另一种推力增大型是 JT9D-7Q,其性能在 JT9D-59A/70A 基础上进一步改进,阻力减小而且推力系统重量减轻。

JT9D-59A/70A

技术参数

发动机型号	JT9D-59A/70A	JT9D-7Q
起飞推力/lbf(kN)	53000(236)	53000(236)
巡航推力($H=10670\text{m}, Ma=0.85$)/lbf(kN)	11950(53.2)	11950(53.2)
巡航耗油率($H=10670\text{m}, Ma=0.85$)/ (lb·h^{-1}·lbf^{-1}(kg·h^{-1}·daN^{-1}))	0.631(0.644)	0.631(0.644)
推重比	5.81/5.80	5.71
涵道比	4.9	
总增压比	24.5	21.1
空气流量/(lb·s^{-1}(kg·s^{-1}))	1640(744)	1640(744)
风扇直径/in(m)	93.6(2.28)	93.6(2.28)
直径/in(m)	97.0(2.464)	97.0(2.464)
长度/in(m)	132.2(3.358)	132.2(3.358)
干重/lb(kg)	9140(4146)/9155(4153)	9295(4216)

结构与系统

风扇	1级风扇。风扇出口导流叶片采用了复合材料
低压压气机	4级低压压气机。提高低压转速极限值至3780r/min
高压压气机	11级高压压气机。提高高压转速极限值至8011r/min
高压涡轮	2级高压涡轮。涡轮进口温度为1350~1370℃
低压涡轮	4级低压涡轮。涡轮出口温度为580℃
控制系统	机械-液压式控制系统

应用

派生型	国际标准大气海平面推力/lbf(kN)	装机对象	保持推力不变的最高温度/℃	获得适航证时间
JT9D－59A/70A	53000(236)	DC10－40,A300B,B747－200	30	1974.12
JT9D－7Q/7Q3	53000(236)	B747－200B,C&F	30	1979.10

13. JT9D－7R4

JT9D－7R4

　　JT9D－7R4 系列发动机是在 JT9D 发动机的基础上通过引入新技术发展来的。它共有 7 种不同的改进型,采用了相同的风扇、低压压气机、高压压气机、低压涡轮和齿轮箱。风扇直径更大,采用宽弦叶片,风扇后有 96 片铝合金出口导向器叶片,增大了低压涡轮的直径,采用了电子燃料控制系统。

技术参数

发动机型号	JT9D－7R4D	JT9D－7R4H1
起飞推力/lbf(kN)	48000(213.5)	56000(249)
巡航推力($H=10670$m,$Ma=0.85$)/lbf(kN)	11250(50.0)	12250(54.5)
巡航耗油率($H=10670$m,$Ma=0.85$)/(lb·h^{-1}·lbf^{-1}(kg·h^{-1}·daN^{-1}))	0.615(0.627)	0.628(0.640)
推重比	5.39	6.30
涵道比	5.0	4.8
总增压比	23.4	26.7
空气流量/(lb·s^{-1}(kg·s^{-1}))		1695(769)
风扇直径/in(m)	93.6(2.28)	93.6(2.28)
直径/in(m)	96.98(2.463)	96.98(2.463)
长度/in(m)	132.7(3.371)	132.7(3.371)
干重/lb(kg)	8905(4039)	8885(4029)

结构与系统

风扇	单级轴流式风扇,多圆弧宽叶弦实心钛合金叶片
进气装置	环形进气道,固定几何形状
低压压气机	4级轴流式低压压气机。与风扇同轴,低压压气机转子叶片与整流叶片倾斜安装
高压压气机	11级轴流式高压压气机。高压压气机的前4级整流叶片的安装角可调
燃烧室	环形燃烧室。扩压器内径处采用斜通道,外径处采用突尖环
高压涡轮	2级轴流式高压涡轮。转子叶片与导向叶片均用气冷式
低压涡轮	4级轴流式低压涡轮
喷管	简单固定面积收敛喷口

应用

派生型	国际标准大气海平面推力/lbf(kN)	装机对象	保持推力不变的最高温度/℃	获得适航证时间	投入使用时间
JT9D-7R4D/D1	48000(213.5)	B767-200,A310-200	33.3	1980.11(D) 1981.4(D1)	1982.9
JT9D-7R4E/E1	50000(222.4)	A310-200/-300,B767-200/-300&ER	33.3	1981.4	1985.12
JT9D-7R4E4/E3	50000(222.4)	A310-200/-300,B767-200/-300&ER	30.0		1985.12
JT9D-7R4G2	54750(243.5)	B767-200B,C&F,B747-300	30.0	1982.10	
JT9D-7R4H1	56000(249)	A300-600	30.0		1984.3

三、普·惠加拿大公司民用涡扇发动机

1. JT15D

　　JT15D 是由普·惠加拿大公司于 1996 年 6 月开始研制的中等涵道比小推力涡扇发动机,可供小型商业飞机或公务机使用。截至 2008 年 8 月,已交付 JT15D 发动机超过 6600 台,安装在 88 个国家使用的 2860 架飞机上。

　　JT15D-4 型发动机的单级风扇采用 28 片有减振凸台的实心钛合金叶片。JT15D-4 型发动机是第一种增加了增压级的推力增大型发动机。JT15D-4 型发动机之后的所有型号均增加了单级增压级,后面依次是单级离心式高压压气机、环形燃烧室、单级高压涡轮和 2 级镍合金盘低压涡轮。

　　JT15D-5 型发动机是下一代推力增大型,包括新的风扇,改进的增压级和改进的核心机,以及电子控制器。JT15D-5D 型发动机采用了新的宽弦风扇叶片和单晶涡轮叶片。

JT15D - 5

技术参数

发动机型号	JT15D	JT15D - 5D
起飞推力/lbf(kN)	2200～3190(9.79～14.19)	3045(13.54)
最大连续推力/lbf(kN)	2090～3190(9.3～14.19)	3045(13.54)
起飞耗油率/(lb·h⁻¹·lbf⁻¹(kg·h⁻¹·daN⁻¹))	0.540～0.573(0.551～0.584)	0.560(0.571)
推重比	4.28～4.86	4.86
涵道比	3.3	3.3
总增压比	9.9～13.5	13.5
空气流量/(lb·s⁻¹(kg·s⁻¹))	75(34.0)	75(34.0)
直径/in(m)	27.0～28.0(0.686～0.711)	28.0(0.711)
长度/in(m)	59.3～63.0(1.51～1.60)	63.0(1.6)
干重/lb(kg)	512.6～666(232.5～302)	627(284.4)

结构与系统

进气装置	环形直接进气的进气道,用不锈钢整体铸造。无进口导流叶片。薄合金钢板焊接成的双层进气锥随风扇一起转动。利用压气机放出的热空气防冰
风扇	JT15D - 1/4 为单级轴流式风扇,有 28 个钛合金风扇叶片。叶高中间有阻尼凸台与抗外物凸台,前者相互抵紧形成一环,后者相互间有间隙。JT15D - 5 采用无凸台的宽弦风扇叶片,JT15D - 5A 采用改进的风扇。风扇机匣均为不锈钢制成。JT15D - 1 型转速为 15480r/min,JT15D - 4/4D 型为 16860r/min,其余为 16540r/min。总增压比为 1.5
压气机	1 级轴流式低压压气机,与风扇同轴。也可看做 1 级辅助增压级。1 级离心式高压压气机,叶轮有 16 个全长叶片和 16 个半长叶片。JT15D - 1/1A/lb 型转速为 31120 r/min,JT15D - 4 型和 JT15D - 5/5A/5B/5C/5F 型转速为 31450 r/min,JT15D - 4B/4C/4D 型转速为 31800 r/min

续　表

燃烧室	回流式环形燃烧室。耐热钢外套,镍基合金火焰管。JT15D-4 型装有 12 个双油路离心式燃油喷嘴,总压恢复系数为 0.981,燃烧效率为 0.995
涡轮	轴流式涡轮。高压 1 级,低压 2 级。高压涡轮有 71 个非冷却的定向凝固转子叶片。低压第 1 级采用整体铸造。有 61 个转子叶片;第 2 级有 55 个转子叶片
尾喷管	固定面积喷管。尾锥与内涵机匣通过 6 个支板焊在一起。内、外涵分开排气,不进行掺混
控制系统	JT15D-1/4/4B/4D/5A 为机械-液压式控制系统。JT15D-4C/5/5C 改用 JFC118 或 JFC119 电子控制系统
燃油系统	燃油泵出口压力为 4480kPa。使用 JP-1,JP-4 和 JP-5 燃油
滑油系统	综合滑油系统。齿轮泵出口压力为 552kPa。油箱容积为 9.0L。滑油规格为 PWA521Ⅱ型,CPW202。
起动系统	空气涡轮起动机或起动发电机
点火系统	火花塞点火器。位置在 5 点和 7 点时钟位置(从后向前看)
支承系统	高压转子由 2 个轴承支承,离心叶轮前为滚珠轴承,离心叶轮与高压涡轮间为滚棒轴承,低压转子由 3 个轴承支承,风扇盘后为滚珠轴承,低压涡轮前、后各有 1 滚棒轴承,其中涡轮前滚棒轴承为一中介轴承

应用

派生型	国际标准大气海平面推力/lbf(kN)	装机对象	获得适航证时间	投入使用时间
JT15D-1	2200(9.79)	赛斯纳"奖状",法国宇航公司"帆舰"	1971	1969.8
JT15D-1A	2200(9.79)	赛斯纳"奖状"Ⅰ	1976	
JT15D-lb	2200(9.79)	赛斯纳"奖状"Ⅰ	1982.7	1983
JT15D-4	2500(11.12)	赛斯纳"奖状"Ⅱ,Corvette "金刚石"Ⅰ	1973	1973.9
JT15D-4B	2500(11.12)	赛斯纳"奖状"S/Ⅱ	1983	1998
JT15D-4C	2500(11.12)	阿古斯塔 S.211	1982	1982
JT15D-4D	2500(11.12)	三菱重工"金刚石"IA	1983	1983
JT15D-5	2965(13.2)	T-47A,"金刚石"Ⅱ,比奇 400/400A	1984	1978 年首飞
JT15D-5A	2900(12.9)	赛斯纳"奖状"V	1988	1988
JT15D-5B	2900(12.9)	比奇 T-1A　Jayhawk	1990	1990
JT15D-5C	3190(14.19)	S.211A,"飞马"UCAV-N	1992	1991
JT15D-5D	3045(13.54)	"奖状"V Ultra,UC-35A,威逊艾尔"优势"	1993	1993
JT15D-5F	2900(12.9)	比奇 TCX	1993	1993
JT15D-5R	2965(13.1)	豪客比奇 400XP/400A	2006	

2. PW300

PW308C

　　PW300 涡扇发动机是同 MTU 公司(承担 25%的风险)共同研制的双轴涡扇发动机,用于中型远程商用喷气客机。MTU 公司负责低压涡轮的设计。PW306A 发动机是该系列第一个推力增大型,某些部分进行了重新设计,其中风扇直径增加了 1in(0.0254m),使用了耐温性更好的涡轮材料,并增加了强迫混合器。PW308A 发动机是推力进一步增大型,其风扇直径又增加了 1.5in(0.04m),包括带宽弦钛合金叶片的单级风扇,4 级轴流式压气机,1 级离心式压气机,环形燃烧室,2 级单晶叶片,空气冷却的高压涡轮,3 级低压涡轮和全功能数字发动机控制系统。PW305 发动机的风扇直径为 30.65in(0.78m),PW306 发动机的风扇直径为 31.65in(0.8m),PW308 发动机的风扇直径为 33.2in(0.84m)。

技术参数

发动机型号	PW300	PW305A	PW306A
起飞推力/lbf(kN)	4679~7400(20.81~32.9)	4679(20.81)	6040(26.86)
巡航推力/lbf(kN)		1132(5.04)	1320(5.87)
起飞耗油率/(lb · h^{-1} · lbf^{-1} (kg · h^{-1} · daN^{-1}))		0.388(0.396)	0.394(0.402)
巡航耗油率/(lb · h^{-1} · lbf^{-1} (kg · h^{-1} · daN^{-1}))		0.681(0.694)	0.679(0.692)
推重比	4.72~5.80	4.72	5.79
涵道比	3.8~4.5	4.3	4.5
总增压比		19	
空气流量/(lb · s^{-1}(kg · s^{-1}))		180(81.6)	
风扇直径/in(m)	30.65~33.2(0.78~0.84)	30.65(778.5)	31.65(803.9)
长度/in(m)	66~81.5(1.65~2.07)	65(1.651)	75.6(1.92)
干重/lb(kg)	993~1043(450.4~473.1)	993(450)	1043(473)

结构与系统（PW305B,PW306）

风扇	1级轴流式风扇。24个宽弦、无凸台叶片。有高的效率和吞鸟能力。叶片采用三维气动力学设计,风扇总增压比为1.86
压气机	4级轴流加1级离心组合式压气机。前2级整流叶片可调。采用整体叶盘结构。总增压比为12.7～16.0
燃烧室	直流高热容强度环形燃烧室。为改善起动性能,采用了22个气动雾化喷嘴
高压涡轮	2级轴流式高压涡轮。第1级导向器叶片和工作叶片为空气冷却,采用单晶材料。2级导向器叶片可调
低压涡轮	3级轴流式低压涡轮。通过中间级的盘与风扇连接
控制系统	道蒂·史密斯公司的全权限数字式电子控制系统

应用

派生型	国际标准大气海平面推力/lbf(kN)	装机对象	保持推力不变的最高温度/℃	获得适航证时间	投入使用时间
PW305	5225(23.24)	豪客1000		1991	1992
PW305A	4679(20.81)	利尔喷气60	33.9	1992.12	1993.1
PW305B	5266(23.42)	豪客1000	23.5	1993.1	1993.1
PW306A	6040(26.86)	湾流G200	ISA+16	1998.12	1999
PW306B	6050(26.9)	菲尔柴尔德-多尼尔328 Jet	31	1998.12	1998
PW306/9	6050(26.9)	AvCraft 328Jet	31		
PW306C	5770(25.66)	赛斯纳"奖状君主"	ISA+15	2002	2004
PW307A	6405(28.48)	"隼"7X	ISA+18		2005
PW308A	6904(30.7)	雷神"豪客地平线"	37	2003	1998年首飞
PW308B	7400(32.9)	菲尔柴尔德-多尼尔328 Jet	38		
PW308C	7002(31.13)	达索"隼"2000EX	ISA+25	2003.3	2003.4

3. PW500

　　PW500发动机是普·惠加拿大公司同MTU公司共同研制的,后者承担25%的风险并负责低压涡轮。其单级风扇采用19片宽弦叶片的钛合金整体叶盘转子。PW530A发动机的风扇直径为23in(0.583m),PW545A发动机的风扇直径为27.3in(0.693m)。PW545A发动机核心机入口有1级增压级。压气机为2级轴流式加1级离心式叶轮,单级非冷却叶片高压涡轮(PW454A发动机为单晶叶片)和2级非冷却低压涡轮。PW454A发动机还有第3级低压涡轮。

PW500

技术参数

发动机型号	PW500	PW530A	PW545A
起飞推力/lbf(kN)	2598～3991(11.56～17.75)	3000(13.34)	3876(17.24)
巡航推力/lbf(kN)		638(2.84)	1014(4.51)
起飞耗油率/(lb·h^{-1}·lbf^{-1}(kg·h^{-1}·daN^{-1}))		0.475(0.484)	0.436(0.445)
推重比	4.70～4.88	4.88	4.70
涵道比	2.60～4.1	3.92	4.1
风扇直径/in(m)	23.0～27.3(0.584～0.693)	23.0(0.584)	27.3(0.693)
直径/in(m)	27.6～32.0(0.701～0.813)	27.6(0.701)	32.0(0.813)
长度/in(m)	60～68(1.524～1.727)	60(1.524)	68(1.727)
干重/lb(kg)	613～826(278.1～374.7)	617(278.9)	826(374)

结构与系统

风扇	1级轴流式风扇,整体叶盘,19片宽弦钛合金叶片
压气机	2级轴流加1级离心组合式压气机。轴流级均为整体叶盘
燃烧室	回流式环形燃烧室
高压涡轮	1级轴流式高压涡轮。导向器叶片气冷,转子叶片不冷却。(PW545A 为 11 级增压器,3 级高压压气机)
低压涡轮	2级轴流式低压涡轮
尾喷管	固定面积。强制混合排气
控制系统	先进的机械-液压式控制系统。可选用汉胜公司的单通道 FADEC

应用

派生型	国际标准大气海平面推力/lbf(kN)	装机对象	保持推力不变的最高温度/℃	获得适航证时间	投入使用时间
PW530	2598(11.56)	赛斯纳"奖状喝彩"	28.3	1995.12	1995年用于"奖状喝彩"原型机上试飞
PW530A	2887(12.84)	赛斯纳"奖状喝彩"	22.8	1996.4	1997.12
PW535A	3360(14.94)	赛斯纳"奖状超级重奏"	22.8	1996.6	2000.9
PW535B	3400(15.12)	赛斯纳"奖状超级重奏"			2006
PW535D	2965(13.2)	豪客450			
PW535E	3200(14.23)	巴西航空"飞鸿"300			2010
PW545	3879(17.26)	赛斯纳"奖状优秀"	28.3	1997	
PW545A	3640(16.19)	赛斯纳"奖状优秀"	22.8	1997	1998.7
PW545B	3991(17.75)	"奖状"XLS	28.3	2004	2004年底交付使用

4. PW600

PW610F

　　PW600发动机是普·惠加拿大公司研制的新发动机系列,包括涡扇和涡桨发动机,于2000年开始详细的设计研制。PW600F涡扇系列的推力范围为900～3000lbf(4.0～13.3kN),专为填补入门级到小型商务喷气发动机的空白而设计的。仍未投入使用的PW600P涡桨发动机功率级为500～2000shp,是为普通单发或双发飞机设计的。发动机具有全功能数字发动机控制器。发动机同时还具有可缩放的发展潜力。

PW625

技术参数

发动机型号	PW610F	PW615F	PW617F	PW625F
起飞推力/kN	900(4.0)	1350(6.0)	1615(7.18)	2400(10.68)
涵道比	2.8	2.8	2.8	2.8
风扇直径/in(m)	14(0.356)	16(0.406)	18(0.457)	20(0.508)
长度/in(m)	41.7(1.059)	49.3(1.052)	52(0.321)	58(1.473)
干重/lb(kg)	250~550(113.4~249.5)			

结构与系统

风扇	1级轴流式风扇。11片宽弦叶片
压气机	同轴1级混流加1级离心组合式压气机
燃烧室	回流式环形燃烧室
高压涡轮	1级轴流式高压涡轮,驱动压气机
低压涡轮	1级轴流式低压涡轮,驱动风扇
尾喷管	带16个波瓣的菊花形混合喷口,用以实现最小噪声
起动系统	电子起动系统
控制系统	双通道全权限数字式电子控制系统,用于简单控制的智能健康监测

应用

派生型	国际标准大气海平面推力/lbf(kN)	装机对象	保持推力不变的最高温度/℃	获得适航证时间
PW610F	900(4.0)	伊克利普斯500	ISA+15	2006.6
PW615F	1350(6.0)	赛斯纳"奖状野马"	ISA+15	2005.12
PW617T	1160(5.16)	VLJ"飞鸿"		
PW617F	1615(7.18)	VLJ"飞鸿"100		2008.10
PW625F	2400(10.68)			

5. PW800

PW800

　　PW800是普·惠加拿大公司目前正在研制的最新型双转子高涵道比齿轮传动涡扇发动机。参与PW800发动机研制的还有德国MTU公司和意大利菲亚特公司。MTU公司负责低压涡轮；菲亚特公司负责风扇驱动齿轮箱装配、中介机匣和附件齿轮箱。

　　PW800的特点是采用一个减速齿轮箱来降低风扇转速，使其低于低压压气机和低压涡轮的转速，进而使所有部件都以最佳的速度工作，实现效率最大化。降低风扇转速可减轻噪声，提高涡轮和低压压气机转速可减少级数，用更小体积的涡轮完成同样的工作。

技术参数

发动机型号	PW800	PW810C
推力/lbf(kN)	10000(44.48)	8800(35.94)

结构与系统

风扇	1级风扇,采用曲线构型的先进叶片。通过减速齿轮由低压涡轮驱动
低压压气机	2级或3级低压压气机
高压压气机	8级高压压气机
燃烧室	以 PW308 为设计基础,污染小
高压涡轮	2级轴流式高压涡轮。钢机匣带空心导向器叶片
低压涡轮	3级低压涡轮。1级齿轮驱动,与高速涡轮匹配,以获得更低的风扇转速
起动系统	电子起动系统
控制系统	双通道全权限数字式电子控制系统

应用

派生型	推力/lbf(kN)	装机对象
PW810C	8800 (35.94)	赛斯纳"奖状哥伦布"(已取消)

四、通用电气公司民用涡扇发动机

1. GE90

GE90

　　GE90 发动机以 NASA E^3 项目为基础,专为 B777 飞机研制。它的主要特点包括,由 22
片复合材料叶片构成的风扇,3级低压压气机,双环形燃烧室和高载荷高压涡轮。GE90 发动
机在投入使用后进行过改进,以增大推力和延长在飞机上的使用时间。标准型发动机(GE -

94B)改进了高压压气机的气动设计,降低了燃油消耗量,提高了发动机的性能。GE - 94B 发动机的改进可通过一整套改型组件实现。

技术参数

发动机型号	GE90	GE90 - 85B
起飞推力/lbf(kN)	75000～100000(333.6～444.9)	84700(376.8)
巡航推力/lbf(kN)		17500(77.85)
起飞耗油率/(lb·h^{-1}·lbf^{-1}(kg·h^{-1}·daN^{-1}))		0.294(0.300)
巡航耗油率/(lb·h^{-1}·lbf^{-1}(kg·h^{-1}·daN^{-1}))		0.553(0.563)
涵道比	8.3～8.7	8.3
总增压比	34.4～45.5	36.9
空气流量/(lb·s^{-1}(kg·s^{-1}))	3000～3269(1360.8～1482.8)	3120(1415)
风扇直径/in(m)	123(3.12)	123(3.12)
直径/in(m)	134(3.404)	134(3.404)
长度/in(m)	287(7.29)	287(7.29)
干重/lb(kg)		17250(7825)

结构与系统

风扇	单级轴流式风扇
低压压气机	3 级轴流式低压压气机,随风扇旋转,因此在低转速时具备中等总增压比和低噪声特征
高压压气机	10 级轴流式高压压气机,1～5 级为可调进口导流叶片
燃烧室	双环形燃烧室,带 30 个燃油雾化喷嘴
高压涡轮	2 级轴流式小直径高压涡轮(采用主动间隙控制技术)
低压涡轮	6 级轴流式大直径低压涡轮
尾喷管	固定面积喷口
控制系统	全权限数字式电子控制系统

应用

派生型	国际标准大气海平面推力/lbf(kN)	装机对象	保持功率不变的最高温度/℃	获得适航证时间	投入使用时间
GE90 - 75B	76000(338.1)	B777 - 200	30	1994.11	
GE90 - 76B	77000(342.5)	B777 - 200	32.78	1995.2	
GE90 - 85B	84700(376.8)	B777 - 200/200ER	30	1995.2	1995.11
GE90 - 90B	90000(400.4)	B777 - 200 IGW	30	1996.5	1997.2
GE90 - 92B	92000(409.3)	B777 - 300	30	1996.7	1997.2
GE90 - 94B	93700(416.86)	B777 - 200ER	30	2000.6	2000.11

2. GE90 – 110B/115B

GE90 – 110B

GE90 – 115B

GE90 – 110B 是额定值降级的一型发动机,配装 B777 – 200LR。其推力值低于 GE90 – 115B。

GE90 – 115B 是为满足波音公司未来的 B777 – 220LR 和 B777 – 300ER 远程飞机的技术要求而设计的。其特点包括风扇尺寸加大并采用加强的复合材料叶片,改进了风扇转轴的材料,增加了 1 级增压级,去掉了第 10 级高压压气机,涡轮采用了 3D 气动叶型。2004 年 5 月在法国航空公司投入使用。在吉尼斯世界纪录上,记录其最大保持推力为 127900lbf(568.9kN)。

技术参数

起飞推力/lbf(kN)	110100(489.76)/ 115540(514.0)	涡轮进口温度/℃	1482
巡航耗油率/(lb·h⁻¹·lbf⁻¹ (kg·h⁻¹·daN⁻¹))	0.539(0.550)/0.52(0.53)	风扇直径/in(m)	128.2(3.26)
涵道比	7.2/7.1	直径/in(m)	135.5(3.442)
总增压比	42	长度/in(m)	287(7.29)
空气流量/(lb·s⁻¹(kg·s⁻¹))	3618(1641)	干重/lb(kg)	19315(8761)

结构与系统

风扇	单级风扇,22片叶片,叶片中间部分前后沿为凸出形状,增大中间弦长
低压压气机	4级低压压气机
高压压气机	9级高压压气机,PIP设计
燃烧室	双环形燃烧室,带30个燃油雾化喷嘴
高压涡轮	2级高压涡轮,采用先进3D叶型技术
低压涡轮	6级低压涡轮,采用带蒸发冷却的难熔钛合金制成
控制系统	全权限数字式电子控制系统

应用

派生型	国际标准大气海平面推力/lbf(kN)	装机对象	保持功率不变的最高温度/℃	获得适航证时间	投入使用时间
GE90-110B	110100(489.8)	B777-200LR	30		
GE90-115B1	115540(514)	B777-200LR,-300ER	30	2003.7	2004.4

3. GEnx

GEnx发动机是通用电气公司CF6级别上的新发动机。其结构以GE90为基础,核心机是GE90 67%流量的缩型。该发动机采用了相当多的新技术。18个非加强型的复合材料风扇叶片,编织的复合材料硬壁风扇包容机匣,最新的3D气动设计的压气机和涡轮。新的涡轮材料和涂层。GEnx发动机最初在B787上使用时,没有引气舱,采用高压压气机传送引气系统,以在空闲时减少推力,而装在空客公司A350上时恢复了有引气舱的压气机结构,另外只有很少的安装差别。GEnx发动机装在B747-B上时采用了105in的风扇,且增压级和低压涡轮均减少1级,发动机在取证时,推力能达到75000lbf(333.6kN)。

GEnx

技术参数

发动机型号	GEnx	GEnx-1B70
起飞推力/lbf(kN)	53200~75000(236.6~333)	69800(310.45)
巡航耗油率/(lb·h^{-1}·lbf^{-1}(kg·h^{-1}·daN^{-1}))	0.491(0.500)	
推重比	4.28~6.03	5.61
涵道比	9.1~9.6	9.1
总增压比	36.1~44.5	44.3
空气流量/(lb·s^{-1}(kg·s^{-1}))	2308~2571(1046.9~1166.2)	
风扇直径/in(m)	111.1(2.82), B747-8用风扇直径为105(2.66)	111.1(2.82)
长度/in(m)		194(4.928)
干重/lb(kg)		12439(5642.3)

结构与系统

风扇	1级风扇,22片宽弦叶片
低压压气机	4级低压压气机,随风扇旋转,用作增压级
高压压气机	10级高压压气机,第1,2级转子为整体叶盘,第1,3级静子为可变角度导流叶片
燃烧室	贫油单环形 TAPS 燃烧室
高压涡轮	2级高压涡轮
低压涡轮	7级大直径低压涡轮,旋转方向与高压转子方向相反以降低旋流损失
控制系统	FADEC Ⅲ系统

应用

派生型	国际标准大气海平面推力/lbf(kN)	装机对象	保持功率不变的最高温度/℃	获得适航证时间	投入使用时间
GEnx－1B54	53200(236.6)	B787－3		2007.09	
GEnx－1B64	63800(283.8)	B787－8	30	2007.09	2008.6
GEnx－1B70	69800(310.5)	B787－9	30	2007.09	
GEnx－1B74	73600(327.4)	B787－9	30		
GEnx－2B67	66500(295.8)	B747－8		2008.08	2009.8
GEnx－1A72	72000(320.3)	A350－800			
GEnx－1A75	75000(333)	A350XWB800/900			

4. CF6－6

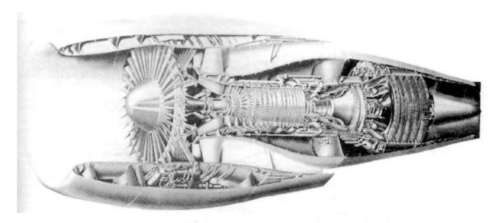

CF6－6

　　CF6－6 发动机是 20 世纪 60 年代为麦道公司和洛克希德公司的大型宽体飞机研制的双转子涡扇发动机,在 TF39 基础上设计而成。最初宣布的推力范围是 142～160kN(32000～36000lbf)。CF6－6 通过一系列变型迅速发展为 CF6－6D,用于 DC－10－10 系列中程运输机。由单级风扇、单级增压级(包括外涵道门)、16 级高压压气机、环形燃烧室、2 级有气冷叶片的高压涡轮、5 级低压涡轮、风扇和涡轮的反推力装置以及液压-机械式控制装置组成。

技术参数

起飞推力/lbf(kN)	40000～41500(177.9～184.6)	巡航耗油率/(lb·h⁻¹·lbf⁻¹(kg·h⁻¹·daN⁻¹))	0.651(0.663)
涵道比	5.9	风扇直径/in(m)	86.4(2.19)
总增压比	24.3～24.9	长度/in(m)	188(4.78)
空气流量/(lb·s⁻¹(kg·s⁻¹))	1307～1323(592.9～600.1)	干重/lb(kg)	8966(4067)

结构与系统

风扇	1 级风扇,带 38 片带减振凸台的叶片
低压压气机	1 级低压压气机,用作增压级
高压压气机	16 级高压压气机,带可调静子叶片,1~7 级为锻造钛合金叶片,8~16 级为钢质叶片
燃烧室	环形燃烧室
高压涡轮	2 级高压涡轮,带气冷叶片
低压涡轮	5 级低压涡轮,叶尖直径不变
起动系统	空气涡轮起动机,安装于附件齿轮箱前面
控制系统	机械-液压式燃油控制系统
滑油系统	中央通风的干油池系统

应用

派生型	国际标准大气海平面推力/lbf(kN)	起飞耗油率/(lb · h^{-1} · lbf^{-1})	装机对象	保持推力不变的最高温度/℃	获得适航证时间	投入使用时间
CF6－6D	40000(177.9)	0.348	DC－10－10	25	1970.9	1971.8
CF6－6D1	41000(182.4)	0.350	DC－10－10	28.9	1978.8	1979.8
CF6－6K	41500(184.6)	0.346	DC－10－10	31.1	1981.6	

5. CF6－50C

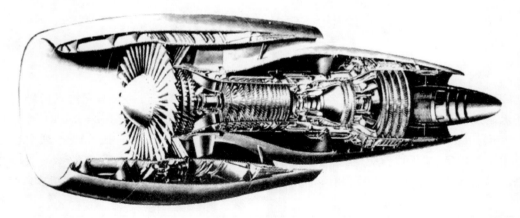

CF6－50C

　　CF6－50C 发动机是通过增大核心机流量而研制的推力增大型发动机。它包括 3 级增压级,可通过调整低压压气机与高压压气机之间的外涵道门改变气流流向。通过改进涡轮的冷却效果提高涡轮的可承受温度,推力更大的改进型发动机 CF6－50C2/E2 型的单位耗油率更低,发动机燃气温度裕度更大,并且风扇叶片得到加强。

技术参数

起飞推力/lbf(kN)	46500～54000 (206.8～240.2)	巡航耗油率/(lb·h^{-1}·lbf^{-1} (kg·h^{-1}·daN^{-1}))	0.635(0.648)
涵道比	4.4	风扇直径/in(m)	86.4(2.19)
总增压比	29.5～30.3	长度/in(m)	183(4.65)
空气流量/(lb·s^{-1}(kg·s^{-1}))	1465～1484 (664.5～673.1)	干重/lb(kg)	8966(4067)

结构与系统

风扇	1 级风扇
低压压气机	3 级低压压气机,用作 3 级增压级
高压压气机	14 级高压压气机,相较 CF6-6 而言减少了第 15 和 16 两级,使得空气流量增加,燃烧室进口空气压力和温度降低
燃烧室	带气膜冷却的环形燃烧室
高压涡轮	2 级高压涡轮,与 CF6-6 结构相似,但改进了材料和冷却
低压涡轮	4 级低压涡轮,改进了各级的几何结构和冷却
起动系统	空气涡轮起动机,安装于附件齿轮箱前面
控制系统	机械-液压式燃油控制系统,在 CF6-6 基础上有所改进,为低压压气机的可调涵道门增加了一个调节功能
滑油系统	中央通风的干油池系统

应用

派生型	国际标准大气海平面起飞推力/lbf(kN)	起飞耗油率/(lb·h^{-1}·lbf^{-1})	装机对象	保持推力不变的最高温度/℃	获得适航证时间
CF6-50C	51000(226.8)		DC-10-30,A300B2/4	30	1973.11
CF6-50E	52500(233.5)	0.376	B747-200,E4B,USAF KC-10A	26	1973.11
CF6-50C1/E1	52500(233.5)	0.371/0.376	DC-10-30,A300B2/4,B747-200	30	1976.7
CF6-50C2/E2	52500(233.5)	0.371	DC-10-30,A300B2/4,B747-200	30	1978.8
CF6-50C2B/E2	54000(240.2)	0.385/0.371	DC-10-30,A300B2/4,B747-200	30	1978.8
CF6-45A2	46500(206.8)	0.363	B747SR	31.6	1978.12
CF6-50C2-F	46500(206.8)		B747 SP/SR,A310-200,DC10-15		1981.6

6. CF6 - 80A

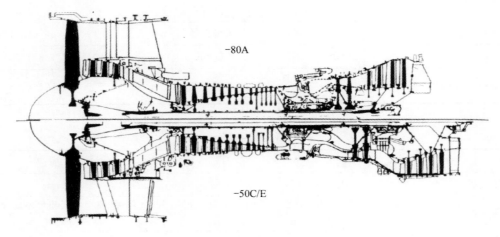

-80A

-50C/E

CF6 - 80A

CF6 - 80A 发动机源于通用电气公司决定提高 CF6 - 50 的性能以提升其市场竞争力的考虑。其设计改进主要包括,缩短高压涡轮、高压压气机和燃烧室部件的长度,以缩短整个发动机的长度和减轻发动机质量;采用了全权限数字发动机控制器和气动控制装置。它的各种改进型之间差别很小,主要是额定推力有所增大。

技术参数

发动机型号	CF6 - 80A	CF6 - 80A3
起飞推力/lbf(kN)	48000(213.5)	50000(222.4)
最大巡航推力/lbf(kN)	10320(45.9)	10477(46.6)
涵道比	4.7	4.6
总增压比	27.3	28.4
空气流量/(lb · s^{-1}(kg · s^{-1}))	1433(651)	1460(663)
巡航耗油率/(lb · h^{-1} · lbf^{-1}(kg · h^{-1} · daN^{-1}))	0.628(0.640)	
风扇直径/in(m)	86.4(2.19)	86.4(2.19)
长度/in(m)	157.4(3.998)	157.4(3.998)
干重/lb(kg)	8776(3981)	8770(3.974)

结构与系统

风扇	1 级风扇,在 CF6 - 50 基础上改进了气动特性和结构,增强了防鸟撞能力
低压压气机	3 级低压压气机
高压压气机	14 级高压压气机,采用了主动控制技术,并缩短了扩压段
燃烧室	环形燃烧室,改进的辊压环类型,长度缩短了 152mm(6.0in)
高压涡轮	2 级高压涡轮,采用主动间隙控制,第 1 级转子叶片改为镶铸叶尖并有内在铝涂层
低压涡轮	4 级低压涡轮,主动间隙控制
起动系统	压缩空气起动机,安装在风扇机匣齿轮箱前面

应用

派生型	国际标准大气海平面推力/lbf(kN)	起飞耗油率/(lb·h⁻¹·lbf⁻¹)	装机对象	保持推力不变的最高温度/℃	获得适航证时间	投入使用时间
CF6 - 80A	48000(213.5)	0.344	B767 - 200, A310 - 200	25	1981.10	1982.9
CF6 - 80A1	48000(213.5)	0.344	B767 - 200, A310 - 200	25	1981.10	1982.9
CF6 - 80A2	50000(222.4)	0.349	B767 - 200, A310 - 200	25	1981.10	1982.9
CF6 - 80A3	50000(222.4)	0.357	B767 - 200, A310 - 200	25	1981.10	1983

7. CF6 - 80C2

CF6 - 80C2

　　CF6 - 80C2 发动机采用了很多重要的机械设计改进技术,以增大推力和降低单位耗油率。在 CF6 - 80A1/A3 基础上,风扇直径加大到 93in(2.362m),风扇后增加 1 级增压级(形成 4 级低压压气机),14 级带有可调静子叶片的高压压气机,2 级高压涡轮,低压涡轮变为 5 级以改进气流通路。拥有全权限数字发动机控制器或液压-机械控制系统。空客、波音和麦道等公司的不同飞机上使用的该系列发动机部件基本相同。

技术参数

起飞推力/lbf(kN)	51590~63000 (229.5~280.2)	巡航耗油率/(lb·h⁻¹·lbf⁻¹(kg·h⁻¹·daN⁻¹))	0.581(0.592)
涵道比	5.06~4.98	风扇直径/in(m)	93(2.362)
总增压比	27.1~31.8	长度/in(m)	168(4.3)
空气流量/(lb·s⁻¹(kg·s⁻¹))	1754~1820 (795.6~825.6)	干重/lb(kg)	9135~9602 (4143.6~4355.5)

结构与系统

风扇	1 级轴流式风扇,有 38 片钛叶片
低压压气机	4 级轴流式低压压气机(转子叶片及轮盘均为钛合金),用作增压级
高压压气机	14 级轴流式高压压气机,带进口导叶,1～5 级整流叶片可调,1～5 级为钛合金叶片,6～14 级为钢质叶片
燃烧室	短环形燃烧室,辊压环结构,30 个燃烧室头部内装有 30 个喷嘴
高压涡轮	2 级轴流式高压涡轮
低压涡轮	5 级轴流式低压涡轮,采用主动间隙控制技术
控制系统	全权限数字控制系统

应用

派生型	国际标准大气海平面推力/lbf(kN)	起飞耗油率/(lb·h⁻¹·lbf⁻¹)	装机对象	保持推力不变的最高温度/℃	获得适航证时间	投入使用时间
CF6 – 80C2 – A1	57860(257.4)	0.334	A300B4 – 601	30	1985.10	1985.10
CF6 – 80C2 – A2	52460(233.4)	0.317	A310 – 200Adv, A310 – 300	30	1986.4	1986.4
CF6 – 80C2 – A3	58950(262.0)	0.329	A300B4 – 603	30	1988.9	
CF6 – 80C2 – A4	61500(273.6)		A300 – 600R	30	1987.9	1988.4
CF6 – 80C2 – A5	60000(267.3)	0.340	A300B4 – 605R	30	1988.3	1988.4
CF6 – 80C2 – A5F	60000(267.3)	0.340	A300 – 600F	30	1994.5	1994..4
CF6 – 80C2 – A8	57860(257.4)	0.344	A310 – 300,STATIC A300 – 600ST	35	1996.1	1986.4
CF6 – 80C2 – B1	55980(249.0)	0.323	B747 – 200/– 300	30	1987.12	
CF6 – 80C2 – B1F	57160(254.3)	0.316	B747 – 400	32.2		1989
CF6 – 80C2 – B1F1	60030(267.0)		B747 – 400	30		1989
CF6 – 80C2 – B1F2	60030(267.0)		B747 – 400	30		1989
CF6 – 80C2 – B2	51590(229.5)	0.318	B767 – 200/– 200ER	32.2	1987.5	
CF6 – 80C2 – B2F	52010(231.4)	0.307	B767 – 300ER	32.2	1988.3	1988.2
CF6 – 80C2 – B3F	52010(231.4)		B747 – 400D	32.2	1986.9	
CF6 – 80C2 – B4	57180(254.4)	0.326	B767 – 300/– 300ER	32.2	1987.7	1988.2
CF6 – 80C2 – B4F	57280(254.8)	0.317	B767 – 300ER	32.2	1987.8	1988.2
CF6 – 80C2 – B5F	60030(267.0)	0.323	B747 – 400	30	1987.9	
CF6 – 80C2 – B6	60070(267.2)	0.334	B767 – 300ER	30	1987.9	
CF6 – 80C2 – B6F	60030(267.0)	0.323	B767 – 300ER/F	30		

续表

派生型	国际标准大气海平面推力/lbf(kN)	起飞耗油率/(lb·h⁻¹·lbf⁻¹)	装机对象	保持推力不变的最高温度/℃	获得适航证时间	投入使用时间
CF6 - 80C2 - B6FA	60030(267.0)	0.323	B767 - AWACS	30	1992.6	1998.3
CF6 - 80C2 - B7F	60030(267.0)	0.323	B767 - 300ER，B767 - 300F	30		1995
CF6 - 80C2 - B8F	63000(280.2)	0.324	B767 - 400ER	30	1999.6	2000.5
CF6 - 80C2 - D1F	60690(270.0)	0.322	MD - 11	30	1990.12	1990

8. CF6 - 80E1

CF6 - 80E1

　　CF6 - 80E1 发动机是 CF6 - 80C2 的推力增大型发动机。与 CF6 - 80C2 发动机相比，其主要设计改进包括风扇直径更大(96.0in)，实心钛叶片带有减振凸台和重新设计的增压级，提高了空气流量和总增压比，压气机采用 3D 气动设计，高压涡轮采用了新材料，改进冷却效果，低压涡轮也使用了新材料，加强框架和机匣，采用第 2 代全功能数字发动机控制系统。有些部件与 CF6 - 80C2 发动机相同，包括高压压气机盘、转轴、转子叶片、静子叶片和燃烧室。CF6 - A3 型发动机采用了由 R88 材料制造的新高压涡轮。

技 术 参 数

起飞推力/lbf(kN)	63290~72000 (281.6~320.27)	巡航耗油率/(lb·h⁻¹·lbf⁻¹) (kg·h⁻¹·daN⁻¹))	0.567(0.578)
涵道比	5.3	风扇直径/in(m)	96(2.438)
总增压比	32.4~34.8	长度/in(m)	168(4.267)
空气流量/(lb·s⁻¹(kg·s⁻¹))	1926(873.6)	干重/lb(kg)	11225(5091.6)

结构与系统

风扇	1 级轴流式风扇,实心钛合金叶片
低压压气机	4 级轴流式低压压气机(转子叶片及轮盘均为钛合金),用作增压级
高压压气机	14 级轴流式高压压气机,1~5 级整流叶片可调,最后一级由更高温合金制成
燃烧室	短环形燃烧室(装有 30 个喷嘴)
高压涡轮	2 级轴流式,新高温合金制成,改进了冷却
低压涡轮	5 级轴流式,新高温合金制成,改进了冷却和气动特性,采用主动间隙控制技术
控制系统	全权限数字控制系统,有小推力时用的外部活门控制分级系统

应用

派生型	国际标准大气海平面推力/lbf(kN)	起飞耗油率/(lb · h^{-1} · lbf^{-1})	装机对象	保持推力不变的最高温度/℃	获得适航证时间	投入使用时间
CF6－80E1A1	63290(281.6)		A330－300	30	1993.5	1994.1
CF6－80E1A2	65800(292.7)	0.332	A330－300/200	30	1993.10	
CF6－80E1A3	72000(320.27)	0.345	A330－200	30	2001.6	2002.1
CF6－80E1A4	70000(311.35)	0.338	A330－200	30	1998.3	1998.4
CF6－80E1A4/B	72000(320.27)		A330－200,A330F	30		

9. CF34－1A

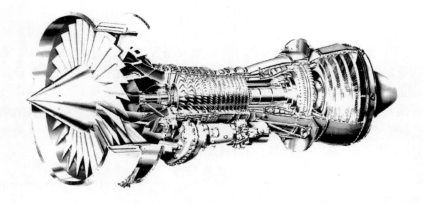

CF34－1A

　　CF34 军用涡扇发动机是按海军空军系统司令部合同设计研制的一种发动机,由军用型 TF34 改进而来。1974 年投入美国海军使用,用于 S－3A 飞机,随后用于美国空军 A－10 飞机。第 1 台 CF34 商用涡扇发动机在 1982 年 8 月设计定型,后来为不同飞机生产了许多不同的型号。CF34 - 3A1 型的特点是采用长寿命材料,新的点火系统和盘管冷却的第 1 级涡轮。它的设计包括带有 29 片叶片的风扇(无减振凸台),14 级高压压气机,2 级冷却的高压涡轮和 4 级叶片带冠的低压涡轮。

技术参数

起飞推力/lbf(kN)	8729(38.8)	空气流量/(lb・s⁻¹(kg・s⁻¹))	332(150.6)
涵道比	6.2	风扇直径/in(m)	44(1.12)
总增压比	21	长度/in(m)	103.0(2.62)
起飞耗油率/(lb・h⁻¹・lbf⁻¹ (kg・h⁻¹・daN⁻¹))	0.36(0.367)	干重/lb(kg)	1580(716.7)
巡航耗油率/(lb・h⁻¹・lbf⁻¹ (kg・h⁻¹・daN⁻¹))	0.712(0.726)		

结构与系统

风扇	1 级轴流式风扇,带 29 片锻造钛合金叶片
高压压气机	14 级轴流式高压压气机,前 5 级静子叶片可调
燃烧室	环形燃烧室
高压涡轮	2 级轴流式高压涡轮,第一级出口静叶采用气膜和冲击冷却,转子叶片采用对流冷却
低压涡轮	4 级轴流式低压涡轮,叶片带冠
控制系统	机械-液压式控制系统

应用

发动机型号	国际标准大气海平面推力/lbf(kN)	带 APR 起飞耗油率/(lb・h⁻¹・lbf⁻¹)	装机对象	保持推力不变的最高温度/℃	获得适航证时间	投入使用时间
CF34 - 1A	8729(38.8)	0.360	庞巴迪 CL601 - 1A	15	1982.8	1983.11

10. CF34 - 3B

CF34 - 3B 是 CF34 - 3A1 的改进型,正常起飞推力与 CF34 - 3A 相同,但保持起飞推力的大气温度提高到 30℃,爬升和巡航推力增加。为在不提高发动机涡轮进口温度的条件下提高推力,重新设计了压气机和可调进口导流叶片。另外,改善了高压和低压涡轮的叶尖间隙控制。期望比 CF34 - 3A1 型爬升推力提高 5%,巡航推力提高 2%,巡航耗油率下降 2%~3%。

CF34 - 3B

技术参数

起飞推力/lbf(kN)	8729(38.8)	空气流量/(lb·s⁻¹(kg·s⁻¹))	332(150.6)
涵道比	6.2	风扇直径/in(m)	44(1.12)
总增压比	21	长度/in(m)	103.0(2.62)
起飞耗油率/(lb·h⁻¹·lbf⁻¹(kg·h⁻¹·daN⁻¹))	0.346(0.353)	干重/lb(kg)	1670(757.5)
巡航耗油率/(lb·h⁻¹·lbf⁻¹(kg·h⁻¹·daN⁻¹))	0.689(0.702)		

结构与系统

风扇	1级轴流式风扇,由29片钛合金锻造叶片组成
高压压气机	14级轴流式高压压气机,前5级静子叶片可调,前9级叶片为钛合金材料,剩余的是高镍合金材料
燃烧室	环形燃烧室
高压涡轮	2级轴流式高压涡轮,第一级出口静叶采用气膜和冲击冷却,转子叶片采用对流冷却
低压涡轮	4级轴流式低压涡轮,叶片带冠
控制系统	机械-液压式控制系统

应用

派生型	国际标准大气海平面推力/lbf(kN)	起飞耗油率/(lb·h⁻¹·lbf⁻¹)	装机对象	保持推力不变的最高温度/℃	获得适航证时间	投入使用时间
CF34 - 3A	8729(38.8)	0.357	庞巴迪 CL601 - 3A	21.1	1986.9	

续 表

派生型	国际标准大气海平面推力/lbf(kN)	起飞耗油率/(lb·h⁻¹·lbf⁻¹)	装机对象	保持推力不变的最高温度/℃	获得适航证时间	投入使用时间
CF34-3A1	8729(38.8)	0.357	庞巴迪 CRJ100, CL601-3R	21.1	1991.7	1992.10
CF34-3B	8729(38.8)	0.346	庞巴迪 CL604	30	1995.5	1996.4
CF34-3B1	8729(38.8)	0.346	庞巴迪 CRJ100/200/400	30	1995.5	1996.4

11. CF34-8

CF34-8C1

　　CF34-8 是推力显著增大型发动机。其设计改进包括增大了宽弦风扇的直径,改进了高压涡轮的材料和冷却,采用双余度全权限数字式电子发动机控制系统。各种发动机改进型的部件基本相同。CF34-8C1 型有 10 级高压压气机。该发动机的有些级是由 F414 发动机缩比得来的。

技术参数(CF34-8C1)

起飞推力/lbf(kN)	12670(56.4)	空气流量/(lb·s⁻¹(kg·s⁻¹))	440.9(200.0)
涵道比	4.8	风扇直径/in(m)	46.5(1.18)
总增压比	28	长度/in(m)	128.5(3.264)
起飞耗油率/(lb·h⁻¹·lbf⁻¹ (kg·h⁻¹·daN⁻¹))	0.37(0.377)	干重/lb(kg)	2403(1090)
巡航耗油率/(lb·h⁻¹·lbf⁻¹ (kg·h⁻¹·daN⁻¹))	0.664(0.677)		

结构与系统

风扇	1级轴流式风扇,由29片钛合金锻造叶片组成
高压压气机	10级轴流式高压压气机,前5级静子叶片可调,前3级转子为整体叶盘
燃烧室	环形燃烧室,带上千个激光钻的孔,引入气体可进行气膜冷却,同时减排
高压涡轮	2级轴流式高压涡轮,第一级出口静叶采用气膜和冲击冷却,转子叶片采用对流冷却
低压涡轮	4级轴流式低压涡轮,叶片带冠
控制系统	CF34-8C1之前型号为机械-液压式控制系统,CF34-8C1及之后型号为双通道全权限数字式控制系统

应用

派生型	国际标准大气海平面推力/lbf(kN)	起飞耗油率/(lb·h^{-1}·lbf^{-1})	装机对象	保持推力不变的最高温度/℃	获得适航证时间	投入使用时间
CF34-8	13790(61.35)					
CF34-8C1	12670(56.4)	0.37	庞巴迪 CRJ700	30	1999.11	2001.2
CF34-8C5	13123(58.4)	0.39	庞巴迪 CRJ900/705	30	2002.4	2003.3
CF34-8D1	13200(58.73)		菲尔柴尔德-多尼尔528JET	30		
CF34-8E	14500(64.5)	0.39	飞鸿 170/175		2002.4	2004.3

12. CF34-10

CF34-10

CF34-10E

CF34-10 发动机采用了全新的直径更大的宽弦风扇(由 GE90 发动机缩比得来),复合材料弯掠出口导向叶片,4 级增压级。压气机、燃烧室和高压涡轮由 CFM56-7 涡扇发动机缩比得来。高压涡轮采用 3D 气动设计和主动间隙控制,降低了燃料消耗量。

技术参数(CF34-10A)

起飞推力/lbf(kN)	18050(80.255)	总增压比	26.3
涵道比	5.0	风扇直径/in(m)	53.0(1.35)
起飞耗油率/(lb·h^{-1}·lbf^{-1})(kg·h^{-1}·daN^{-1}))	0.37(0.377)	长度/in(m)	90(2.286)
巡航耗油率/(lb·h^{-1}·lbf^{-1})(kg·h^{-1}·daN^{-1}))	0.65(0.663)	干重/lb(kg)	3750(1701)

结构与系统

风扇	1 级轴流式风扇,由 29 片钛合金锻造而成的叶片组成
低压压气机	3 级轴流式低压压气机
高压压气机	9 级轴流式高压压气机,前 5 级静子叶片可调,前 3 级转子为整体叶盘
燃烧室	环形燃烧室,带上千个激光钻的孔,引入气体可进行气膜冷却,同时减排
高压涡轮	2 级轴流式高压涡轮,第一级出口静叶采用气膜和冲击冷却,转子叶片采用对流冷却
低压涡轮	4 级轴流式低压涡轮,叶片带冠
控制系统	双通道全权限数字式控制系统

应用

派生型	国际标准大气海平面推力/lbf(kN)	带 APR 起飞耗油率/(lb·h^{-1}·lbf^{-1})	装机对象	保持推力不变的最高温度/℃	获得适航证时间	投入使用时间
CF34-10D5/D6	18000(80)/191500(85.2)		菲尔柴尔德-多尼尔 928JET			
CF34-10E	18500(82.3)	0.38	飞鸿 190	30	2004.3	2005.11
CF34-10A	18050(80.255)	0.37	中国 ARJ21-700			2009

13. GP7000

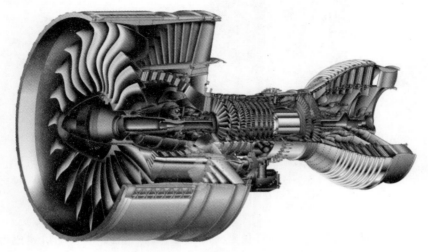

GP7000

GP7000 发动机由通用电气和普·惠公司发动机联合体设计,该联合体成立的最初目的是为 B747 飞机设计推力增大型发动机,但现在 GP7200 发动机被建议用于 A380 飞机。普·惠公司(负责低压系统)和通用电气公司各负责该项目的一半设计。普·惠公司已经把低压涡轮的设计项目转给 MTU 公司,斯奈克玛公司也已计划参与高压压气机的设计。计划要使所有发动机在取证时都达到 81500lbf(362.5kN)的最大推力。

技术参数

起飞推力/lbf(kN)	67000~76500 (297.9~340.13)	空气流量/(lb·s^{-1}(kg·s^{-1}))	3000(1360.8)
巡航推力/lbf(kN)	12633(56.19)	直径/in(m)	124(3.15)
涵道比	8.7	风扇直径/in(m)	116(2.95)
总增压比	45.6	长度/in(m)	187(4.75)
巡航耗油率/(lb·h^{-1}·lbf^{-1} (kg·h^{-1}·daN^{-1}))	0.518(0.528)	干重/lb(kg)	13416(6085)

结构与系统

风扇	1 级轴流式风扇,空心钛合金宽弦叶片
低压压气机	最初为 2 级,2000 年重新设计为 4 级,2001 年增加为 5 级轴流式低压压气机
高压压气机	最初为 10 级,后改为 9 级轴流式高压压气机,前面 5 级静子叶片方向可变
燃烧室	最初为双环形,后改为单环形燃烧室
高压涡轮	2 级轴流式高压涡轮,叶片为带热障涂层的单晶空冷叶片,采用主动间隙控制技术
低压涡轮	6 级轴流式低压涡轮,采用主动间隙控制技术
起动系统	霍尼韦尔空气涡轮起动机
控制系统	BAE 系统公司的 FADEC III 控制系统

应用

派生型	国际标准大气海平面推力/lbf(kN)	装机对象	保持推力不变的最高温度/℃	获得适航证时间
GP7167	67000(297.9)			
GP7267	67000(297.9)	A380－100	30	
GP7270	70000(311.23)	A380－800		2006.1
GP7275	75000(333.46)	A380－100R/200	30	
GP7277	76500(340.13)	A380－800F	30	2006.1

14. CFE738

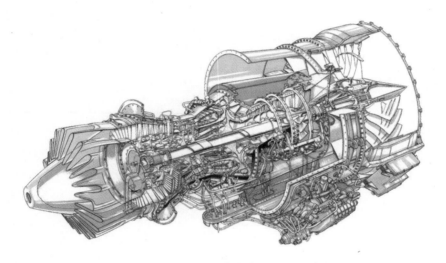

CFE738

CFE738 发动机是通用电气公司和霍尼韦尔公司合作研制的涡扇发动机。其市场目标是大型商用喷气客机,已经被确定用于达索"隼"2000飞机。该发动机包括由 28 片带减振凸台钛合金叶片构成的单级风扇,5 级高压轴流式压气机加 1 级离心式压气机(前 3 级带有可调静子叶片),2 级带有冷却的高压涡轮,3 级低压涡轮和强迫混合器;采用单元体结构,便于维护。

技术参数

起飞推力/lbf(kN)	5918(26.33)	空气流量/(lb·s⁻¹(kg·s⁻¹))	210.0(95.3)
最大巡航推力/lbf(kN)	1464(6.51)	风扇直径/in(m)	35.5(0.90)
涵道比	5.3	长度/in(m)	99.0(2.514)
总增压比	35	宽度/in(m)	43.0(1.092)
风扇压比	1.7	高度/in(m)	48.0(1.219)
起飞耗油率/(lb·h⁻¹·lbf⁻¹(kg·h⁻¹·daN⁻¹))	0.372(0.379)	干重/lb(kg)	1325(601.0)
巡航耗油率/(lb·h⁻¹·lbf⁻¹(kg·h⁻¹·daN⁻¹))	0.64(0.653)		

结构与系统

风扇	1 级轴流式风扇,28 片钛合金叶片,总增压比为 1.7
高压压气机	5 级轴流加 1 级离心式,前 3 级静子级可调
燃烧室	环形燃烧室,带 15 个燃油喷嘴
高压涡轮	2 级轴流式高压涡轮,带冷却叶片
低压涡轮	3 级轴流式低压涡轮,中间级涡轮温度(巡航)为 861℃
起动系统	霍尼韦尔空气涡轮起动机
控制系统	双通道全权限数字式控制系统

应用

派生型	国际标准大气海平面推力/lbf(kN)	起飞耗油率/(lb·h^{-1}·lbf^{-1})	装机对象	保持推力不变的最高温度/℃	获得适航证时间
CFE738-1-lb	5918(26.33)	0.372	达索"隼"2000	30	1993.12
CFE738-2	5918(26.33)	0.372	雅克-77	30	项目中止

五、霍尼韦尔公司民用涡扇发动机

1. LF502

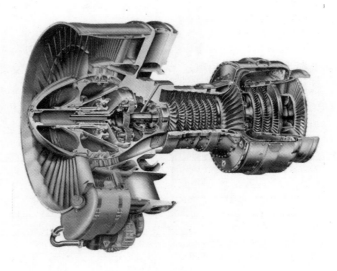

LF502

　　LF502 发动机是大涵道比双转子齿轮传动涡扇发动机,于 1969 年投入使用,用于商用飞机和行政勤务飞机。LF502L 发动机是第 1 种改进型,其后研制了额定推力减小的 LF502R

型发动机。LF502L-2 发动机为提高高空性能改进了风扇叶片。LF502-3 型发动机改进了涡轮,并具有自动功率储备的特点。LF502R-5 发动机改进了前 2 级涡轮导向器的组件。LF507-1H 发动机在结构上与 LF502R-6 发动机相同,但它可在更低的额定推力下工作。LF507-1F 发动机安装了全权限数字式发动机控制系统和液压-机械式备用装置。

技术参数

起飞推力/lbf(kN)	6970～7500 (31.0～33.4)	巡航耗油率/(lb·h⁻¹·lbf⁻¹ (kg·h⁻¹·daN⁻¹))	0.730(0.744)
涵道比	5.0～5.71	风扇直径/in(m)	41.7(1.06)
总增压比	11.6～13.7	长度/in(m)	LF502L:58.6(1.49); LF502R:56.8(1.44)
空气流量/(lb·s⁻¹(kg·s⁻¹))	256(116.1)	干重/lb(kg)	LF502L:1311(594.7); LF502R-3/-3A/-5: 1336(606.0); LF502R-6:1375(624)

起飞推力/lbf(kN)：6970～7500 (31.0～33.4)；巡航耗油率/(lb·h^{-1}·lbf^{-1} (kg·h^{-1}·daN^{-1}))：0.730(0.744)

涵道比：5.0～5.71；风扇直径/in(m)：41.7(1.06)

总增压比：11.6～13.7；长度/in(m)：LF502L:58.6(1.49); LF502R:56.8(1.44)

空气流量/(lb·s^{-1}(kg·s^{-1}))：256(116.1)；干重/lb(kg)：LF502L:1311(594.7); LF502R-3/-3A/-5:1336(606.0); LF502R-6:1375(624)

结构与系统

风扇	1 级风扇,带齿轮传动
低压压气机	6700～6970lbf 推力的型号为 1 级;7500lbf 推力的型号为 2 级
高压压气机	7 级轴流加 1 级离心式高压压气机,6,7 两级间通过主燃油控制进行加速放气控制
燃烧室	回流式环形燃烧室
高压涡轮	2 级高压涡轮,带气冷叶片
低压涡轮	2 级低压涡轮,叶片带冠
控制系统	全权限数字式控制系统

应用

派生型	国际标准大气海平面推力/lbf(kN)	起飞耗油率/ (lb·h⁻¹·lbf⁻¹)	装机对象	推力保持最高温度/℃	获得适航证时间	投入使用时间
LF502L	7500(33.4)	0.428	"挑战者"600	15	1980.2	1980.12
LF502L-2	7500(33.4)	0.428	"挑战者"600	15	1980.2	1980.12
LF502L-2A	7500(33.4)	0.414	"挑战者"600	15	1982.3	
LF502L-2C	7500(33.4)	0.414	"挑战者"600	15	1982.3	
LF502L-3	7500(33.4)	0.414	"挑战者"600	15	1982.3	
LF502R-3	6700(31.0)	0.411	BAE146	15	1981.1	
LF502R-3A	6970(31.0)	0.408	BAE146	15	1982.3	
LF502R-4	6970(31.0)		BAE146	15	1982.3	
LF502R-5	6970(31.0)	0.408	BAE146	15	1982.3	
LF502R-6	7500(33.4)	0.414	BAE146	15	1984.12	
LF507-1H	7000(31.1)	0.397	RJ70,RJ85,RJ100	23	1991.10	1993.4
LF507-1F	7000(31.1)	0.406	RJ70,RJ85,RJ100	23	1992.3	1993.4

2. TFE731

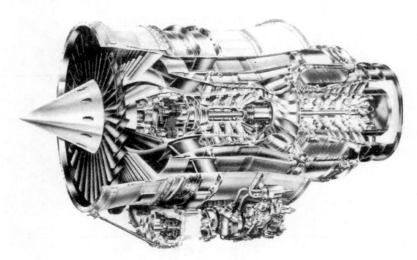

TFE731 – 5

TFE731 发动机是双转子齿轮传动涡扇发动机,风扇由减速齿轮箱传动,主要为商用喷气客机设计。它的设计包括 4 级低压压气机,1 级离心式高压压气机,1 级高压涡轮和 3 级低压涡轮。TFE731 – 3 型发动机提高了涡轮进口温度,TFE731 – 3A 型改进了风扇,TFE731 – 3C 型改进了高压涡轮和低压涡轮的冷却。TFE731 – 5 型增大了涵道比,重新设计了低压涡轮,还增加了数字控制器。TFE731 – 5A 型有混合喷管,可增大推力。TFE731 – 20 型发动机采用了 TFE731 – 5 型的风扇,但是用了新的高压压气机、高压涡轮和全权限数字-电子式发动机控制器。TFE731 – 60 型的核心机与 TFE731 – 40 发动机相同,但风扇直径更大,涵道比更大,且其风扇由新的齿轮箱传动。霍尼韦尔公司计划研究 AS903,AS904 和 AS905(HTF3000,HTF4000 和 HTF5000)作为 TFE 发动机的发展型。

技术参数

最大起飞推力/lbf(kN)	3500～5000 (15.57～22.24)	巡航耗油率/(lb · h^{-1} · lbf^{-1} (kg · h^{-1} · daN^{-1}))	0.663～0.79 (0.676～0.806)
巡航推力/lbf(kN)	755～1120 (3.36～4.98)	风扇直径/in(m)	28.2～30.73 (0.72～0.78)
涵道比	2.66～3.9	长度/in(m)	56.34～91.1 (1.52～2.31)
总增压比	14.0～24.2	干重/lb(kg)	743～988 (337.0～448.2)
空气流量/(lb · s^{-1}(kg · s^{-1}))	113～187 (51.3～84.8)		

结构与系统

风扇	1 级轴流式风扇,早期型号为 30 片,后来为 24 片钛合金叶片,带齿轮传动
低压压气机	4 级轴流式低压压气机
高压压气机	1 级离心式高压压气机
燃烧室	回流式环形燃烧室,带 12 个喷嘴
高压涡轮	1 级轴流式高压涡轮
低压涡轮	3 级轴流式低压涡轮,叶片带冠
控制系统	单通道全权限数字式电子控制系统,带机械-液压式备份控制系统

应用

派生型	国际标准大气海平面最大推力/lbf(kN)	装机对象	保持推力不变的最高温度/℃	获得适航证时间	投入使用时间
TFE731-2	3500(15.57)	"隼"10,台湾飞机工业发展中心 AT-3,西安飞机制造股份有限公司 C-101EB	22	1972.8	1972.8
TFE731-2A	3600(16.0)	中国 JL8/K8E	23	1988.9	
TFE731-2B	3500(15.57)	Pampa 2000,"利尔喷气"C-21A,31,35,36, IA63	25.6	1988.9	
TFE731-2C		利尔喷气 131			
TFE731-3	3700(16.5)	"喷气之星"Ⅰ/Ⅱ,"隼"50,雷神 125-700/400/600,以色列飞机工业"西风"1124,军刀 6565A,CASA101bB,IA63	24.4	1974.9	1974.12
TFE731-3A	3700(16.5)	"利尔喷气"55/以色列飞机工业"阿斯塔"1125	24.4	1981.1	
TFE731-3B	3650(16.2)	赛斯纳"奖状"Ⅲ&Ⅵ	21.1	1981.3	
TFE731-3C	3650(16.2)	赛斯纳"奖状"Ⅲ&Ⅵ,"阿斯塔"1125	21.1	1993.1	
TFE731-3D	3700(16.7)		24.4	1994.10	
TFE731-4	4080(18.1)	"奖状"Ⅶ,捷克 L-139,"隼"50	24.4	1991.11	
TFE731-5	4304(19.1)	豪客 125-800,西安飞机制造股份有限公司 C-101	23	1983.11	
TFE731-5A	4500(20.0)	"隼"900,"隼"20 改进型	23	1984.12	
TFE731-5B	4750(21.1)	"隼"900B,"隼"20 改进型	25	1991.2	
TFE731-20/20AR	3500(15.57)	利尔喷气 45	34	1997.2	1998.7

续 表

派生型	国际标准大气海平面最大推力/lbf(kN)	装机对象	保持推力不变的最高温度/℃	获得适航证时间	投入使用时间
TFE731 - 40/ - 200FG	3700(16.46)/ 4250(18.9)	"隼"50	35	1995.7	1996.11
TFE731 - 50	4900(21.8)/ 4820(21.4)	雷神豪客 900xp	22.5/33.1		
TFE731 - 50R	5000(22.24)/ 4750(21.13)	雷神豪客 900xp	25.5/28		
TFE731 - 60	5000(22.24)	"隼"900EX/DX	32	1995.5	

3. HTF7000

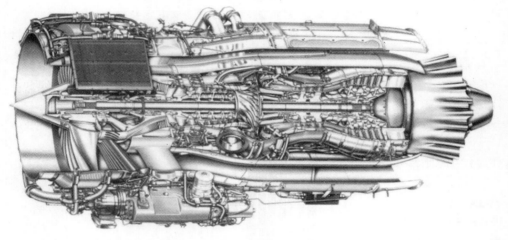

HTF7000

HTF7000,原称 AS900,设计该双转子涡扇发动机的目的是要以一种结构相对简单的发动机取代 ALF 系列发动机。HTF7000 去掉了风扇的传动齿轮箱,并替换了折叠回流式燃烧室,部件数量比 LF507 发动机要少。其研制计划从 1998 年 9 月开始,现已生产出 AS907 型和 AS977 型,两者均有增大推力的能力。AS907 发动机是为在高空状态获得更大推力而研制的。AS977 - 1A 发动机的气流通路略有增大,以增大起飞的推力。AS977 - AvroRJX 飞机是发动机计划装机对象,其研制已经取消。该发动机包括带有 22 片宽弦锻造钛叶片的风扇(无减振凸台),4 级带有可调静子叶片的高压压气机,1 级离心式压气机,环形燃烧室,2 级高压涡轮,3 级低压涡轮和全权限数字发动机控制系统。

技术参数

起飞推力/lbf(kN)	6080～7595(27～33.78)	风扇直径/in(m)	34.2(0.869)
涵道比	4.4	直径/in(m)	46.3(1.176)
总增压比	28.2	长度/in(m)	92.4(2.35)
起飞耗油率/(lb·h^{-1}·lbf^{-1} (kg·h^{-1}·daN^{-1}))	0.42(0.428)	干重/lb(kg)	1364(618.7)
巡航耗油率/(lb·h^{-1}·lbf^{-1} (kg·h^{-1}·daN^{-1}))	0.684(0.6978)		

结构与系统

风扇	1级风扇,带22片锻造钛合金宽弦叶片
低压压气机	4级轴流式低压压气机,整体叶盘结构,前两级静子可调
高压压气机	1级离心式高压压气机
燃烧室	多孔发散冷却环形燃烧室
高压涡轮	2级高压涡轮,仅有72片转子叶片和50片静子叶片
低压涡轮	3级低压涡轮
控制系统	双通道全权限数字式电子控制系统,具备广泛的诊断与故障检修能力

应用

派生型	国际标准大气海平面推力/lbf(kN)	装机对象	保持推力不变的最高温度/℃	获得适航证时间	投入使用时间
AS907 (HTF7007)	7595(33.78)	"投弹手"BD-100,"挑战者"300(起初叫"投弹手大陆喷气机")	ISA+15	2002.6	2004.1
AS977 (HTF7000)	7500(33.36)	Avro RJX计划中止	ISA+15		
HTF7250E	6080(27)	"飞鸿"450/500公务机	ISA+15		
HTF7250G	7445(33.12)	湾流G250	ISA+15		

六、斯奈克玛公司民用涡扇发动机

Silvercrest

2006年,斯奈克玛在国家商用航空协会会议上将其计划的下一代SM-X发动机系列命名为Silvercrest(银冠)。银冠是斯奈克玛公司针对公务机市场研制的新一代涡扇发动机。额定推力在9500～12000lbf之间。特别为大中型、长航程高端公务机设计。已被选为塞斯纳"奖状经度"和达索"隼5x"的动力装置。

其地面试验于2012年10月启动,取得了不错的结果,验证了发动机卓越的性能。发动机在所有推力水平下都展示了优秀的动力学性能、良好的机动性、非常低的噪声与振动水平。根据银冠研发的最初时间表,飞行试验于2013年底进行,而发动机将在2015年进行取证。

银冠

技术参数

起飞推力/lbf(kN)	8000～11000(35.58～48.9)
总增压比	25
额定耗油率/((lb·h⁻⁴·lbf⁻¹(kg·h⁻¹·daN⁻¹))	与 SaM146 相似,至少比现有发动机降低 5%
涵道比	6

额定耗油率写作 $/((lb\cdot h^{-4}\cdot lbf^{-1}(kg\cdot h^{-1}\cdot daN^{-1}))$

结构与系统

进气装置	直接皮托管式进气道
风扇	1 级风扇,带 22 片 3D 无减振器叶片
压气机	4 级轴流加 1 级离心组合式压气机
燃烧室	单环贫油燃烧室
涡轮	1 级高压涡轮,其单晶叶片带主动间隙控制,可能为 3 级低压涡轮
尾喷管	固定面积喷口,带 16 波瓣涵道/核心流混合器

应用

发动机型号	装机对象	获得适航证时间	投入使用时间
银冠	隼 5x;奖状经度	2015(预计)	2017(预计)

七、俄罗斯民用涡扇发动机

1. PS - 90A

PS-90A（ПС-90А）发动机是彼尔姆公司研制的一种大涵道比、双轴单元体结构的发动机。该发动机于 1984 年进行研制试验,1987 年完成飞行试验,1992 年 4 月获得定型,是 20 世纪 90 年代俄罗斯航空工业最重要的发动机之一。发动机包括由带减振凸台的 33 片钛合金叶片构成的 1 级风扇,2 级增压级,13 级轴流式高压压气机(带有气动控制的可调静子叶片),2 级气冷式高压涡轮等。推力反向是通过将平移整流罩和阻流门转向风扇外涵道并弯曲叶栅实现的。

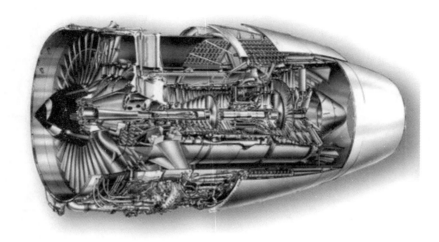

PS - 90A

技术参数

发动机型号		PS - 90A	PS - 90A1	PS90A2	PS - 90A - 76
起飞推力($t_H <$ +30℃, $P_H >$ 96kPa, $H=0$)/kN		156.89	170.28	156.9	156.9
巡航	推力（$H=11$km, $Ma=0.8$）/kN	34.32	34.3	34.3	32.37
	耗油率/(kg·h^{-1}·kgf^{-1})	0.595	0.595	0.60	0.595
	涵道比	4.6	4.6	4.3	4.55
	总增压比	35.55	35.55	33.5	35.83
飞行高度/m		≤13100	≤13100	≤13100	≤13100
地面条件起动和工作时的空气温度/℃		−47,+45	−47,+45	−47,+45	−47,+45
机场高度/m		≤3500	≤3500	≤3500	≤3500
发动机长度/m		4.964	4.964	4.964	4.964
风扇直径/m		1.9	1.9	1.9	1.9
干重/kg		2950	2950	3000	2950
总重/kg		4160	4250	4230	4160

结构与系统

进气装置	无进口导流叶片,但有 4 个前掠式支板
风扇	1 级轴流式风扇,有 33 片钛合金叶片并且整个风扇为全钛合金结构
低压压气机	2 级轴流式增压级
高压压气机	13 级轴流式高压压气机。转子为电子束焊和螺栓连接的混合结构
燃烧室	环管形燃烧室,有 12 个火焰筒,2 个点火器

续 表

高压涡轮	2 级轴流式高压涡轮,采用先进的气冷涡轮叶片,带径向间隙控制
低压涡轮	4 级轴流式低压涡轮,带径向间隙控制
涡轮后机匣	有 9 个支板
尾喷管	内外涵混合排气,采用 18 波瓣的混合器
控制系统	双通道全权限数字式电子控制系统,带机械-液压式备份控制系统
滑油系统	闭环滑油系统

应用

派生型	国际标准大气海平面推力/lbf(kN)	装机对象	保持推力不变的最高温度/℃	获得适航证时间	投入使用时间
PS－90A	35273(156.89)	伊尔－96－300,伊尔－96M/T,伊尔－76MF	30	1992.4	1993
PS－90A－76	35273(156.9)	伊尔－76MF/76MD		2003	
PS－90A1	38280(170.28)	伊尔－96－400T/M		2007	
PS－90A2	35273(156.9)	图－334,图－204		2009	2009.12
PS－90A42		水陆两用飞机 A－42			
PS－90A－154		图－154M2			
PS－90A－12		雅克－46,伊尔－76TD,伊尔－62M			

2. PS－90A2

PS－90A2

PS-90A2(ΠC-90A2)发动机设计计划是由彼尔姆公司和普·惠公司提出的。其设计作为 PS-90A 发动机的"现代版",现用于图-204 和伊尔-96-300 飞机。按照设计,它与应用 PS-90A 发动机的飞机兼容,但有所改进,采用了很多进口部件,如全权限数字式发动机控制系统、改进的轴承、使用寿命延长的新高压涡轮、气动阀门、滑油过滤器及各种其他改进。

技术参数

风扇直径/in(m)	74.8(1.9)	涡轮进口温度/℃	1561
涵道比	4.3	巡航耗油率/(lb · h^{-1} · lbf^{-1} (kg · h^{-1} · daN^{-1}))	0.6 (0.612)
总增压比	33.5	干重/lb(kg)	6503(2949.8)
空气流量/(lb · s^{-1}(kg · s^{-1}))	1047(475)	长度/in(m)	217(5.53)

结构与系统(与 PS-90A 相比)

风扇	1 级风扇
压气机	2 级低压压气机(增压级),13 级高压压气机
涡轮	2 级高压涡轮,4 级低压涡轮
控制系统	双通道全权限数字式电子控制系统,带整体健康监测系统
形式	内外涵气流掺混,装有外涵反推力装置和消音系统

应用

发动机型号	装机对象	获得适航证时间	投入使用时间
PS-90A2	图-334,图-204	2009	2009.12

3. D-20P

D-20P

D-20P(Д-20П)是苏联索洛维耶夫设计局(现俄国彼尔姆航空发动机开放式联合股份公司)研制的一种小涵道比双转子涡扇发动机,目的是用于远程轰炸机的动力。研制工作于1955年开始,在研制中进行了长时间的试验。1959年,D-20P发动机取证,1960年投入批量生产,装在苏联第一架以涡扇发动机作动力的客机图-124上投入使用,该发动机创造了杰出的可靠性纪录。D-20P在设计上是保守的,其设计目标是要达到最佳的经济性和可靠性,可工作的环境温度范围从-40℃到40℃。

技术参数

最大起飞推力/kN	52.96	涡轮进口温度/℃	1067
巡航推力($H=11000m$, $Ma=0.75$)kN	10.79	巡航耗油率/(lb·h^{-1}·lbf^{-1} (kg·h^{-1}·daN^{-1}))	0.9(0.918)
推重比	3.68	干重/kg	1468
涵道比	1.0	直径/m	0.976
总增压比	13	长度/m	3.304
空气流量/(lb·s^{-1}(kg·s^{-1}))	249(113)		

结构与系统

风扇	3级轴流式风扇,第1级为超声速级,第2,3级为亚声速级
高压压气机	8级轴流式压气机,亚声速级
燃烧室	环管形燃烧室,12个火焰筒,双油路喷嘴
高压涡轮	1级轴流式高压涡轮,只冷却导向器和盘。导向器叶片为耐热合金空心精铸叶片
低压涡轮	2级轴流式低压涡轮
尾喷管	固定面积喷口
承力结构	风扇转子安装于两个支点上:前-滚棒轴承,后-滚珠径向止推轴承
附件传动机匣	发动机和飞机用的附件安装在上下方两个传动机匣上
控制系统	机械-液压式控制系统,活塞泵-调节器 HP-20PS

应用

派生型	国际标准大气海平面推力/kN	装机对象	投入使用时间
D-20			
D-20P	52.96	图-124	1962
D-20PO		图-110B	
D-20P-125	56.9	图-124A	

4. D - 30

D - 30 Ⅲ系列

D - 30(Д - 30)发动机是苏联索洛维耶夫设计局(现俄罗斯彼尔姆航空发动机开放式联合股份公司)研制的双转子涡扇发动机,自1966年起用于图-134双发旅客机。该发动机是在D - 20P的基础上发展起来的,核心机和机匣大部分零件相似,只是增加了1级跨声速风扇和2级低压压气机,增大了总增压比和流量,因而提高了推力和耗油率。

技术参数

发动机型号	D - 30 Ⅰ系列	D - 30 Ⅱ系列	D - 30 Ⅲ系列
起飞推力/kN	66.68	66.68	67.95
进气机匣直径/m	0.963	0.963	0.963
涵道比	1.0	1.0	0.83
总增压比	17.65	17.65	18.65
空气流量/(lb · s^{-1}(kg · s^{-1}))	278(126.8)	280(127)	282(128)
巡航耗油率/(lb · h^{-1} · lbf^{-1}(kg · h^{-1} · daN^{-1}))	0.786(0.802)	0.786(0.802)	0.793(0.809)
干重/kg	1550	1768	1809
长度/m	3.983	3.983	4.405

结构与系统

风扇	4级轴流式风扇。第1级超声速,其余级为亚声速
高压压气机	10级轴流式高压压气机。转子为鼓盘式,第1~8级为BT3 - 1钛合金盘,其余为ЭИ961钢制盘
燃烧室	环管形燃烧室
高压涡轮	2级轴流式高压涡轮,导向器和第1级工作叶片、所有盘要冷却
低压涡轮	2级轴流式低压涡轮
排气装置	面积不可调的亚声速菊花形混合喷管
承力结构	风扇转子安装于两个支点上:前-滚棒轴承,后-滚珠径向止推轴承
附件传动机匣	发动机和飞机用的附件安装在三个传动机匣上(上、下、右)
控制系统	机械-液压式控制系统,活塞泵-调节器 HP - 30

应用

派生型	国际标准大气海平面推力/lbf(kN)	装机对象	投入使用时间
D-30 I 系列	14991(66.68)	图-134	1966
D-30 II 系列	14991(66.68)	图-134A	
D-30 III 系列	15277(67.95)	图-134A-3,图-134B-3	

5. D-30KP

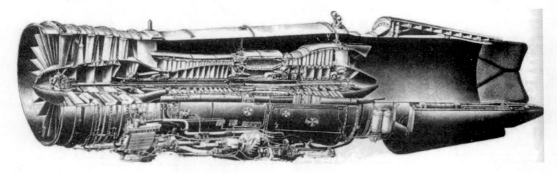

D-30KP I 系列

　　D-30KP(Д-30КП)发动机是由苏联索洛维耶夫设计局(现俄罗斯彼尔姆航空发动机开放式联合股份公司)在D-30的基础上改型研制的苏联第一种中等涵道比涡扇发动机。该发动机的研制,标志着苏联在研制大型风扇叶片方面取得重大进展。

　　D-30KP发动机安装在伊尔-76运输机的所有型号上,还包括A-50远程雷达搜索机、A-40水陆两用飞机及伊尔-78加油机。

技术参数(D-30KP I 系列)

起飞($H=0$, $Ma=0$, ISA)		巡航($H=11000$m, $Ma=0.80$, ISA)	
推力/kN	117.67	推力/kN	26.96
保持到环境空气温度/℃	+15.0	耗油率/(kg·h^{-1}·daN^{-1})	0.713
耗油率/(kg·h^{-1}·daN^{-1})	0.509	尺寸	
空气流量/(kg·s^{-1})	279.0	风扇直径/m	1.46
涵道比	2.342	最大直径/m	1.56
总增压比	19.45	最大长度/m	5.46
涡轮进口温度/℃	1154	干重/kg	2640

结构与系统(D-30KP)

风扇	3级风扇,第1级超声速,其余级为亚声速
高压压气机	11级高压压气机。转子为鼓盘式,1~8级为BT3-1钛合金盘,其余为ЭИ961钢制盘
燃烧室	环管形燃烧室
高压涡轮	2级轴流式高压涡轮,可冷却。导向器和工作叶片、所有级的盘要冷却
低压涡轮	4级轴流式低压涡轮。叶片不可冷却,但盘可冷却。4级的导向叶片全部用合金ЖС-6K制成
排气装置	面积不可调的亚声速喷管,外侧安装有反推力装置、传动装置和控制系统
承力结构	风扇转子安装于两个支点上:前-滚棒轴承,后-滚珠径向止推轴承
附件传动机匣	发动机和飞机用的附件安装在两个传动机匣上(位于发动机下方)
控制系统	机械-液压式控制系统,活塞泵-调节器 HP-30K

应用

派生型	国际标准大气海平面推力/kN	装机对象	推力保持最高温度/℃
D-30KP I 系列	117.68	伊尔-76	15
D-30KP II 系列	117.68	伊尔-76TD/MD/TP,伊尔-78MK	21
D-30KPV		A-40	
D-30KPL		伊尔-76K	
D-30KP III 系列(纤夫)		伊尔-76 及其改型系列	

6. PD-14

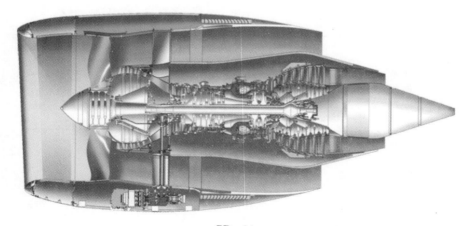

PD-14

PD-14(ПД-14)是彼尔姆公司与CIAM(俄罗斯中央航空发动机研究院)联合研制的双

转子涡扇发动机系列,于 1998 年开始研制,主要用于中短程运输机。早期名称有 PS - 5,PS - 7,PS - 9 和 PS - 12,其中,PS - 9 起飞额定推力为 19845lbf,为基线发动机,2001 年,改型成为 26460lbf 的 PS - 12,配装 MS - 21 支线飞机。2008 年,随着 MS - 21 研制要求的改变,彼尔姆公司又为新的 MS - 21 研制了 PD - 14(即 PS - 14)。PD - 14 核心机验证试验于 2010 年启动,计划于 2015 年取得适航证。

技术参数

起飞推力/lbf(kN)	30846(137.3)	巡航耗油率/(lb · h^{-1} · lbf^{-1})(kg · h^{-1} · daN^{-1}))	0.526(0.536)
巡航推力(H＝11000m,Ma＝0.8)/lbf(kN)	5350(23.79)	干重(包括短舱和反推力装置)/lb(kg)	8333(3780)
涵道比	8.5	长度/in(m)	228.9(5.814)
空气流量/(lb · s^{-1}(kg · s^{-1}))	1209.3(548.4)	风扇直径/in(m)	74.8(1.9)

结构与系统

风扇	1 级风扇,有 18 片宽弦空心钛合金叶片,压比为 1.54
低压压气机	3 级低压压气机
高压压气机	8 级高压压气机,增压比为 16.7
燃烧室	环形燃烧室
高压涡轮	2 级高压涡轮,带气冷叶片
低压涡轮	6 级低压涡轮
反推力装置	叶栅式反推力装置,在风扇涵道内
尾喷管	核心流和风扇流分离,带夹层结构的全声学处理方式
控制系统	双通道全权限数字式电子控制系统

应用

派生型	国际标准大气海平面推力/lbf(kN)	装机对象	获得适航证时间
PD - 14	30846(137.3)	MS - 21	预计 2015 年
PD - 14A	27645(123.0)	MS - 21 - 200	
PD - 14M	34390(153.0)	MS - 21 - 400	

7. NK - 8

NK - 8(HK - 8)是苏联库兹涅佐夫发动机设计局(现俄罗斯国营萨马拉"库兹涅佐夫"开放式股份公司)设计的双转子涡扇发动机。

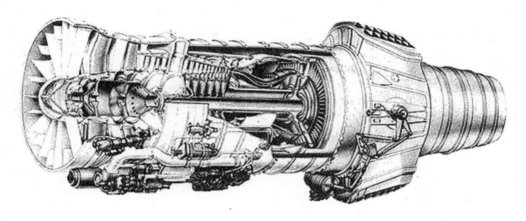

NK - 8

技术参数(NK - 8 I 系列)

起飞($H=0,Ma=0,$ISA)		巡航($H=11000\text{m},Ma=0.80,$ISA)	
推力/kN	93.20	推力/kN	22.10
保持到环境空气温度/℃	15.0	耗油率/$(\text{kg}\cdot\text{h}^{-1}\cdot\text{daN}^{-1})$	0.83
耗油率/$(\text{kg}\cdot\text{h}^{-1}\cdot\text{daN}^{-1})$	0.62	尺寸	
空气流量/$(\text{kg}\cdot\text{s}^{-1})$	214.5	风扇直径/m	1.355
涵道比	0.984	最大直径/m	1.442
总增压比	10.25	最大长度/m	4.766
涡轮进口温度/K	1200	干重/kg	2500

结构与系统

进气装置	环形进气口,钛合金进气机匣
风扇	2级轴流式风扇,风扇压比为2.15。转速为5350r/min
低压压气机	2级轴流式低压压气机
高压压气机	6级轴流式高压压气机
燃烧室	环形燃烧室。139个喷嘴,外圈70个,内圈69个
高压涡轮	单级轴流式高压涡轮。导向器叶片气冷。转子叶片带冠
低压涡轮	2级轴流式低压涡轮。转子叶片带冠
尾喷管	固定面积,内外涵混合排气喷管
控制系统	机械-液压式控制系统,转速和燃油综合控制

应用

派生型	装机对象	投入使用时间
NK－8	图－154,伊尔－62	1967
NK－8Ⅲ系列	伊尔－62	
NK－8－2	图－154	
NK－8－2UⅠ系列	图－154A/B	
NK－8－2UⅡ系列	图－154B－2	
NK－8－4K	A－90"小鹰"	
NK－8－5I	伊尔－62M	
NK－88	图－155	
NK－89	图－156	

8. NK－86

NK－86

　　NK－86(HK－86)发动机是苏联古比雪夫设计局(现俄罗斯国营萨马拉"库兹涅佐夫"开放式股份公司)设计的双转子涡扇发动机,从1987年第三季度开始批量生产。它在NK－86基础上采取了在环境温度高于30℃时保证起飞推力的措施。第一级涡轮转子叶片采用单晶叶片,以提高最大允许燃气温度(涡轮进口温度从987℃提高到1007℃),从而增大发动机的起飞推力。此外,为提高发动机部件的可靠性,加强涡轮第1,2,3级轮盘。

技术参数

起飞 ($H=0$, $Ma=0$, ISA)		巡航 ($H=11000\mathrm{m}$, $Ma=0.80$, ISA)	
推力/kN	127.47	推力/kN	31.575
保持到环境空气温度/℃	15.0	耗油率/$(\mathrm{kg \cdot h^{-1} \cdot daN^{-1}})$	0.753
耗油率/$(\mathrm{kg \cdot h^{-1} \cdot daN^{-1}})$	0.53	尺寸	
空气流量/$(\mathrm{kg \cdot s^{-1}})$	288.0	风扇直径/m	1.455
涵道比	1.18	最大直径/m	1.6
总增压比	28.8	最大长度/m	5.278
涡轮前燃气温度/K	1260	干重/kg	2750

结构与系统

进气装置	有 12 个进口径向支板,由钛合金制成,热空气防冰
风扇	2 级轴流式风扇,风扇压比为 2.23。转子所有主要零件均由钛合金制成
低压压气机	3 级轴流式低压压气机,用作增压级。轮盘轴和中介环用传扭定心螺栓连接
高压压气机	6 级轴流式高压压气机。转子所有主要零件均由钛合金制成
燃烧室	环形燃烧室,头部内交错排列安装两排共 139 个喷嘴,由耐热合金制成
高压涡轮	1 级轴流式高压涡轮。实心涡轮叶片
低压涡轮	2 级轴流式低压涡轮。两级轮盘从 6 级压气机引气来冷却
尾喷管	收敛不可调,内外涵气流混合排气喷管
反推力装置	叶栅式反推力装置,反推比为 0.3
控制系统	机械-液压式燃油控制系统和电子调节系统

应用

派生型	国际标准大气海平面推力/kN	装机对象	获得适航证时间	投入使用时间
NK - 86	127.47	伊尔-86	1979.4	1981
NK - 86A	130.41	伊尔-86	1985.8	1987
NK - 87	130.41	"鹞"和"营救者"的起动动力		

9. NK - 88/89

　　NK - 88/89(HK - 88/89)是苏联库兹涅佐夫发动机设计局(现俄罗斯国营萨马拉"库兹涅佐夫"开放式股份公司)用以试验液态氢燃料和航空甲烷燃料的双转子涡扇发动机。NK - 88 采用液态氢作为燃料,用 NK - 8 改装而成,改装主要体现在液氢燃料的供给和控制系统,另外对燃烧室也进行了改装。NK - 89 以航空甲烷和煤油为燃料,其原准机为 NK - 8 - 2Y。

NK-88

技术参数(NK-89)

起飞		巡航($H=11000\text{m},Ma=0.8$)	
推力/kN	103	推力/kN	21.57
推重比	4.61	耗油率/$(\text{kg}\cdot\text{h}^{-1}\cdot\text{daN}^{-1})$	0.752
涵道比	1.05	尺寸	
总增压比	10.7	风扇直径/m	1.335
空气流量/$(\text{kg}\cdot\text{s}^{-1})$	228.0	长度/m	5.288
涡轮进口温度/℃	883	干重/kg	2280;2530(含反推力装置和尾喷管)

结构与系统

进气装置	环形进气口,钛合金进气机匣
风扇	2级轴流式风扇,风扇压比为2.15。转速为5350r/min
低压压气机	2级轴流式低压压气机
高压压气机	6级轴流式高压压气机
燃烧室	环形燃烧室。139个喷嘴,外圈70个,内圈69个
高压涡轮	1级轴流式高压涡轮。导向器叶片气冷。转子叶片带冠
风扇涡轮	2级轴流式低压涡轮。转子叶片带冠
尾喷管	固定面积,内外涵气流混合排气喷管
控制系统	机械-液压式燃油控制系统,转速和燃油综合控制
备注	NK-89的燃料供给系统包括原准机的煤油系统和新设计的低温燃料系统

应用

发动机型号	国际标准大气海平面推力/kN	装机对象	投入使用时间
NK-88/89	103	仅用于图-155的试验性飞行	1988/1989

10. R123 - 300

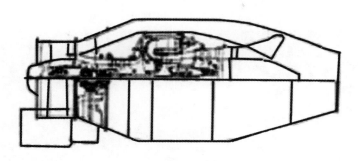

R123 - 300

R123 - 300（P123 - 300）是莫斯科"联盟"航空发动机科研生产联合体研制的轻型民用涡扇发动机,从 20 世纪 90 年代末开始研制。

技术参数

起飞推力/kN	3.92	直径/m	0.50
耗油率/$(kg \cdot h^{-1} \cdot daN^{-1})$	0.51	长度/m	1.20
涵道比	6.0		

结构与系统

风扇	1 级轴流式风扇,无进口导流叶片
高压压气机	2 级轴流加 1 级离心组合式高压压气机。轴流式压气机的进口导流叶片可调
燃烧室	回流式环形燃烧室
高压涡轮	1 级轴流式高压涡轮
低压涡轮	2 级轴流式低压涡轮
尾喷管	固定收敛式喷管,通过漏斗式混合器混合后排气
控制系统	电子控制系统及故障诊断系统

应用

发动机型号	国际标准大气海平面推力/kN	装机对象
R123 - 300	3.92	轻型飞机

11. TRDD - 50

TRDD - 50（ТРДД - 50）是鄂木斯克发动机设计局研制的民用涡扇发动机。

TRDD - 50 发动机主要型别:

TRDD - 50 小型涡扇发动机:过去称为 TV - 50,用于 RTV - 15B 战略巡航导弹（NATO

名为 AS-15Kent)。目前该发动机已经发展为多种用途的产品,包括有人驾驶和无人驾驶的飞行器的发动机。该发动机的设计目标是使燃油消耗率达到最小。

TRDD-50M 改进型:在风扇和离心压气机之间增加了 1 级轴流压气机。

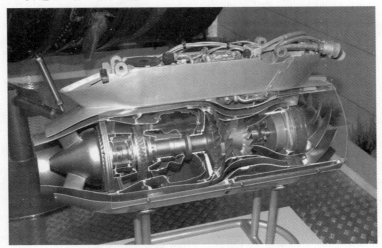

TRDD-50

技术参数

发动机型号	TRDD-50	TRDD-50M
海平面静推力/kN	4.412~4.903	7.14
耗油率/(kg·h^{-1}·daN^{-1})	0.662	0.5
推重比	4.73~5.26	4.61
直径/m	0.33	0.47
长度/m	0.85	1.0
干重/kg	95	130

结构与系统

风扇	1 级轴流式风扇,不带进口导流叶片,有 18 片小展弦比钛合金叶片
高压压气机	1 级轴流加 1 级离心组合式高压压气机,钛合金叶轮
燃烧室	回流式环形燃烧室,带旋流喷嘴
高压涡轮	1 级轴流式高压涡轮
低压涡轮	1 级轴流式低压涡轮,叶片带冠
控制系统	电子-液压式燃油控制系统

应用

派生型	国际标准大气海平面推力/kN	装机对象	获得适航证时间	投入使用时间
TRDD－50	4.412～4.903	RKV－15B战略巡航导弹,有人驾驶飞机和无人飞行器	1980	1980
TRDD－50AT	4.412	X－59MI,M－59MK 和 X－59I 战术导弹		
TRDD－50M	7.14	拟用于支线客机		
TRDD－50B	5.883	拟用于海基/舰载巡航导弹		

12. RD－1700

RD－1700

RD－1700(РД－1700)是俄罗斯图申斯基"联盟"发动机设计局最新设计的双转子涡扇发动机。在该发动机的研制中,国防拨款只占总投资的 10%,其余 90% 为企业自有资金。目前该发动机的研制投资达到了 1500 万～1800 万美元。

RD－2500 是 RD－1700 的改进型,准备用于雅克－130 双发高级教练机和轻型作战飞机。

技术参数

发动机型号	RD－1700	RD－2500
起飞推力/kN	16.67;19.61(带加力)	25.60
起飞耗油率/(kg·h^{-1}·daN^{-1})	0.714;1.326(带加力)	0.51
推重比	5.72	7.56
空气流量/(kg·s^{-1})	30	
涵道比	0.78	3.30
总增压比	14.3	19.6
涡轮进口温度/K	1420	
长度/m	1.975	
直径/m	0.62	
干重/kg	297.5	345.5

结构与系统

风扇	2 级轴流式风扇
压气机	4 级轴流式压气机
燃烧室	环形燃烧室
高压涡轮	1 级轴流式高压涡轮,带气冷叶片
低压涡轮	1 级轴流式低压涡轮
尾喷管	内外涵混合排气,固定面积,加力型的喷管可调

应用

派生型	国际标准大气海平面推力/kN	装机对象	投入使用时间
RD-1700	16.67	米格-AT	2008.6
RD-2500	25.60	雅克 130 和轻型作战飞机	

八、乌克兰民用涡扇发动机

1. D-36

D-36

D-36(Д-36)是乌克兰扎波罗日"伊甫琴科-进步"机械制造设计局研制的第一种真正的大涵道比涡扇发动机。1971 年开始地面台架试验,1974 年进行飞行试验,1977 年开始批量生产。

D-36 发动机为三转子结构,技术要求是高可靠性,长寿命,高经济性、维修性、检查性,质量轻以及气动阻力小,对环境污染小,噪声和有害物质排放满足 ICAO 的标准。高、中、低压压气机都具有较高的效率,较大的喘振裕度。

技术参数

起飞（$H=0,Ma=0$,ISA）		巡航（$H=11000$m,$Ma=0.75$,ISA）	
推力/kN	63.73	推力/kN	15.68
保持至环境温度/℃	15.0	耗油率/(kg·h⁻¹·daN⁻¹)	0.661
耗油率/(kg·h⁻¹·daN⁻¹)	0.365	空气流量/(kg·s⁻¹)	148
空气流量/(kg·s⁻¹)	253.0	涵道比	6.2
涵道比	5.6	总增压比	19.8
总增压比	20.2	涡轮进口温度/℃	972
涡轮进口温度/℃	1177		

尺寸

风扇直径/m	1.373	最大长度/m	3.470
最大直径/m	1.711	干重/kg	1106

结构与系统

风扇	1 级轴流式风扇,带 1 级增压器,跨声速设计,29 个钛叶片带叶中凸台
中压压气机	6 级轴流式中压压气机,有 3 个放气活门,盘和转子叶片为钛,静子叶片为钢
高压压气机	7 级轴流式高压压气机,带可调进口导流叶片和 3 个放气活门
中介机匣	铸镁合金
燃烧室	环形燃烧室。带 24 个喷嘴和 2 个点火器
高压涡轮	1 级轴流式高压涡轮,导向器叶片对流冷却
中压涡轮	1 级轴流式中压涡轮,导向器叶片用第 3 级高压压气机空气冷却,转子叶片不冷却
低压涡轮	3 级轴流式低压涡轮。转子叶片带冠,轮盘气冷
控制系统	机械-液压式控制系统,带余度电子装置控制燃气温度和转子转速

应用

派生型	国际标准大气海平面推力/kN	装机对象	保持推力不变的最高温度/℃	获得适航证时间
D-36I 系列	57.07	雅克 - 42,安 - 72,安 - 74,Kometa2 和 Vykhr 2	15	1977
D-36IA 系列	63.74	安-72/74		
D-36ⅡA 系列	63.74	安-72A		
D-36ⅢA 系列	63.74	安-74T - 100/200;安 - 74TK - 100/200	15	
D-36ⅣA 系列		安-74TK - 300		
D-36ⅤA 系列		安-74 - 68		
D-36ⅤAF 系列		安东诺夫设计局研制的飞机		

2. D - 436

D - 436

D - 436（Д436）是乌克兰扎波罗日"伊甫琴科-进步"机械制造设计局于1980年开始研制，由D - 36发动机演变而来的大涵道比三转子涡扇发动机。

其压缩系统包括1级风扇、1级增压级、6级中压压气机和7级高压压气机。环形燃烧室包括外机匣、带有高压压气机整流叶片的扩压器和高压涡轮导向叶片。涡轮组件包括单级高压涡轮（带有定向凝固叶片），单级中压涡轮和3级风扇涡轮。

该发动机采用单元体结构，有推力反向装置、电子及液压-机械式的发动机控制系统。发动机的安装设计使其可装于机身任何一边，机翼上方、下方或机身内的短舱里。原计划该发动机于1996年进行许可验证，但由于缺少经费和其他原因而被推迟。

技术参数

发动机型号	D - 436T1	D - 436T2	D - 436 - 148
起飞（$H=0$，$Ma=0$，ISA）			
推力/kN	73.53	80.39	62.71
保持推力不变的最高温度/℃	30.0	30.0	35
耗油率/($\text{kg} \cdot \text{h}^{-1} \cdot \text{daN}^{-1}$)	0.377	0.378	0.337
空气流量/($\text{kg} \cdot \text{s}^{-1}$)	254.0	265.0	
涵道比	4.91	4.89	
总增压比	22.7	24.3	
涡轮进口温度/℃	1247	1277	
巡航（$H=11000\text{m}$，$Ma=0.75$，ISA）			
推力/kN	14.22	15.20	15.69
耗油率/($\text{kg} \cdot \text{h}^{-1} \cdot \text{daN}^{-1}$)	0.643	0.633	0.62
总增压比	25.1	26.1	

续　表

尺寸			
风扇直径/m	1.373	1.373	1.373
宽度/m	1.802	1.802	1.784
高度/m	1.949	1.949	1.930
最大长度/m	4.17	4.17	4.169
干重/kg	1360	1360	1400

结构与系统

风扇	1 级轴流式风扇,无进口导流叶片。风扇叶片带有中间凸台,最大转速为 5850r/min。在 D-436T2 上,风扇后增加 1 级增压压气机
中压压气机	6 级轴流式中压压气机
高压压气机	7 级轴流式高压压气机
燃烧室	环形燃烧室。带 18 个气动雾化喷嘴,2 个点火电嘴
高压涡轮	1 级轴流式高压涡轮。高压涡轮改进了涂层,与 D-18T 相同
中压涡轮	1 级中压涡轮
低压涡轮	3 级轴流式低压涡轮
尾喷管	内、外涵分流排气
起动系统	空气涡轮起动机
控制系统	电子调节系统和机械-液压系统

应用

派生型	国际标准大气海平面推力/kN	装机对象	保持推力不变的最高温度/℃	获得适航证时间	投入使用
D-436K	73.53	安-74			
D-436T	73.53	图-334-1 和雅克-42M			
D-436T1	73.53	图-334-100	30	2001.8	
D-436T2	80.39	图-334-100D/200,图-230	30		
D-436T3	92.17	图-334-200,图-230			
D-436TP	73.53	别-200	30	2001.8	2001.5
D-436-148B	62.71	安-148-100B/100D	35		
D-436-148D	66.96		30		
D436T1-134	75.0	图-134M	30		

3. D‐18T

D‐18T

D‐18T(Д‐18Т)是乌克兰扎波罗日"伊甫琴科‐进步"机械制造设计局研制的一种大型大涵道比涡扇发动机。该发动机采用了 D‐36 发动机的新技术。

技术参数(D‐18T 3 系列)

起飞推力/lbf(kN)	51660(229.80)	总增压比	25(起飞);27.5(巡航)
巡航推力($H = 11000m, Ma = 0.75$)/lb(kN)	10716(47.67)	风扇直径/in(m)	91.73(2.33)
起飞耗油率/(lb · h^{-1} · lbf^{-1} (kg · h^{-1} · daN^{-1}))	0.345(0.351)	长度/in(m)	212.6(5.4)
巡航耗油率/(lb · h^{-1} · lbf^{-1} (kg · h^{-1} · daN^{-1}))	0.546(0.556)	宽度/in(m)	109.9(2.792)
推重比	5.72	高度/in(m)	115.6(2.937)
空气流量/(lb · s^{-1}(kg · s^{-1}))	1687(765)	干重/lb(kg)	9001(4083)
涵道比	5.7		

结构与系统

进气装置	环形进气口,旋转整流锥,无进口导流叶片
风扇	1 级轴流式风扇,超声速设计,33 片钛合金叶片
中压压气机	7 级轴流式中压压气机,跨声速设计
高压压气机	7 级轴流式高压压气机,带可调进口导流叶片
中介机匣	构成中压压气机与高压压气机的过渡段和外涵道
燃烧室	环形燃烧室,带 22 个燃油喷嘴和 2 个点火嘴
高压涡轮	1 级轴流式高压涡轮
中压涡轮	1 级轴流式中压涡轮
低压涡轮	4 级轴流式低压涡轮。非冷却叶片带冠
尾喷管	由带低压压气机轴承和后发动机安装节的后支承机匣和核心喷管组成
反推力装置	固定在中介机匣后安装边上,带 12 块调节板
控制系统	与 D‐36 相似,独立的放气活门和高压压气机进口导流叶片采用独立的气压控制系统,控制系统在整个发动机工作范围内保证发动机自动起动并保持给定的推力

应用

派生型	国际标准大气海平面推力/kN	装机对象	保持推力不变的最高温度/℃	投入使用时间
D-18T	229.80～294.00	安-124,安-225	13	1982
D-18TM	245.00～294.00	安-218		
D-18T 3 系列	229.8	安-124-100,安225		
D-18T 4 系列	253.0	安-124-100M-150		

4. AI-22

AI-22

AI-22(АИ-22)是乌克兰扎波罗日"伊甫琴科-进步"机械制造设计局为远程公务机和小型支线客机设计的发动机,在DV-2发动机核心机的基础上改进设计,于20世纪90年代末开始研制,1997—1998年完成设计并投入生产,生产了8台研制用发动机。2000年9月底,进行了整机试验。2001年由多家企业开始生产。

乌克兰扎波罗日斯奇发动机公司负责组装、试验和售后服务,俄罗斯喀山发动机制造联合企业负责发动机的组装、试验与技术跟踪和负责制造反推装置、尾喷管,扎波罗日"进步"机械制造设计局负责制造一批原型机、外部组装、总装、试验、取证、批生产、结构跟踪和延寿工作。

技术参数

起飞推力(730mmHg[①],30℃)/lbf(kN)	8278(36.82)	涵道比	5.57
巡航推力($H=12000$m,$Ma=0.75$)/lbf(kN)	1709(7.60)	总增压比	22.5
起飞耗油率/(lb·h^{-1}·lbf^{-1}(kg·h^{-1}·daN^{-1}))	0.363(0.37)	长度/in(m)	118.5(3.01)
巡航耗油率/(lb·h^{-1}·lbf^{-1}(kg·h^{-1}·daN^{-1}))	0.618(0.63)	最大直径/in(m)	55.04(1.398)
推重比	5.0	高度/in(m)	60.94(1.548)
空气流量/(lb·s^{-1}(kg·s^{-1}))	351.9(159.6)	干重/lb(kg)	1686.5(765)

---

① 1mmHg=1.33kPa

结构与系统

风扇	1级轴流式风扇,直径为1020mm(40.16in)
低压压气机	5级轴流式低压压气机,与风扇同轴
高压压气机	7级轴流式高压压气机
燃烧室	环形燃烧室,带16个气动雾化喷嘴
高压涡轮	1级轴流式高压涡轮。对流冷却
低压涡轮	3级轴流式低压涡轮。非冷却叶片带冠
尾喷管	混合排气喷管
控制系统	FADEC,带机械-液压式备份控制系统

应用

发动机型号	国际标准大气海平面推力/kN	装机对象
AI-22	41.19	图-324和雅克-48和伊尔-108,其他改进型公务机

5. MS-400P

MS-400P是第一台由乌克兰斯奇发动机公司自行设计的小型单转子民用涡扇发动机,主要用于小型公务机和无人驾驶飞行器。

该型发动机于2006年3月面世,简称为MS-400,具备低推重比、低耗油率、高可靠性、可抗发动机气流的不稳定并迅速从喘振状态中恢复等特征。30h的大修间隔时间和150h的总使用寿命,使得其最初瞄准短期应用市场。无论如何,这对单转子设计的有人驾驶飞机而言,在通常需要两台涡轮来驱动高速压气机和低速风扇的今天是极其不平凡的。2011年,尽管尚无任何有关MS-400成为原型机的迹象,其仍然被列为该公司的现行项目。

MS-400P

技术参数

起飞推力/lbf(kN)	882(3.92)	耗油率/(lb·h⁻¹·lbf⁻¹ (kg·h⁻¹·daN⁻¹))	0.8(0.815)
干重/lb(kg)	187.4(85.0)	长度/in(m)	34.45(0.875)
直径/in(m)	12.6(0.320)	长度(加长排气管)/in(m)	43.31(1.1)
高度/in(m)	17.9(0.455)		

结构与系统

进气装置	环形进气口,带进气锥,采用热滑油加温防冰
风扇	2 级轴流式风扇,带 22 片叶片
压气机	6 级轴流式压气机
燃烧室	短环形燃烧室
涡轮	2 级轴流式涡轮
尾喷管	固定面积喷管
控制系统	由整流器、发电机、模拟式综合电子控制器、传感器和热电偶等组成

应用

发动机型号	国际标准大气海平面推力/lbf(kN)	装机对象
MS-400P	882(3.92)	建议用于导弹或无人机

九、国际合作民用涡扇发动机

1. V2500-A1

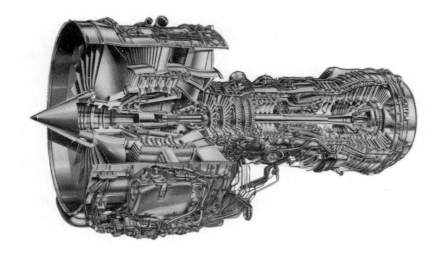

V2500-A1

V2500 是一种采用高新技术的双轴涡扇发动机,推力级为 22000～33000lbf(97.9～146.8kN),由国际航空发动机公司(IAE)生产。IAE 由罗·罗公司和普·惠公司领导,还包括 JAEC 公司和 MTU 公司。IAE 提供了包括发动机短舱在内的整个推进系统。目前有 5000 多台 V2500 发动机正在使用,主要配装了 A319,A320,A321 和 MD-90 飞机。

V2500-A1 是该系列第 1 种生产型发动机,1989 年投入使用,为空客 A320 飞机提供动力。该发动机起飞推力为 25000lbf(111.2kN),并一直满足所有应用中的噪声和排放规定。1999 年,IAE 公司推出"凤凰"方案,通过采用 V2500-A5 型的一些技术来改进 V2500-A1 发动机的热端部件。这一方案旨在将 V2500-A1 型发动机在飞机上连续使用时间延长 25%,同时使发动机具有更出色的性能保持能力和更低的维护成本。

技术参数

起飞推力/lbf(kN)	25000(111.2)	巡航耗油率/(lb·h⁻¹·lbf⁻¹)(kg·h⁻¹·daN⁻¹))	0.575(0.586)
涵道比	5.8	风扇直径/in(m)	63.5(1.613)
总增压比	36	长度/in(m)	122.1(2.96)
空气流量/(lb·s⁻¹(kg·s⁻¹))	789(357.9)	干重/lb(kg)	4943(2242)

结构与系统

风扇	1 级风扇,叶片为宽弦无凸肩叶片。风扇压比为 1.76
低压压气机	3 级低压压气机用作增压级
高压压气机	10 级高压压气机。进口导流叶片和前 3 级静子叶片可调
燃烧室	环形燃烧室
高压涡轮	2 级高压涡轮,采用气冷单晶叶片
低压涡轮	5 级低压涡轮,采用非冷却叶片,叶尖间隙主动控制
控制系统	全权限数字式电子控制系统

应用

发动机型号	国际标准大气海平面推力/lbf(kN)	保持功率不变的最高温度/℃	装机对象	首台发动机运行时间	获得适航证时间	投入使用时间
V2500-A1	25000(111.2)	ISA+15	A320	1985.12	1988.4	1989.5

2. V2500-A5/D5

V2500-A5/D5 发动机是 V2500 发动机系列的派生型号。V2500-A5 为空客 A319,A320 和 A321 飞机提供动力,该发动机在 A320 系列飞机上表现出了最低的耗油率、最小的噪声和最低的总排放量等优势;而 V2500-D5 发动机为波音公司的 MD-90 飞机提供动力,并与 V2500-A5 发动机共用相同的叶轮机,但目前已不再生产。IAE 继续改进产品,降低维护费用和提高额定推力,目前正在推动起飞额定推力增大的 V2527 和 V2533 发动机进入市场。

技术参数

起飞推力/lbf(kN)	22000～33000 (97.86～146.8)	空气流量/(kg·s^{-1})	350.2～384.7
涵道比	4.9～4.5	风扇直径/in(m)	63.5(1.613)
总增压比	31.6	长度/in(m)	126(3.2)
巡航耗油率/(lb·h^{-1}·lbf^{-1}) (kg·h^{-1}·daN^{-1}))	0.575(0.586)	干重/lb(kg)	5200(2359)

结构与系统

风扇	1级风扇,叶片为宽弦无凸肩叶片。风扇压比为1.7
低压压气机	4级低压压气机作为增压级
高压压气机	10级高压压气机。进口导流叶片和前3级静子叶片可调
燃烧室	环形燃烧室
高压涡轮	2级高压涡轮,采用气冷单晶叶片
低压涡轮	5级低压涡轮,采用非冷却叶片,叶尖间隙主动控制
控制系统	全权限数字式电子控制系统

应用

派生型	国际标准大气海平面推力/lbf(kN)	保持功率不变的最高温度/℃	装机对象	获得适航证时间	投入使用时间
V2522-A5	22000(97.86)	ISA+40	A319	1996.4	1997
V2524-A5	24000(106.75)	ISA+40	A319	1996.4	1997
V2527M-A5	26500(117.88)	ISA+31	A319CJ,A319	1999.5	2000
V2527-A5	26500(117.88)	ISA+32	A320	1992.11	1993
V2527E-A5	26500(117.88)	ISA+33	A320	1995.8	1995
V2525-D5	25000(111.21)	ISA+17	MD-90-30	1992.11	1995
V2528-D5	28000(124.5)	ISA+15	MD-90	1992.11	1995
V2530-A5	31400(139.67)	ISA+15	A321-100	1992.11	1994
V2533-A5	33000(146.8)	ISA+15	A321-200	1996.8	1997

3. CFM56-2

CFM56发动机是由斯奈克玛公司和通用电气公司自1971年6月开始共同研制的。通用电气公司提供了F101发动机的核心机(包括9级高压压气机和单级气冷式高压涡轮),还负责两种设计的一体化工作,并提供主燃料控制系统。斯奈克玛公司提供风扇(44片带冠叶片),3级低压增压级,4级低压涡轮(有叶冠),附件齿轮箱和装配设计方案。该发动机最初用于更换DC-8-60的发动机,以使其达到Super 70飞机的标准。

CFM56-2包括了三种型号,按研制时间分别是CFM56-2C,CFM56-2B和CFM56-2A。

CFM56 - 2

技术参数(CFM56 - 2C)

起飞推力/lbf(kN)	24000(106.8)	空气流量/(lb·s⁻¹(kg·s⁻¹))	788(357.4)
涵道比	6.0	风扇直径/in(m)	68.3(1.735)
总增压比	31.3	长度/in(m)	95.7(2.4)
巡航耗油率/(lb·h⁻¹·lbf⁻¹ (kg·h⁻¹·daN⁻¹))	0.651(0.664)	干重/lb(kg)	4635(2102.4)

结构与系统

风扇	1级轴流式风扇,44片钛合金叶片,最高转速为5280r/min
压气机	3级低压压气机,9级高压压气机
涡轮	1级高压涡轮,4级低压涡轮
燃烧室	全环形燃烧室,气膜冷却
尾喷管	固定面积锥形管,收敛喷嘴,吸声结构固定直径风扇涵道
控制系统	带模拟电子输入机械-液压式控制系统

应用

派生型	国际标准大气海平面推力/lbf(kN)	装机对象	保持推力不变的最高温度/℃	获得适航证时间	投入使用时间
CFM56 - 2C1	24000(106.8)	DC8 - 70,KC135,E -3/KE - 3/E6	30	1979.11	1982.4
CFM56 - 2B1	22000(97.9)	KC - 135A,-R,-K,C - 135CFR	32	1982.6	1984
CFM56 - 2A	24000(106.8)	E - 6,E - 3,KE - 3加油机,E - 3D	35	1985.6	1986.5

4. CFM56 - 3

CFM56 - 3发动机在结构上与CFM56 - 2发动机相似,但风扇直径有所减小。CFM56 -

3B1 发动机最初为 B737 - 300 飞机提供动力,1990 年以后其额定推力减小到 18500lbf (82.3kN),改用于 B737 - 500 飞机。为适应高温、高海拔机场,CFM56 - 3B2 发动机的额定推力又有所增大,用于 B737 - 300 和 B737 - 400 飞机。CFM56 - 3C1 发动机可用于 B737 各种机型。核心机的改进型号 2002 年取证,采用了三维设计的高压压气机和高压涡轮,并提高了高压涡轮的耐久性。

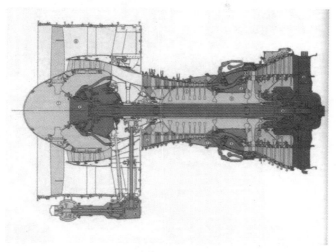

CFM56 - 3

技术参数(CFM56 - 3B2/3C1)

起飞推力/lbf(kN)	22000(97.9)/23500(104.5)	空气流量/(kg·s^{-1})	709.9(322.0)
涵道比	4.9/5.0	风扇直径/in(m)	60.0(1.524)
总增压比	28.8/30.6	长度/in(m)	93(2.36)
巡航耗油率/(lb·h^{-1}·lbf^{-1} (kg·h^{-1}·daN^{-1}))	0.655(0.668)	干重/lb(kg)	4301(1951)

结构与系统

风扇	1 级轴流式风扇,38 片钛合金叶片,最高转速为 5490r/min
压气机	3 级低压压气机,9 级高压压气机
涡轮	1 级高压涡轮,4 级低压涡轮
燃烧室	全环形燃烧室,气膜冷却
尾喷管	固定面积锥形管,收敛喷嘴,吸声结构固定直径风扇涵道
控制系统	带模拟电子输入的机械-液压式控制系统。

应用

派生型	国际标准大气海平面推力/lbf(kN)	装机对象	保持推力不变的最高温度/℃	获得适航证时间	投入使用时间
CFM56 - 3B1	20000(89.0)	B737 - 300/500	30	1984.1	1984.12
CFM56 - 3B2	22000(97.9)	B737 - 300/400	30	1984.6	
CFM56 - 3C1	23500(104.5)	B737 - 300/400/500	30	1986.12	

5. CFM56 – 5A

CFM56 – 5A

CFM56 – 5A 发动机的设计重新采用了 CFM56 – 2 发动机的风扇直径,但其风扇只有 36 片带减振凸台的钛合金叶片,改进了转子叶片的气动设计。另外,还增加了全权限数字发动机控制系统和间隙控制功能。该发动机于 1984 年起用于 A320 飞机。

技术参数(CFM56 – 5A1/A3)

起飞推力/lbf(kN)	25000(111.3)/ 26500(117.9)	空气流量/(kg・s^{-1})	386.5/397.4
涵道比	6.0	风扇直径/in(m)	68.3(1.735)
总增压比	31.3	长度/in(m)	95.4(2.422)
巡航耗油率/(lb・h^{-1}・lbf^{-1} (kg・h^{-1}・daN^{-1}))	0.596(0.608)	干重/lb(kg)	5154(2337)/4995(2266)

结构与系统

风扇	1 级轴流式风扇,36 片钛合金叶片,最高转速为 5100r/min
压气机	3 级低压压气机,9 级高压压气机
涡轮	1 级高压涡轮,4 级低压涡轮
燃烧室	全环形燃烧室,气膜冷却
尾喷管	固定面积锥形管,收敛喷嘴,吸声结构固定直径风扇涵道
控制系统	洛克希德・马丁公司的 FADEC

应用

派生型	国际标准大气海平面推力/lbf(kN)	装机对象	保持推力不变的最高温度/℃	获得适航证时间	投入使用时间
CFM56 – 5A1	25000(111.3)	A320	30	1987.8	1988.8
CFM56 – 5A3	26500(117.9)	A320	30	1990.2	
CFM56 – 5A4	22000(97.9)	A319	45	1996.2	
CFM56 – 5A5	23500(104.5)	A319	37.2	1996.2	

6. CFM56 – 5B

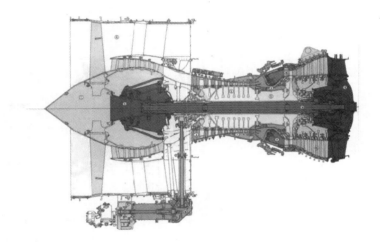

CFM56 – 5B

CFM56 – 5B 是 CFM56 发动机的推力进一步增大型发动机,推力可达 31000lbf,为 A321 飞机设计。同 CFM56 – 5B 发动机的单环形燃烧室相比,CFM56 – 5B2 发动机通过安装一个可选的双环形燃烧室(DAC),可以降低 NO_x 的排放(只有少量客户做了这种选择)。CFM56 – 5BDAC 发动机于 1994 年 9 月获得许可证,1995 年 1 月用于 A321 飞机。CFM56 – 5B3 发动机用于航程延长的 A321 型飞机,1997 年初投入使用。CFM56 – 5B/P 发动机的高压压气机、高压涡轮和低压涡轮的叶片应用了 3D 气动设计。

技术参数(CFM56 – 5B1/P)

起飞推力/lbf(kN)	30000(133.5)	空气流量/(lb · s^{-1}(kg · s^{-1}))	943(427.7)
涵道比	5.5	风扇直径/in(m)	68.3(1.735)
总增压比	34.4	长度/in(m)	102.4(2.601)
巡航耗油率/(lb · h^{-1} · lbf^{-1} (kg · h^{-1} · daN^{-1}))	0.6(0.612)	干重/lb(kg)	5250(2381)

结构与系统

风扇	1级轴流式风扇,36片钛合金叶片,最高转速为5200r/min
压气机	4级低压压气机,9级高压压气机
涡轮	1级高压涡轮,4级低压涡轮
燃烧室	全环形燃烧室,气膜冷却。具有双环燃烧室
尾喷管	固定面积锥形管,收敛喷嘴,吸声结构固定直径风扇涵道
控制系统	洛克希德·马丁公司的FADEC

应用

派生型	国际标准大气海平面推力/lbf(kN)	装机对象	保持推力不变的最高温度/℃	获得适航证时间	投入使用时间
CFM56-5B1	30000(133.5)	A320,A321	30	1994.2	
CFM56-5B2	31000(137.9)	A321	30	1993.5	1994.3
CFM56-5B3	33300(148.12)	A321-200	30	1997.3	
CFM56-5B4	27000(120.1)	A320	43.9	1994.2	
CFM56-5B5	22000(99.79)	A319	45	1996.3	
CFM56-5B6	23500(104.5)	A319	45	1995.10	
CFM56-5B7	27000(120.1)	A318	43.9	1999.6	1999.7
CFM56-5B8	21600(96.12)	A318			
CFM56-5B9	23300(103.6)	A318			
CFM56-5B/P	22000~32000(97.9~142.0)	A320		1996.1	

7. CFM56-5C

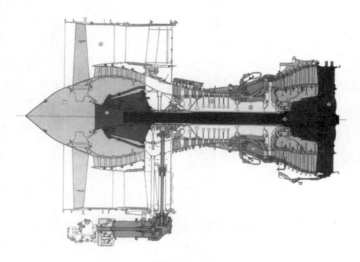

CFM56-5C

CFM56 - 5C 发动机用于 A340 飞机,带有加强型风扇、新的 4 级低压增压级、主动间隙控制的核心机和 5 级低压涡轮,涡轮进行了气动方面的改进。CFM56 - 5C 改进型发动机带有强迫混合器和全权限数字发动机控制系统。CFM56 - 5C4 发动机的核心机与 CFM56 - 5C - 5B 发动机相同。CFM56 - 5C/P 发动机采用了 3D 气动设计的高压压气机叶片和新的高压涡轮转子。

技术参数(CFM56 - 5C2)

起飞推力/lbf(kN)	31200(138.8)	空气流量/(lb · s⁻¹(kg · s⁻¹))	1025(464.9)
涵道比	6.6	风扇直径/in(m)	72.3(1.836)
总增压比	38.3	长度/in(m)	103(2.616)
巡航耗油率/(lb · h⁻¹ · lbf⁻¹ (kg · h⁻¹ · daN⁻¹))	0.567(0.578)	干重/lb(kg)	5670(2572)

结构与系统

风扇	1 级轴流式风扇,带有 36 片钛合金叶片,CFM56 - 5C2/3 最高转速为4800r/min, CFM56 - 5C4 最高转速为 4960r/min
压气机	4 级低压压气机,9 级高压压气机
涡轮	1 级高压涡轮,5 级低压涡轮
燃烧室	全环形燃烧室,气膜冷却
尾喷管	固定面积锥形管,收敛喷嘴,吸声结构固定直径风扇涵道,锻造混合器
控制系统	洛克希德 · 马丁公司的 FADEC

应用

派生型	国际标准大气海平面推力/lbf(kN)	装机对象	保持推力不变的最高温度/℃	获得适航证时间	投入使用时间
CFM56 - 5C2	31200(138.8)	A340	30	1991.12	1993.2
CFM56 - 5C3	32500(144.6)	A340	30	1993.3	1994.2
CFM56 - 5C4	34000(151.25)	A340	30	1994.10	1995.4
CFM56 - 5C/P		A340		2003.9	2003.10

8. CFM56 - 7B

CFM56 - 7B 发动机使用了新的风扇,有 24 个实心钛合金宽弦叶片,无减振凸台。它是为 737 新一代飞机研制的发动机。其核心机和低压涡轮与 CFM56 - 5B/P 发动机相同,但增加了主动间隙控制和全权限数字式发动机控制系统。这种发动机也提供了可选的双环形燃烧室。

CFM56 - 7B

技术参数(CFM56 - 7B24)

起飞推力/lbf(kN)	24200(107.6)	空气流量/(lb · s⁻¹(kg · s⁻¹))	780.4(354)
涵道比	5.3	风扇直径/in(m)	61.0(1.549)
总增压比	32.7	长度/in(m)	98.7(2507)
巡航耗油率/(lb · h⁻¹ · lbf⁻¹ (kg · h⁻¹ · daN⁻¹))	0.603(0.615)	干重/lb(kg)	5257(2384)

结构与系统

风扇	1级轴流式风扇,带有24片实心钛合金叶片,最高转速为5380r/min
压气机	3级低压压气机,9级高压压气机
涡轮	1级高压涡轮,4级低压涡轮
燃烧室	全环形燃烧室,气膜冷却。具有双环燃烧室
尾喷管	固定面积收敛喷嘴,吸声结构固定直径风扇涵道
控制系统	FADEC Ⅲ

应用

派生型	国际标准大气海平面推力/lbf(kN)	装机对象	保持推力不变的最高温度/℃	获得适航证时间	投入使用时间
CFM56 - 7B18	19500(86.775)	B737 - 600	30	1996.12	1998.12
CFM56 - 7B20	20600(91.67)	B737 - 600/700	30	1996.12	1997.12
CFM56 - 7B22	22700(101.015)	B737 - 600/700	30	1996.12	1997.12
CFM56 - 7B24	24200(107.6)	B737 - 600/800	30	1996.12	1997.12
CFM56 - 7B26	26300(116.99)	B737 - 800	30	1996.12	1998.4
CFM56 - 7B27	27300(121.43)	B737 AEW&C	30		

9. LEAP - X

LEAP - X

　　LEAP - X 双转子涡扇发动机系列是 CFM 国际公司推出的致力于替换目前单通道大型客机动力装置的新型航空发动机系列，计划于 2016 年在 A320 和 C919 上投入使用。该发动机是在 CFM56 系列发动机的基础上针对下一代飞机进行改进的产品，有望比 CFM56 降低 15％的油耗，而可靠性和维护成本相当。LEAP - X 的设计还采用了 GE90 和 GEnx 的大量技术。

技术参数（LEAP - X1A）

起飞推力/lbf(kN)	22000~34000(97.9~151.25)	风扇直径/in(m)	78(1.98)
涵道比	10	干重/lb(kg)	≤5300(2405)
总增压比	50		

结构与系统

风扇	1 级轴流式风扇，有 18 片风扇叶片，机匣由斯奈克玛公司制造
压气机	3 级轴流式低压压气机，10 级高压压气机
涡轮	2 级高压涡轮，5 级低压涡轮
燃烧室	源于通用电气 TAPS 2 设计

应用

派生型	国际标准大气海平面推力/kN	装机对象	投入使用时间
LEAP - X1C	120	C919	2016（预计）
LEAP - X1A	97.90~151.25	A320neo	2016（预计）
LEAP - X1B	89~133.4	B737（预计）	

10. AE3007

AE3007A1

AE3007 发动机是为支线飞机和大/中型商用喷气客机研制的大涵道比双转子轴流式涡扇发动机。它的核心机由 AE1107 发动机衍生而来。1991 年 7 月,第 1 台发动机进行了试验,1992 年 8 月,在赛斯纳"奖状Ⅶ"原型机上进行首次飞行试验。该发动机结构部件包括宽弦叶片的单级风扇,14 级轴流高压压气机,环形燃烧室,2 级高压涡轮(驱动高压压气机),3 级低压涡轮(驱动风扇),全权限数字式发动机控制系统,发动机驱动附件的传动齿轮箱以及用于飞机增压、发动机起动和交叉引气起动的空气系统。

技术参数

起飞推力/lbf(kN)	6495～8110(28.9～36.07)	空气流量/(kg·s^{-1})	108.9～127.0
涵道比	4.8～4.98	风扇直径/in(m)	38.5(0.98)
总增压比	18～21	长度/in(m)	106.5(2.71)
巡航耗油率/(lb·h^{-1}·lbf^{-1})(kg·h^{-1}·daN^{-1}))	0.625(0.637)	干重/lb(kg)	1635(741.6)

结构与系统

风扇	1 级轴流式风扇,风扇叶片可单独拆卸
高压压气机	14 级轴流式高压压气机,进口导流叶片可调(AE3014 的高压压气机为 9 级)
燃烧室	环形燃烧室,16 个气动雾化喷嘴,火焰筒采用多孔发散冷却
高压涡轮	2 级轴流式高压涡轮,气冷单晶叶片
低压涡轮	3 级轴流式低压涡轮,非冷却叶片
控制系统	卢卡斯宇航公司的双通道全余度 FADEC 系统

应用

派生型	国际标准大气海平面推力/lbf(kN)	保持功率不变的最高温度/℃	装机对象	首台发动机运行时间	获得适航证时间	投入使用时间
AE3007C	6495(28.9)	ISA＋15	"奖状"X	1991	1995	1995
AE3007A&A1/1	7580(33.7)	ISA＋15	ERJ－145ER	1991	1996	1996
AE3007A1	7580(33.7)	ISA＋30	ERJ－145ER/145LR	1997	1998	1998
AE3007A1P	7580(33.7)	ISA＋19	ERJ－145LR, ERJ－145AEW&C/145RS/MP,"莱格赛"公务机	1999	1999	1999
AE3007A3	7201(32.03)	ISA＋15	ERJ－135ER	1999	1999	1999
AE3007A1/3	7201(32.03)	ISA＋30	ERJ－135ER/140LR	1999	1999	1999
AE3007A1E	8110(36.07)	ISA＋22	ERJ－145XR	1999	1999	1999
AE3007C1	6764(30.0)	ISA＋15	"奖状"X	2001	2001	2002

11. HF118

HF118

　　HF118 是为满足轻型商用喷气飞机的发展而研制的涡扇发动机,该发动机具有燃油消耗率低和质量轻的优势。HF118 发动机的研制工作始于 1999 年,在研制中着重解决了经济性、结构紧凑、质量轻、燃油高效和低污染的问题。2004 年,通用电气公司看到了这种小型发动机进入小型喷气机市场的潜力,决定与本田公司合资成立 GE－Honda(GE－本田航空发动机公司),共同改进、发展和销售 HF118 发动机。

技术参数

起飞推力/lbf(kN)	1669(7.418)	长度/in(m)	54.49(1.384)
巡航推力($H=12192$m, $Ma=0.8$)/lbf(kN)	421(1.87)	风扇直径/in(m)	17.36(0.441)
涵道比	2.9	最大直径/in(m)	27(0.686)
起飞耗油率/(lb·h^{-1}·lbf^{-1} (kg·h^{-1}·daN^{-1}))	0.49(0.50)	干重/lb(kg)	392.4(178)
巡航耗油率/(lb·h^{-1}·lbf^{-1} (kg·h^{-1}·daN^{-1}))	0.75(0.765)		

结构与系统

风扇	1级风扇,16片宽弦叶片不带缓冲器
压气机	1级轴流式低压压气机,1级离心式高压压气机
燃烧室	紧凑环形燃烧室
涡轮	1级轴流式高压涡轮,1级轴流式低压涡轮
尾喷管	单管式尾喷管,带核心/涵道气流混合器
控制系统	本田公司的FADEC

应用

发动机型号	国际标准大气海平面推力/kN	装机对象
HF118	7.42	轻型商用喷气飞机

12. HF120

HF120

HF120 发动机由 GE‑本田公司针对轻型商用喷气飞机市场而研制,重点突出小型涡扇发动机效率。2006 年 10 月,该公司在国家商用航空协会(NBAA)年度大会上宣布,用 HF120 代替 HF118 配装"自由光"S‑40 飞机。HF120 发动机比 HF118 更小且更轻,并增加了一级低压压气机以提高总增压比,达到更好的燃油效率。

技术参数

起飞推力/lbf(kN)	2050(9.11)	长度/in(m)	44.02(1.118)
涵道比	2.9	风扇直径/in(m)	18.47(0.469)
总增压比	24	最大直径/in(m)	21.18(0.538)
巡航耗油率/(lb·h⁻¹·lbf⁻¹ (kg·h⁻¹·daN⁻¹))	<0.7(0.714)	干重/lb(kg)	391.99(177.8)

结构与系统

风扇	1 级风扇,16 片宽弦叶片
压气机	2 级低压压气机,1 级离心式高压压气机
燃烧室	带单级燃油空气雾化喷嘴的回流燃烧室
涡轮	1 级高压涡轮;2 级低压涡轮,对转涡轮设计
尾喷管	带核心/涵道气流混合器
控制系统	FADEC

应用

发动机型号	国际标准大气海平面推力/kN	装机对象	获得适航证时间	投入使用时间
HF120	9.11	"本田喷气"飞机,"自由"S‑40	2012	2013(预计)

13. SaM146

SaM146

SaM146 发动机是斯奈克玛和土星公司联合研制的涡扇发动机,用于俄罗斯的支线系列飞机。斯奈克玛公司负责核心机、控制系统(FADEC)和发动机一体化。土星公司负责低压部分部件、控制附件和总装。

技术参数

起飞推力/lbf(kN)	13514~15920 (60.1~70.81)	巡航耗油率/(lb·h^{-1}·lbf^{-1} (kg·h^{-1}·daN^{-1}))	0.628~0.629 (0.64~0.641)
风扇直径/in(m)	48.2(1.224)	干重/lb(kg)	4740(2150)(带短舱)
涵道比	4.43	长度/in(m)	81.5(2.07)
总增压比	27.53~27.97		

结构与系统

风扇	1 级风扇,带 24 片 3D 叶片,直径为 1.224m(48.18in)
压气机	6 级高压压气机,前 3 级静子可调,带可调旁通阀
燃烧室	单环形燃烧室,带 18 个燃油喷嘴
涡轮	1 级高压涡轮(单晶转子叶片可实现主动间隙控制),3 级低压涡轮
尾喷管	固定面积喷口
控制系统	先进的双余度全权限数字式电子控制系统

应用

派生型	国际标准大气海平面推力/lbf(kN)	装机对象	获得适航证时间	投入使用时间
100-75	13514(60.1)	RRJ60/60LR/75	2007	
100-95/95LR	15920(70.81)	RRJ75LR/95/95LR	2007	2008

14. EJ22

EJ22

　　EJ22 三转子涡扇发动机是威廉姆斯国际公司从 1990 年开始在 NASA 与工业界的通用航空推进计划下发展的小型涡扇发动机,是威廉姆斯国际公司 FJX‐1/2 涡扇发动机的民用改型,生产后用 FJ 系列命名。

　　1998 年 12 月,EJ22 成功进行地面台架试验。2000 年 3 月,威廉姆斯国际公司宣布开始 EJ22 的发展,目的是为日蚀飞机制造公司的“日蚀”500 通用飞机提供动力。2002 年 5 月, EJ22 发动机开始飞行试验。2002 年 8 月,配装 EJ22 发动机的“日蚀”500 飞机首飞。2002 年 11 月,由于“日蚀”500 飞机需要的推力比 EJ22 的高(4kN),“日蚀”500 改用普·惠加拿大公司的 PW600 发动机。

技术参数

发动机型号	EJ22	FJ22
起飞推力/kN	3.42	3.56
推重比	8.23	9.42
涵道比	4.6	4.6
直径/m	0.368	0.356
长度/m	1.041	1.016
干重/kg	38.56	38.56

结构与系统

风扇	1 级轴流式风扇,带 20 片叶片的整体结构
中压压气机	6 级轴流式中压压气机,由整体锻件经机械加工而成
高压压气机	1 级离心式高压压气机
燃烧室	回流式环形燃烧室
涡轮	可能分别为高、中、低压 3 个 1 级轴流式涡轮
控制系统	FADEC 系统

应用

派生型	起飞推力/kN	装机对象
FJX‐1	3.11	英国奇切斯特市迈尔斯·勒佩德公司的轻型公务机
FJX‐2	3.11	英国奇切斯特市迈尔斯·勒佩德公司的第 3 代轻型商务机原型及生产型,Safire 公司的 S‐26,以及 VisionAire 公司的 VA‐12C
EJ22	3.42	“日蚀”500
FJ22	3.56	艾尔塔喷气飞机

15. FJ33

FJ33

FJ33 是威廉姆斯国际公司在 1998 年开始研制的双转子涡扇发动机,比 FJ44 小,最初是为商业用途发展的。项目启动时作为一种全新推力级的发动机,用于正在迅速发展的新一类轻型喷气飞机,最大起飞质量为 2268～4082kg。FJ33 发动机吸取了 FJ44 发动机的技术和经验,以及 NASA 通用航空推进计划的制造技术。设计目标是非常低的燃油消耗和噪声水平。

技术参数

发动机型号	FJ33－1	FJ33－4A	FJ33－4A－15M	FJ33－4A－17M	FJ33－4A－19
起飞推力/kN	5.34	4.45	6.70	7.59	8.48
推重比	＞4.01	3.34～5.03	＞5.03	＞5.69	＞6.36
长度/mm	978(安装边到安装边)				
进口直径/mm	444.5				
最大宽度/mm	534.7				
干重/kg	＜136				

结构与系统

风扇	1 级轴流式风扇。整体叶盘转子,带 20 个宽弦后掠叶片
低压压气机	3 级轴流式增压压气机
高压压气机	1 级离心式高压压气机
燃烧室	回流式环形燃烧室。发散冷却
高压涡轮	1 级轴流式高压涡轮。非冷却插入式叶片
低压涡轮	2 级轴流式低压涡轮
尾喷管	简单固定面积喷管
控制系统	FADEC 系统

应用

派生型	起飞推力/kN	装机对象
FJ33 - 1	5.34	A700,SF50
FJ33 - 4A	4.45	A700,DJ1
FJ33 - 4A - 15M	6.70	ATG - 1B
FJ33 - 4A - 17M	7.59	ATG - 1B
FJ33 - 4A - 19	8.48	ATG - 1B

16. FJ44

FJ44

　　FJ44 是由巡航导弹发动机改进发展的一种轻型公务机用涡扇发动机。研制计划始于1971 年,由威廉姆斯国际公司单独研制。1990 年威廉姆斯国际公司与罗·罗公司协商成立威廉姆斯-罗尔斯公司合作生产 FJ44。由罗·罗公司负责制造高压和低压涡轮的轮盘、转子叶片和涡轮轴,威廉姆斯公司负责全面设计和其余部件的制造。罗·罗公司生产的部件运到威廉姆斯国际公司进行总装,并做振动试验、吞鸟试验、叶片损坏试验和耐久性试验;罗·罗公司负责发动机的高空试验、吞冰试验和吞水试验。

技术参数

发动机型号	FJ44 - 1A	FJ44 - 2A	FJ44 - 2C
国际标准大气海平面			
推力/lbf(kN)	1900(8.45)	2300(10.23)	2400(10.67)
保持功率不变的最高温度/℃	22	22	22
涵道比	3.3		3.4

续 表

总增压比	12.7		10.3
空气流量/(lb·s⁻¹(kg·s⁻¹))	65.2(29.575)		79(35.83)
巡航			
高度/ft(m)	30000(9144)	40000(12192)	40000(12192)
马赫数	0.7	0.8	0.8
推力/lbf(kN)	600(2.67)		
耗油率/(lb·h⁻¹·lbf⁻¹(kg·h⁻¹·daN⁻¹))	0.48*(0.489)		
尺寸			
长度/in(m)	47(1.19)	47(1.19)	47(1.19)
风扇直径/in(m)	21(0.53)	22(0.56)	22(0.56)
干重/lb(kg)	452(205.0)	510(231.3)	520(235.9)

$$空气流量/(lb \cdot s^{-1}(kg \cdot s^{-1}))$$
$$耗油率/(lb \cdot h^{-1} \cdot lbf^{-1}(kg \cdot h^{-1} \cdot daN^{-1}))$$

* 最大功率下的单位耗油率

结构与系统

风扇	1级风扇,整体钛合金转子及叶片
压气机	1级轴流式低压压气机,1级离心式高压压气机
燃烧室	环形燃烧室
涡轮	1级高压涡轮,非冷却叶片;2级低压涡轮
尾喷管	固定面积单喷管,内外涵混合排气
控制系统	FJ44-1A/2C采用机械-液压式控制系统,FJ44-2A采用的是单通道电子燃油控制,FJ44-1AP/-3A/-4A采用的是双通道全权限数字式电子控制系统

应用

发动机型号	FJ44-1A	FJ44-2A	FJ44-2C
装机对象	赛斯纳"奖状"喷气机,赛斯纳"奖状" CJ1,"凤凰"Fanjet Sigmajet,"凤凰"Fanjet Magnajet	比奇(雷神)390 Premier1,Sino-Swearingen SJ30-2,更换发动机:C501 Sierra Eagle II	赛斯纳"奖状" CJ2,更换发动机:"利尔喷气" 25D Spirit wing
首台发动机运行时间	1985		
获得适航证时间	1992	1997	2000
投入使用时间	1992	1998	

第二章 民用涡喷发动机

一、罗·罗公司民用涡喷发动机

1. Olympus 593

Olympus 593

Olympus 593(奥林帕斯 593)是超声速双转子加力式涡喷发动机,由英国罗·罗公司和法国斯奈克玛公司为"协和号"飞机共同研制。该发动机在进行了 4 年的方案研究之后,于 1962 年 11 月正式开始设计。1965 年首次运转,1968 年开始调试,1973 年定型,1976 年 1 月投入使用。奥林帕斯 593 是在英国"火神"轰炸机用"奥林帕斯"发动机基础之上发展而来的。罗·罗公司布里斯托尔发动机分公司负责研制燃气发生器,法国斯奈克玛公司负责研制收敛-扩散型排气喷管、反推力装置和加力系统。

技术参数(593Mk610)

国际标准大气海平面		尺寸	
最大推力/lbf(kN)	38000(169.02)	长度/in(m)	150(3.81)(不包括排气系统)
保持功率不变的最高温度/℃(F)	22(72)	风扇直径/in(m)	47.5(1.2)
空气流量/(lb·s^{-1}(kg·s^{-1}))	410(185.98)	干重/lb(kg)	6780(3075.4)(不包括排气系统)
巡航($H=16154.4m/53000ft;Ma=2.0$)			
推力/lbf(kN)	10030(44.6)		
总增压比	11.3		
中间耗油率/(lb·h^{-1}·lbf^{-1} (kg·h^{-1}·daN^{-1}))	1.19(1.213)		

结构与系统(593Mk610)

进气装置	5 个支板支承低压压气机前轴承
压气机	7 级轴流式低压压气机,7 级轴流式高压压气机
燃烧室	环形燃烧室,16 个蒸发式 T 形喷嘴
涡轮	1 级轴流式高压涡轮(气冷),1 级轴流式低压涡轮(转子叶片气冷)
加力燃烧室	单环喷油
主喷管	可调气动控制主收敛喷口
副喷管	每个动力装置末端装一对调节片,构成可变面积二次流扩张喷管和反推力装置
控制系统	以电子计算机为中心的数-模混合式多回路控制系统

应用

派生型	奥林帕斯 593D,593B,593-4,593Mk601,593Mk602 和 593Mk610
装机对象	协和号飞机
获得许可时间	1975.9
投入使用时间	1976.1

2. Viper 601

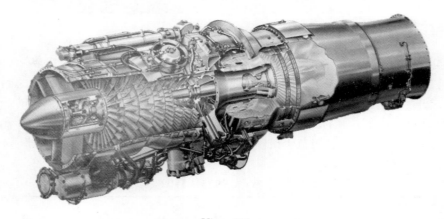

Viper 601

Viper(威派尔)系列发动机是英国阿姆斯特朗·西德利公司在 20 世纪 50 年代研制的用于一次性无人靶机的单转子涡喷发动机,后来发展成长寿命的军用和民用航空发动机。

其中,威派尔 601 是威派尔 600 系列中的民用型号,此外,威派尔 632 也有民用型,而且该发动机的民用型比军用型翻修间隔时间长 600h。

技术参数

起飞推力/lbf(kN)	3712(16.50)	长度/in(m)	113.9(2.893)
起飞耗油率/(kg·h^{-1}·daN^{-1})	0.95	最大直径/in(m)	28.9(0.7341)
推重比	4.7	干重/lb(kg)	830(376.5)
总增压比	5.8		

结构与系统

进气装置	皮托管环形直接进气,无进口导叶,利用压气机排出的热空气防冰
压气机	8 级轴流式压气机,零级转子叶片有中间凸台
燃烧室	短环形燃烧室,24 个蒸发式燃油喷嘴,6 个气动雾化喷嘴
涡轮	2 级轴流式涡轮,转子叶片带叶冠
尾喷管	简单收敛喷管
控制系统	机械-液压式控制系统,带气压燃油控制和油气比控制装置
燃油系统	卢卡斯公司 MGBB/137 柱塞式燃油泵,出口压力为 5885kPa
滑油系统	由两部分组成的综合滑油系统,前轴承及附件机匣为开式循环系统,中、后轴承为带两个单柱塞限量微型泵的非循环全耗式系统
起动系统	罗塔克斯公司 C10TS/3 型高能点火装置

应用

发动机型号	装机对象
威派尔 601	雷神公司豪客 125－600

二、普·惠公司民用涡喷发动机

1. JT3C

JT3C－7

JT3C 是美国普·惠公司研制的民用发动机,是美国投入航线使用的第一种轴流式双转子涡喷发动机,由军用涡喷发动机 J57 改型而来。JT3C 的初步设计始于 1947 年,1949 年完成详细设计,1951 年造出原型机,1953 年 2 月生产型发动机投产。1954 年 7 月,装 JT3C 发动机的波音-707 原型飞机首次飞行。

JT3C 刚投入航线使用时的翻修寿命是 600h,JT3C-6 投入使用的 30 个月以后达到 1800h,JT3C-7 在开始使用的 8 个月以后便达到 1200h 的翻修寿命。

技术参数(JT3C-7)

起飞推力/kN	53.396 (低压转子 6500r/min)	迎风面积/m²	0.76
巡航推力/kN	37.818 (低压转子 5950r/min)	空气流量/(kg·s⁻¹)	85(高压转子 9550r/min)
起飞耗油率/ (kg·h⁻¹·daN⁻¹)	0.775	直径/m	0.985
推重比	3.43	长度/m	3.473
总增压比	13.0	质量(空机重)/kg	1587

结构和系统

进气装置	机匣带固定进气导流叶片
低压压气机	低压压气机有整体式钢机匣,带钢制静子叶片,低压转子由 9 级钢盘和钢叶片组成
高压压气机	高压压气机的整体式钢机匣装有钢制静子叶片,高压转子由 7 级钢盘和钢叶片组成
燃烧室	环管形燃烧室。整体钢机匣。8 个火焰筒,每个有 6 个燃油喷嘴
涡轮	3 级轴流式涡轮,1 级高压,2 级低压。整体钢机匣带空心导向叶片
喷管	固定型喷管。尾管上具有反推力装置和噪声抑制器
控制系统	机械-液压式控制系统

应用

派生型	起飞推力/kN	装机对象
JT3C-2	61.234	DC-8-11/-12
JT3C-6	60.076	波音-707-120/720,DC-8-10 系列
JT3C-7	53.396	波音-707-720
JT3C-8	61.234	
JT3C-21	75.184	DC8-21
JT3C-26	80.167	F8U-2N
JT3C-31	87.191	

2. JT4A

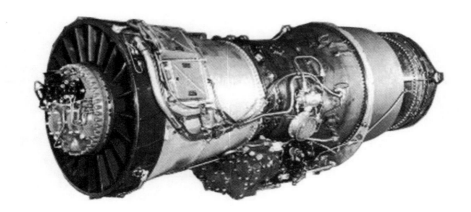

JT4A

JT4A 是美国普·惠公司研制的大型民用轴流式双转子涡喷发动机。

JT4A 是军用涡喷发动机 J75 的民用型,于 1951—1954 年间开始研制,1957 年 8 月获得美国联邦航空局的适航证书。同年年底,波音公司将 1 台 JT4A - 3 发动机装在其初期实验型波音 - 707 的发动机舱中,开始了该发动机的飞行试验。1959 年 5 月,JT4 的第 1 台生产型发动机 JT4A - 3 交付使用。

JT4A 发动机开始航线使用时的翻修寿命是 800h,投入使用后 18 个月内达到的翻修寿命是 1600h。1963 年 7 月,JT4A 获得批准的翻修寿命达到 4200h,1964 年 2 月延长至 5000h。JT4A - 11 达到的最大翻修寿命是 5600h。

技术参数(JT4A - 11)

起飞推力/kN	77.94(低压转子转速 6720r/min)	空气流量/(kg·s^{-1})	116(高压转子转速 8975r/min)
巡航推力/kN	61.41(低压涡轮转速 6000r/min,静态)	迎风面积/m²	0.94
起飞耗油率/(kg·h^{-1}·daN^{-1})	0.824	长度/m	3.66
推重比	3.43	直径/m	1.092
总增压比	12.5	干重/kg	2315

结构与系统

进气装置	机匣带固定进气导流叶片
低压压气机	8 级轴流式低压压气机,整体钢机匣带钢叶片。转子有 8 级钢轮盘,装 4 排钛合金叶片和 4 排钢叶片
高压压气机	7 级轴流式高压压气机。整体钢机匣带钢叶片。转子有 7 级钢盘和 7 排钢叶片

续 表

燃烧室	环管形燃烧室。整体机匣。8个火焰筒,每个火焰筒中装6个德尔温公司生产的燃油喷嘴
涡轮	共3级,高压涡轮1级,第2级、第3级为低压涡轮,通过套轴与压气机相连
喷管	固定面积喷管
控制系统	机械-液压式控制系统。起动、加速、减速和稳态运转均自动调节。单一主控制系统

应用

派生型	起飞推力/kN	装机对象	获得适航证时间
JT4A-3	70.31	波音707-220	1957.3
JT4T-5	70.31		
JT4T-9	74.75	波音707-320,DC8-20/30	
JT4T-10	74.75		
JT4A-11	77.94	波音707-220/320,DC8-20/30	
JT4A-12	77.94	波音707-300	

3. JT12A

JT12A

　　JT12A是美国普·惠公司的第一种小型高性能涡喷发动机,是针对小型商业运输机、公务机和小型喷气行政机对高性能发动机的要求设计的,也用于导弹和靶机。1957年7月由普·惠加拿大公司开始研究设计,然后转往美国普·惠公司。1958年5月首台发动机台架运转,1959年第一台原型发动机交付,1960年10月交付生产型发动机。

　　在研制过程中,用8台发动机进行了广泛试验,截至1961年发动机投入使用,试验总时数超过11600h,其中B-45空中试车台上试验200h,模拟高空试验超过900h。

JT12A 的设计特点是结构紧凑、迎风面积小、推重比高。

技术参数(JT12A - 8A)

起飞推力(静态)/kN	14.71	起飞耗油率/(kg · h⁻¹ · daN⁻¹)	0.878
最大连续推力(静态)/kN	13.34	最大连续耗油率/(kg · h⁻¹ · daN⁻¹)	0.907
推重比	7.1	直径/m	0.556
总增压比	9.7	长度/m	1.981
空气流量/(kg · s⁻¹)	23.0	干重/kg	212

结构与系统(JT12A - 8A)

进气装置	机械加工钢机匣
压气机	9 级轴流式压气机,压比为 6.5
燃烧室	环管形燃烧室。8 个火焰筒,双路燃油喷嘴。整体钢机匣
涡轮	2 级轴流式涡轮。钢机匣带空心导向器叶片
尾喷管	固定面积喷管。内锥体由 6 块径向支板支承
控制系统	机械-液压式控制系统。起动、加速、减速和稳态工作的自动控制转速控制器。单一主控制器

应用

派生型	起飞推力(静态)/kN	装机对象
JT12A - 5(J60 - P - 3/5/6)	13.34	罗克韦尔公司 T - 39
JT12A - 6	13.34	
JT12A - 6A	13.34	"佩刀""喷气星"
JT12A - 8A	14.71	"佩刀"40、60 客机、"喷气星"客机

三、俄罗斯民用涡喷发动机

1. RD - 36 - 51

RD - 36 - 51A(РД - 36 - 51A)是雷宾斯克设计局(原苏联科列索夫设计局)为超声速运输机图 - 144D 研制的发动机。与西方报道的不同之处是,它是一台单转子不带加力燃烧室的发动机。此种形式的发动机有助于保证在亚声速和超声速飞行中都有良好的经济性。装此种发动机的图 - 144D,曾以 3h22min 从莫斯科到柏林,飞行了 6300km,还在国际航空运动协会登记过 13 项速度和载重世界纪录。图 - 144 曾作为货机在苏联飞行过一段时间,后来中断了这项计划。

RD - 36 - 51A

RD - 36 - 51V 是带固定面积喷管的简化型号,运行时转速更低。1973—1978 年间总计交付了 15 台,配装 M - 17 Stratosfera 超高空研究用飞机,创下过 25 项速度和载重世界纪录。

技术参数

发动机型号	RD - 36 - 51A	RD - 36 - 51V
起飞推力/lbf(kN)	44090(196.12)	15430(68.6)
起飞耗油率/(lb·h^{-1}·lbf^{-1}(kg·h^{-1}·daN^{-1}))	0.883(0.90)	0.883(0.90)
巡航推力/lbf(kN)	10472(46.55) ($H=11$km,$v=1000$km/h)	1323(5.88) ($H=25$km,$Ma=0.7$)
巡航耗油率/(lb·h^{-1}·lbf^{-1}(kg·h^{-1}·daN^{-1}))	1.23(1.25)	1.21(1.23)
推重比	4.85	1.81
空气流量/(lb·s^{-1}(kg·s^{-1}))	606.3(275.0)	615(278.9)
涡轮进口温度/℃	1160	1098
直径/in(m)	58.5(1.486)	58.5(1.486)
长度/in(m)	205.8(5.228)	196.8(4.999)
干重/lb(kg)	9094(4125)	8510(3860)

结构与系统

进气装置	有 7 个支板,用以安装前轴承;还有一排可调的进口导流叶片
压气机	14 级轴流式压气机,前面有 6 排(含进口可调导流叶片),后部有 5 排可调叶片
燃烧室	环管形燃烧室,有 16 个喷嘴
涡轮	3 级轴流式涡轮

应用

派生型	国际标准大气海平面推力/kN	装机对象	投入使用时间
RD－36－51A	196.12	图－144D	1968
RD－36－51V	68.6	M－17 Stratosfera	1973

2. MD－120

MD－120

　　MD－120（МД－120）是"花岗石"机械制造设计局研制的民用涡喷发动机。这种发动机最初是为无人机发展的,是一种简单的涡喷发动机,该发动机可发展为长寿命的超轻型运动飞机的动力。

技术参数

推力（国际标准大气海平面,静态)/lbf(kN)	264.6(1.175)	总增压比	7.0
起飞耗油率/(lb・h^{-1}・lbf^{-1}（kg・h^{-1}・daN^{-1}))	1.04(1.06)	直径/in(m)	10.43(0.265)
推重比	3.43	长度/in(m)	50.79(1.29)
空气流量/(lb・s^{-1}(kg・s^{-1}))	4.63(2.1)	干重/lb(kg)	77.2(35.0)

结构与系统

压气机	1级轴流加1级离心组合式压气机
燃烧室	环形燃烧室,有8个喷嘴
涡轮	1级轴流式涡轮,转速为52000r/min
燃油规格	JP－4,JP－5,AvturNATO－35

应用

发动机型号	国际标准大气海平面推力/kN	装机对象
MD－120	1.175	无人机,超轻型运动飞机

第三章　民用涡轴发动机

一、罗·罗公司民用涡轴发动机

1. RTM 322

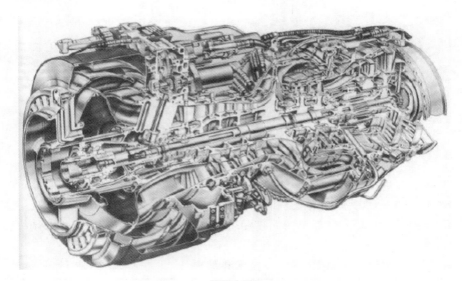

RTM 322

RTM 322 是英国罗·罗公司与法国透博梅卡公司共同研制的涡轴发动机,前者负责进气装置、进口粒子分离器、回流环形燃烧室、燃气发生器和自由涡轮,后者负责组合式压气机、功率输出轴、体内减速器及附件齿轮箱。研制工作始于 1984 年,包括 1300h 地面台架试验、400h 飞行试验及一项合格鉴定试验。研制 RTM 322 的目的是与通用电气 T700 和普·惠公司的 PW100 竞争。该型发动机总研制经费超过 3.5 亿美元。

技术参数(RTM 322 - 01)

国际标准大气海平面		尺寸	
轴功率/hp(kW)	2100(1565.97)	长度/in(m)	46.11(1.1712)
总增压比	14.7	宽度/in(m)	23.8(0.604)
空气流量/(lb·s^{-1}(kg·s^{-1}))	12.7(5.76)	直径(外壳)/in(m)	28.98(0.736)
最大连续		干重/lb(kg)	529(239.95)
轴功率/hp(kW)	2312(1724.1)		
耗油率/(lb·h^{-1}·shp^{-1}(kg·h^{-1}·kW^{-1}))	0.453(0.277)		

结构与系统（RTM 322 - 01）

进气装置	阳极铝合金机匣,环形前向进气道。由内外锥体和轴对称进口粒子分离器组成
压气机	3级轴流加1级离心组合式压气机,前两级进口导叶可调,叶片和盘都为钛合金整体铸造,机械加工而成
燃烧室	回流式环形燃烧室。12个蒸发式喷嘴,可燃烧劣质燃油。带卢卡斯点火激励器
燃气发生器涡轮	2级轴流式燃气发生器,第1级转子叶片和第1,2级导向器叶片采用气冷,非气冷转子叶片采用单晶材料制成
动力涡轮	2级未冷却式动力涡轮
喷管	简单的整体铸造喷管
气动系统	电动起动机,带高能点火装置
控制系统	全权限数字式电子控制系统。手动油门杆作为备份系统

应用

派生型	装机对象	获得适航证时间	投入使用时间
RTM 322 - 01	EH101	1988. 10	
RTM 322 - 01/8 Mk100	EH101		1993.6
RTM 322 - 02/8 Mk200	HC. 3		2000. 12
RTM 322 - 01/9	NH90 战术运输直升机和北约护卫舰直升机		1995. 12
RTM 322 - 01/12 Mk120	WAH - 64D	1999. 3	1997.9(原型机)
RTM 322 - 01/9A	NH90		2006. 12
RTM 322 - 04/8	EH101		

2. Model 250 - C

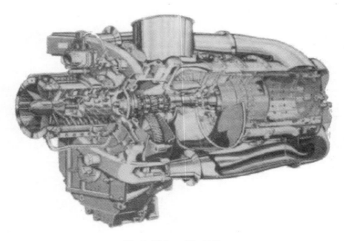

Model250 - C20B/J

Model 250 - C30

Model 250 - C 系列是美国艾利逊公司(1995 年被英国罗·罗公司收购)研制的涡轴发动机,民用型编号为 Model 250 - C,军用型编号为 T63。该发动机体积小、质量轻而且结构布局与众不同。压气机、附件机匣、排气导管、自由涡轮、燃气发生器涡轮和燃烧室依次排列。发动机采用单元体结构,压气机、涡轮、燃烧室和调节器部分可拆卸,便于更换。各型别安装节、附件传动装置和底座都是相同的。

Model 250 - C20B 是 Model 250 - C20 的功率增大型,主要改进是提高压气机增压比,有水-乙醇喷射装置。Model 250 - C20W 与 Model 250 - C10A 相似,但为了配装 TH - 58 取消了附件齿轮箱备份的附件。

Model 250 - C30 在 Model 250 - C28C 基础上改进了压气机和涡轮,功率增加。截至 2006 年,Model 250 - C30 各型发动机总计交付 3170 台,运行时数达到 15788800h。

技术参数

发动机型号	Model 250 - C20B/J/W	Model 250 - C30/M/P
国际标准大气海平面		
轴功率/hp(kW)	420(313.2)	650(484.7)
总增压比	7.1	8.6
空气流量/(lb·s^{-1}(kg·s^{-1}))	3.5(1.59)	5.6(2.54)
减速齿轮传动比	5.5	5.1
耗油率/(lb·h^{-1}·shp^{-1}(kg·h^{-1}·kW^{-1}))	0.650(0.395)	0.590(0.359)
应急状态下最大值(单发)		
轴功率/hp(kW)		700(522)
最大连续		
轴功率/hp(kW)	420(313.2)	600(447.4)
耗油率/(lb·h^{-1}·shp^{-1}(kg·h^{-1}·kW^{-1}))	0.709(0.431)	0.647(0.393)

续　表

尺寸

长度/in(m)	40.8(1.036)	40.988(1.041)
宽度/in(m)	19(0.483)	21.86(0.555)
高度/in(m)	23.2(0.589)	25.13(0.638)
干重/lb(kg)	158(71.5)	251(113.85)

结构与系统

发动机型号	Model 250 - C20B/J/W	Model 250 - C30/M/P
进气装置	环形,整体式钢进气机匣,放气防冰	环形,整体式钢进气机匣,放气防冰
压气机	6 级轴流加 1 级离心组合式	1 级离心式
燃烧室	环管形	环管形
燃气发生器涡轮	2 级,整体叶盘	2 级,整体叶盘
动力涡轮	2 级,整体叶盘	2 级,整体叶盘
控制系统	机械-液压式	全权限数字式
防冰系统	热空气防冰,电动防冰阀	热空气防冰,电动防冰阀

应用

发动机型号	Model 250 - C20B/J/W	Model 250 - C30/M/P
装机对象	贝尔 206B ,"恩斯特龙" 480B,MD500,施韦策飞机公司 S - 333	贝尔 206L, MD530F, S - 76A, AS350
首台发动机运行时间	1959(第一台派生型)	1959(第一台派生型)
获得许可证时间	1974	1978
投入使用时间	1974	1978

Model 250 - C40

Model 250 - C20R

Model 250 - C30R/3

Model 250 - C47

Model 250 - C40 由 Model 250 - C30R 派生而来,采用了大功率的齿轮箱和全权限数字式电子控制系统。截至 2006 年,Model 250 - C40 和 Model 250 - C40B 总计交付 273 台,运行时数达到 523100h。

Model 250 - C20R 在 Model 250 - C20 基础上采用了新的轴流加离心组合式压气机。截至 2006 年,该型发动机交付数量达到 927 台,运行总时数达 4307200h。

Model 250 - C30R/3 是专为提高 OH - 58D 型直升机的搜索救援性能、改善安全性并减轻驾驶员工作负担而发展的。改进后扩大了离心扩压器喉道面积,采用了新的涡轮导向器和涡轮盘以及新的自由涡轮导向器和涡轮盘,使功率增加了 20%。

Model 250 - C47 是专为贝尔 407 和 MD600N 研制,由 Model 250 - C40 变型而来的一型发动机。截至 2006 年交付数量达到 793 台,运行总时数达到 1579300h。

技术参数

发动机型号	Model 250 – C40	Model 250 – C20R	Model 250 – C30R/3, Model 250 – C47
国际标准大气海平面			
轴功率/hp(kW)	715(533.2)	450(335.6)	650(484.7)
总增压比	9.2	7.9	9.2
空气流量/(lb · s^{-1}(kg · s^{-1}))	6.1(2.77)	3.8(1.72)	6.1(2.77)
减速齿轮传动比	3.2/5.1		
耗油率/(lb · h^{-1} · shp^{-1} (kg · h^{-1} · kW^{-1}))	0.580(0.353)		
应急状态下最大值(单发)			
轴功率/hp(kW)	820(611.5)		
最大连续			
轴功率/hp(kW)	613(457.1)	450(335.6)	600(447.4)
耗油率/(lb · h^{-1} · shp^{-1} (kg · h^{-1} · kW^{-1}))	0.590(0.359)	0.610(0.371)	0.590(0.359)
尺寸			
长度/in(m)	41(1.04)	40.8(1.036)	40.988(1.041)
宽度/in(m)	21.9(0.56)	20.8(0.53)	21.9(0.56)
干重/lb(kg)	280(127)	173(78.47)	274(124)

结构与系统

发动机型号	Model 250 – C40	Model 250 – C20R	Model 250 – C30R/3, Model 250 – C47
进气装置	环形,整体式钢进气机匣,放气防冰	环形,整体式钢进气机匣,放气防冰	环形,整体式钢进气机匣,放气防冰
压气机	1级离心式	6级轴流加1级离心组合式	1级离心式
燃烧室	环管形	环管形	环管形
燃气发生器涡轮	2级,整体叶盘	2级,整体叶盘	2级,整体叶盘
动力涡轮	2级,整体叶盘	2级,整体叶盘	2级,整体叶盘
控制系统	全权限数字式	机械-液压式	全权限数字式
防冰系统	热空气防冰,电动防冰阀	热空气防冰,电动防冰阀	热空气防冰,电动防冰阀

应用

发动机型号	Model 250 – C40	Model 250 – C20R	Model 250 – C30R/3，Model 250 – C47
装机对象	贝尔 430	贝尔 206B 卡莫夫公司卡 - 226 MD500E /MD520N PZLL SW - 4	贝尔 407/OH - 58D MDHI MD600N
首台发动机运行时间	1959（第一台派生型）	1959（第一台派生型）	1959（第一台派生型）
获得许可证时间	1996	1986	1996
投入使用时间	1996	1986	1996

3. RR300

RR300

　　RR300 基本上是 Model 250 的后继型，可用于未来直升机和固定翼飞机。多年来，罗·罗美国公司一直在研究如何研制一种新型的小发动机，能够将燃气涡轮的功率向更低的范围扩展，使其低于 Model 250 的功率范围。许多发动机制造商都跃跃欲试。2007 年，RR300 的涡轴型号公开亮相，并宣称已经被选用于罗宾逊第一架由涡轮发动机提供动力的直升机，即 5 座的 R66。罗·罗公司还与德国施韦策飞机公司、美国恩斯特龙直升机公司以及 MD 直升机公司签订了谅解备忘录。罗·罗直升机发动机公司总裁斯科特·克里斯利浦称，RR300 在发布之日就已经签订了数百架发动机供应合同。

　　该新型发动机的主要优势在于：采购和运行成本都较低、轻型设计、耗油率改善，而且内置发动机监控系统，有稳定的全寿命期维修计划。用户还可获得一个包括敏感元件、传感器、起动/发电机、注油器净化装置以及基本的发动机监控系统在内的"安装包"。

技术参数

国际标准大气海平面

	轴功率 hp(kW)	燃气发生器转速/(r·min^{-1})	耗油率/(lb·h^{-1}·shp^{-1})(kg·h^{-1}·kW^{-1}))	最高燃气温度/℃	扭矩极限 lb·ft
起飞	300(223.7)*	49880	0.675(0.411)	691.7	288
最大连续	240(179)	48229	0.729(0.444)	636.7	244
正常巡航	220(164)	47641	0.755(0.459)	610.3	244
巡航 A	180(134.2)	46467	0.828(0.503)	584.4	244
地面慢车	25(18.6)	33153		423.9±38	
飞行自旋	0	29651		405±38	

尺寸

总长度/in(m)	41.0(1.041)	高度/in(m)	26.8(0.6807)
宽度/in(m)	25.0(0.635)	干重/lb(kg)	215(97.5)(包括安装包)

＊海平面时维持在 43.33℃ 或者在 1524m(5000ft)时为 33.33℃。

结构与系统

进气装置	皮托管直接进气
压气机	1 级离心式压气机,最高转速为 50790r/min(与 Model 250 的较低功率值相同)
燃烧室	单回流式燃烧室
燃气发生器涡轮	2 级燃气发生器涡轮,最高超速(106%)为 54028r/min
动力涡轮	2 级动力涡轮,飞行中的不变速度与在 33290r/min 时的最大值相同
尾喷管	向上排气
附件装置	轴驱动装置安装在主齿轮箱的后面,最显著的优势是电动起动机/发电机

应用

装机对象	Robinson R66,RotorWay Eagle 300T
获得许可证	2008.2
投入使用时间	2009.7

二、普·惠公司民用涡轴发动机

JFTD12A

JFTD12A(军用编号 T73)是美国普·惠公司于 20 世纪 50 年代末在 JT12A 涡喷发动机基础上派生的一种涡轴发动机,1960 年后期开始运转,1962 年 5 月装在西科斯基分公司的

S-64 直升机上开始飞行试验,同年投入使用。

JFTD12A

JFTD12A 以 JT12A 发动机为原型机,在其后部增设 2 级自由涡轮而构成涡轴发动机。由于它是一种派生型号,因此,其研制周期短、研制经费低。

技术参数(JFTD12A - 5A)

起飞功率/hp(kW)	4800(3579)(燃气发生器转速16750r/min,静态)	迎风面积/m²	0.43
最大连续功率/hp(kW)	4430(3303)(燃气发生器转速16450r/min,静态)	总长度/in(m)	107.5(2.73)
起飞耗油率/(lb·h⁻¹·shp⁻¹(kg·h⁻¹·kW⁻¹))	0.655(0.399)	直径/in(m)	29.3(0.744)
功重比/(kW·kg⁻¹)	8.44	高度/in(m)	34.0(0.864)
空气流量/(kg·s⁻¹)	23	干重/lb(kg)	935(424)
总增压比	6.85		

结构与系统

进气装置	环形进气道。钢机匣
压气机	9级轴流式压气机。2部分钢制简式结构。前部有 1 排进气导流叶片和 4 排静子叶片,后部有 5 排静子叶片。装有 9 排叶片的盘式转子连接在第 1 级和第 2 级涡轮传动轴上
燃烧室	环管形燃烧室。对开机匣,8 个火焰筒,装有双路式喷嘴
燃气发生器涡轮	2 级轴流式燃气发生器涡轮。对开机匣,气冷导向叶片
动力涡轮	2 级轴流式自由涡轮。2 级自由涡轮机匣安装在燃气发生器涡轮机匣上
尾喷管	固定面积尾喷管。排气管可以调整安装角度
控制系统	机械-液压式控制系统

应用

派生型	起飞推力/kW	装机对象	投入使用时间
JFTD12A-1	3020	S-64A	1962.5
JFTD12A-4A(T73-P-1)	3356	CH-54A,S-64A	
JFTD12A-5A(T73-P-700)	3579	S-64F,CH-54B	

三、普·惠加拿大公司民用涡轴发动机

1. PT6B

PT6B

PT6B 是 PT 系列中有 2 级减速齿轮的涡轴型编号。美国军方给一些军用 PT6B 的编号为 T74。首台 PT6B 是 1965 年取得合格证的 PT6B-9,但从未在生产型直升机上使用过。

1993 年第二季度统计,PT6B 的平均非计划更换间隔时间已达 45450h(动力部件)和 23810h(齿轮箱)。基本翻修间隔时间为 4000h(动力部件和齿轮箱均如此)。最佳翻修间隔时间方面,动力部件为 6750h,齿轮箱为 5500h。

PT6B 是在 PT6A 的基础上改型的,结构特点与 PT6A 基本相同。

基本参数(PT6B-36)

起飞功率/hp(kW)	981(732)	长度/in(m)	59.2(1.504)
应急功率/hp(kW)	1033(770)	直径/in(m)	19.5(0.495)
最大巡航功率/hp(kW)	870(649)	高度/in(m)	35.2(0.894)
功重比/(kW·kg⁻¹)	4.42	起飞耗油率/(lb·h⁻¹·shp⁻¹ (kg·h⁻¹·kW⁻¹))	0.594(0.361)
总增压比	9	干重/lb(kg)	372(169)

结构与系统

进气装置	环形进气装置,带有滤网,安装在直升机身上
压气机	3级轴流加1级离心组合式压气机。离心级为钛合金材料,而轴流级转子的盘鼓、转子叶片和整流叶片用不锈钢制造
燃烧室	回流式环形燃烧室。14个单油路离心燃油喷嘴
燃气发生器涡轮	1级轴流式燃气发生器涡轮
动力涡轮	1级轴流式自由涡轮。起飞时输出转速为33945r/min(PT6B-36A)
尾喷管	集气管在自由涡轮轴外围,燃气通过两个水平排气口排出(PT6B-35仅有一个排气口)
控制系统	安装在S-76直升机上的PT6B-36使用汉密尔顿标准公司生产的双通道全权限数字式电子控制系统

应用

派生型	起飞功率/kW	装机对象	获得适航证时间
PT6B-9	410	从未在生产型直升机上使用	1965
PT6B-36	732	S-76B(早期生产型)	
PT6B-36A	732	S-76B,H-76N,H-76"鹰"	1986
PT6B-37A	747.5	A119	1999
PT6B-67A	1447	中国昌河直8F	
PT6B-67B	1174	W-3	1998
PT6B-67C	1252	AAB139	2003
PT6B-35F	650	赛斯纳公司"大篷车"Ⅰ208C	1982

2. PT6T

PT6T

　　PT6T 是普·惠加拿大公司根据美国和加拿大军方装备双发直升机的要求研制的一种双发并车涡轴发动机,1968 年 7 月首台运转。1969 年 4 月 PT6T 的标准型 PT6T－3 首次装在贝尔 212 直升机上试飞;1970 年 7 月获得美国联邦航空局批准,开始服役。

　　PT6T 是由两个动力部分和一个并车减速齿轮箱组成的。两个动力部分是两台并排安装的 PT6TA 发动机;共用的并车减速齿轮包括两个输入部分和一个输出部分。该齿轮箱的作用是将两个动力部分的输入扭矩传给一根输出轴去驱动直升机旋翼。

基本参数(PT6T－3)

起飞功率/kW	1342	功重比/(kW·kg⁻¹)	4.67
最大连续功率/kW	1193	空气流量/(kg·s⁻¹)	3.04
最大巡航功率/kW	932	总增压比	7.4
起飞耗油率/(kg·h⁻¹·kW⁻¹)	0.362	干重/kg	293
最大连续耗油率/(kg·h⁻¹·kW⁻¹)	0.364	长度/m	1.702
巡航耗油率/(kg·h⁻¹·kW⁻¹)	0.382		

结构与系统

进气装置	空气径向进入,然后转成轴向进入压气机
压气机	3 级轴流加 1 级离心组合式压气机。均装在发动机前轴上。轴流级为盘鼓结构,不锈钢转子和整流叶片
燃烧室	回流式环形燃烧室。14 个单油路燃油喷嘴
燃气发生器涡轮	1 级轴流式燃气发生器涡轮。采用气冷导向器叶片和单晶涡轮转子叶片
动力涡轮	1 级轴流式自由涡轮。驱动减速齿轮
尾喷管	两个排气弯管,出口向上
控制系统	除自动功率调节和扭矩限制系统外,与 PT6A 的控制系统基本相同

应用

派生型	起飞功率/kW	装机对象	获得适航证时间
PT6T－3	1342	AB212,S－58T(改型),B212	1970
PT6T－3B	1342	贝尔 212,贝尔 412,AB412,AB412SP,AB412"粗毛犬"	1979
PT6T－3BE	1342	412SP,412HP	1990
PT6T－3D	1342	412EP,412HP	1993
PT6T－6	1398	AB212ASW,AB412Z－5(改装),S－58T(改型)	1994

四、通用电气公司民用涡轴发动机

1. CT7

CT7 - 8

CT7 发动机家族包括整个系列的涡轴和涡桨发动机,这些发动机全部都是批生产的 T700 的衍生型,它们占据了通用电气公司马萨诸塞州航空分部的林恩市航空分部营业额的大部分。截至 2010 年年底,CT7/T700 原型机及其衍生型发动机已经装备了 21 种旋转和固定翼飞机。在通用电气成功竞标 AATE 项目后,有可能会发展民用涡扇和涡桨发动机衍生型 (比如 GE3000)来取代 CT7。涡轴衍生型方面,自从发展了于 1977 年通过认证的 - 2A 衍生型发动机后,后续又发展了很多衍生型,比如:CT7 - 2A,CT7 - 2B,CT7 - 2D,CT7 - 2D1, CT7 - 2E1,CT7 - 6,CT7 - 6A,CT7 - 6D,CT7 - 7E,CT7 - 8A,CT7 - 8C,CT7 - 8E,CT7 - 11 等。

技术参数

发动机型号	CT7 - 6/6A/T6A	CT7 - 8/8A/8F/T6E	CT7 - 8C
国际标准大气海平面			
轴功率/hp(kW)	2000～2180 (1491.3～1625.6)	2269～2498 (16920～1862.8)	3070(2289.2)
总增压比	18	19～21	22
空气流量/(lb · s⁻¹(kg · s⁻¹))	13(5.9)	13(5.9)	14(6.4)
应急状态下最大值(单发停车)			
轴功率/hp(kW)	2000(1491.3)	2600～2850 (1938.8～2125.2)	3200(2386.2) (最大)

续　表

最大连续

功率/hp(kW)	1718~1870 (1281.1~1394.5)	2043~2179 (523.5~1624.9)	2400(1789.7) (最大)
耗油率/(lb·h⁻¹·shp⁻¹ (kg·h⁻¹·kW⁻¹))	0.457(0.278)	0.473(0.288)	0.455(0.277) (最大)

尺寸

长度/in(m)	48.2(1.22)	47(1.19)	49(1.24)(最大)
直径/in(m)	26(0.66)(最大)	26(0.66)(最大)	26(0.66)(最大)
干重/lb(kg)	485~493 (220~223.62)	442(200.49)	500(226.80) (最大)

结构与系统

发动机型号	CT7-6/6A/T6A	CT7-8/8A/8F/T6E	CT7-8C
压气机	5级轴流式加1级离心式	5级轴流式加1级离心式	5级轴流式加1级离心式
燃烧室	环形	环形	环形
高压涡轮	2级	2级	2级
动力涡轮	2级	2级	2级
控制系统	汉密尔顿标准公司的JFC87-5或伍德沃德公司的3470型机械燃油控制系统与电子备份系统		

应用

发动机型号	CT7-6/6A/T6A	CT7-8/8A/8F/T6E	CT7-8C
首台发动机运行时间	1982.3		1999
获得许可证时间	1983.9	2004.7	2008
投入使用时间	1988/1997	2005	
装机对象	EH101	S-92	S-92
备注	菲亚特-艾维欧占40%股份	菲亚特-艾维欧占40%股份	US101,VH-71

2. CT58/CT64

CT58是通用电气公司于20世纪50年代初为美海军研制的T58发动机的民用型。1959年7月获得民用合格证,成为美国第一种获FAA合格证的涡轴发动机。

CT64是美国通用公司按照美国海军要求,为对地支援和战术飞机设计的一种涡轴-涡桨军用发动机T64的民用型。

CT58

技术参数

发动机型号	CT58 - 16A	CT64 - 419
国际标准大气海平面		
轴功率/hp(kW)	1870(1394.5)	4750(3542.0)
总增压比	8.4	14.9
空气流量/(lb·s⁻¹(kg·s⁻¹))	13.9(6.31)	29.4(13.34)
应急状态下最大值(单发停车)		
轴功率/hp(kW)		5000(3728.5)
最大连续		
功率/hp(kW)	1770(1319.9)	4230(3154.3)
耗油率/(lb·h⁻¹·shp⁻¹(kg·h⁻¹·kW⁻¹))	0.61(0.37)	0.47(0.29)
尺寸		
长度/in(m)	64(1.63)	79(2.00)
直径/in(m)	23.9(0.61)	32.5(0.83)(最大)
干重/lb(kg)	443(200.94)	755(342.47)

结构与系统

发动机型号	CT58 - 16A	CT64 - 419
压气机	10 级轴流式	14 级轴流式
燃烧室	环形	环形
高压涡轮	2 级轴流式	2 级轴流式
动力涡轮	2 级	2 级
控制系统	汉密尔顿标准公司的带综合放大器的 JFC - 26 燃油控制系统	

应用

发动机型号	CT58 – 16A	CT64 – 419
装机对象	CH – 46E S – 61/H – 3	CH – 53E MH – 53E
首台发动机运行时间	2001	
获得许可证时间	2003	
投入使用时间	2003	1990
备注	BV – 107 的 ERIP 改进型 1955 年开始运行	第 1 台 H – 53 于 1962 年开始运行

五、霍尼韦尔公司民用涡轴发动机

1. LTS101/HTS900

LTS101

　　LTS101 是 20 世纪 70 年代初期由当时的阿芙科·莱康明公司(现霍尼韦尔公司)自 T53 和 T55 涡轮轴发动机发展而来的低成本、高性能发动机。1972 年完成首台原型机的运转试验,1973 年 9 月进行首次飞行试验,同年 11 月完成飞行前规定试验,1975 年 10 月取得 FAA 适航证。

　　2002 年 8 月,霍尼韦尔宣布要进行一项功率等级为 373～522kW(500～700shp)的发动机项目,旨在用其在未来 10 年内成功打入轻型单发和双发直升机市场。到 2006 年上半年,霍尼韦尔公司宣布将发展 HTS900 成为整个适用于单发和双发直升机的系列发动机,功率将拓展至超过 746kW(1000shp),还将采用两个输出转速为 6317r/min 或 9598r/min 的变速箱。简言之,该发动机的设计继承了先前的 LTS101 的简单、耐用的优点,但是加入了 2 级离心式压气机,控制系统也改成了双通道 FÁDEC。

HTS900

技术参数

发动机型号	LTS101 - 850	HTS900
国际标准大气海平面		
轴功率/hp(kW)	780(581.6)	925(690.1)
总增压比	8.8	9.0(最大)
空气流量/(lb·s^{-1}(kg·s^{-1}))	5.1(2.31)	5.5(2.49)(最大)
应急状态下最大值(单发停车)		
轴功率/hp(kW)	840(626.4)	970(723.3)
最大连续		
功率/hp(kW)	746(556.3)	900(671.4)
耗油率/(lb·h^{-1}·shp^{-1}(kg·h^{-1}·kW^{-1}))	0.58(0.35)	0.513(0.312)
尺寸		
长度/in(m)	32.4(0.82)	36(0.914)
直径/in(m)	18.5(0.47)	25.4(0.65)(最大)
干重/lb(kg)	274(124.29)	315(142.9)

结构与系统

发动机型号	LTS101 - 850	HTS900
压气机	1级轴流式,1级离心式	2级离心式
燃烧室	回流式环形	回流式环形
高压涡轮	2级	2级
动力涡轮	1级	1级
控制系统	机械-液压式,LTS101 - 750 采用卢卡斯公司的全权限数字式电子控制系统	双通道全权限数字式,带 Arinc 429 接口

应用

发动机型号	LTS101－850	HTS900
装机对象	BK117,Bell 222,HH－65,AS350D	Bell407X/417
首台发动机运行时间		2004
获得许可证时间		2006
投入使用时间	2003	2007

2. T53/T55

T53

　　T53 是霍尼韦尔公司根据与美国空/陆军签订的联合合同于 1952 年开始研制的。最初定型的是功率为 641kW 的涡轴发动机。1955 年交付第一台原型机,T53 的早期生产型是 T53－L－1,功率为 820kW。1966 年生产了功率增大型 T53－L－11,将其取代,主要改动在于,第 1 和 2 级压气机采用跨声速设计和宽弦叶片,用雾化油嘴取代早期的喷射喷嘴,燃气发生器和自由涡轮分别增加 1 级。后改进热端部件,生产出了 T53－L－703,于 1994 年 3 月取得适航证的 T53－L－703 的民用改型就是 T53－17B,由川崎公司按许可装配。

　　20 世纪 50 年代末至 60 年代初,美国阿芙科·莱康明公司(现霍尼韦尔公司)根据与美国空军和陆军的合同研制 T55 发动机。原型机于 1958 年试车,最初的生产型 T55－L－5 于 1961 年首次交付使用。T55 是 T53 发动机的基础上发展的放大型,加装了 2 级轴流式压气机,较 T53 空气流量更大。早期型号上压气机各级均为亚声速设计。在 T55－L－11 和 T55－L－712 发动机上,前 2 级和前 3 级分别为跨声速设计。早期型号上的燃气发生器涡轮均为单级,自 T55－L－11 开始,增至 2 级。该公司于 1993 年试验了全尺寸的动力装置,研制工作一直延续到 1997 年。T55－L－714 为 T55 系列中的新型动力装置,同以往的 T55 发动机相比,其去掉了发动机前段的镁合金部件,延长了第一级涡轮组件的寿命,减少了冷却空气的漏气量,采用了扇形段导向器等,除提高功率外,预计耗油率可降低 3%,翻修间隔时间可达 3000h。

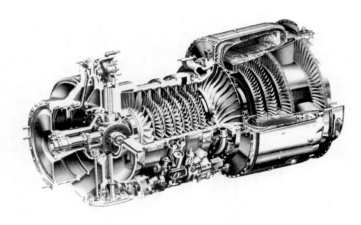

T55 - L - 714

技术参数

发动机型号	T53 - 17B	T55 - 714
国际标准大气海平面		
轴功率/hp(kW)	1500(1118.5)	4887(3643)
总增压比	7.1	9.3
空气流量/(lb·s^{-1}(kg·s^{-1}))	10.7(4.85)	29.1(13.19)
应急状态下最大值(单发停车)		
轴功率/hp(kW)	1500(1118.5)	5069(3781.5)
最大连续		
功率/hp(kW)	1350(1006.7)	4168(3109.3)
耗油率/(lb·h^{-1}·shp^{-1}(kg·h^{-1}·kW^{-1}))	0.59(0.36)	0.49(0.298)
尺寸		
长度/in(m)	47.6(1.21)	47.1(1.19)
直径/in(m)	23(0.58)(最大)	24.2(0.61)
干重/lb(kg)	554(251.29)	824(374)

结构与系统

发动机型号	T53 - 17B	T55 - 714
压气机	5级轴流加1级离心组合式	7级轴流加1级离心组合式
燃烧室	回流式环形燃烧室	回流式环形燃烧室
高压涡轮	2级	2级
动力涡轮	2级	2级
控制系统	机械-液压式	全权限数字式

应用

发动机型号	T53 – 17B	T55 – 714
装机对象	Bell205/205A1/210	B234
首台发动机运行时间	1955	1957(第1台派生型)
获得许可证时间	1994	
投入使用时间	1995	1993

3. SHFE

SHFE

　　SHFE 是霍尼韦尔国际公司研制的一款全新型多用途涡轴发动机。2003 年 12 月,霍尼韦尔公司宣布被选定为美国陆军研制一种轴功率范围在 373~1119kW(500~1500shp)的全新型燃气涡轮发动机。该计划是美国 VAATE(通用可承受先进涡轮发动机)计划的一部分,由美国国防部、NASA 以及能源与工业部提供资助。美国陆军和霍尼韦尔联合出资开展 SHFE 计划。2007 年 2 月,SHFE 计划的首台验证机整机试验完成。

技术参数

目前试验机的额定起飞功率/hp(kW)	700(522)	基本直径/in(m)	约 12(0.305)
耗油率	较目前发动机降低 20%	干重/lb(kg)	200(91)
长度/in(m)	未定		

结构与系统

进气装置	固定几何形状直接皮托管式进气道
压气机	2级离心式压气机,整体叶盘
燃烧室	紧凑环形燃烧室,长使用寿命设计
燃气发生器涡轮	1级轴流式燃气发生器涡轮
动力涡轮	2级轴流式动力涡轮
输出轴	前输出或后输出,带或不带齿轮箱,均取决于不同的用途
附件装置	目前运行的SHFE核心机带从动装置附件。今后的衍生型发动机可能会有不同的布局以及不同的起动系统

应用

发动机型号	国际标准大气海平面轴功率/kW	装机对象
SHFE	700(522)(试验机)	拟用于未来的军用和商用飞机

六、透博梅卡公司民用涡轴发动机

1. TM333

TM333

1979年7月,法国透博梅卡公司开始研制TM333发动机,1981年8月,TM333的燃气发生器首次试验,同年9月,该发动机首次进行台架试车。TM333的主要发展目标是,最少的维护成本、设计和结构简单、强调单元体化结构和低燃油消耗率。

技术参数(TM333－2B)

国际标准大气海平面		应急状态下最大值(单发停车)	
轴功率/hp(kW)	1219(909.0)	轴功率/hp(kW)	1105(824.0)
总增压比	11	尺寸	
空气流量/(lb·s⁻¹(kg·s⁻¹))		长度/in(m)	41.1(1.04)
最大连续		直径/in(m)	29.3(0.74)(最大)
功率/hp(kW)	986(735.3)	干重/lb(kg)	367(166.47)
耗油率/(lb·h⁻¹·shp⁻¹(kg·h⁻¹·kW⁻¹))	0.543(0.330)		

结构与系统

进气装置	环形进气口,带可调进口导流叶片
减速器	2级减速器,采用斜圆柱齿轮
压气机	2级轴流加1级离心组合式压气机
燃烧室	回流式环形燃烧室,采用蒸发式燃油喷嘴
燃气发生器涡轮	1级轴流式燃气发生器涡轮,TM333－2B涡轮叶片带冷却
动力涡轮	1级轴流式动力涡轮,非冷却叶片
排气装置	通过排气管直接排气
控制系统	ELECMA全权限数字式电子控制系统,带手动模拟控制系统和自由涡轮超转限制器
燃油系统	使用JP－4,JP－5燃油
滑油系统	独立的滑油系统
点火系统	高能点火

应用

派生型	国际标准大气海平面轴功率/kW	装机对象	获得适航证时间	投入使用时间
TM333 1A	747	AS365/565		
TM333 1M	747	AS565 Panther		
TM333 2B	741	HAL ALH	1993	1992
TM333 2B2	800	PT1,PT2,PT3,PT5	2001	2003
TM333 2E	872			
TM333 2M2	825	Cheetal	2007	2009

2. Ardiden

Ardiden

Ardiden(阿蒂丹)被认为是弥补阿赫耶和马基拉之间功率空缺的发动机。该发动机是在TM322 - 2B2 发动机的基础上发展而来的。与 TM333 相比,阿蒂丹发动机的主要不同点是,用 1 级离心式压气机取代了 2 级轴流式压气机。该发动机结构简单,比较适合在高温和高原环境下使用。

技术参数

发动机型号	阿蒂丹 1	阿蒂丹 2
国际标准大气海平面		
轴功率/hp(kW)	1205(898.6)	1400(1044.0)
总增压比	12.1(最大)	12.1(最大)
空气流量/(lb·s^{-1}(kg·s^{-1}))	7.7(3.49)(最大)	7.7(3.49)(最大)
应急状态下最大值(单发停车)		
轴功率/hp(kW)	1682(1254.3)(热态值)	1758(1310.9)(热态值)
最大连续		
功率/hp(kW)	1205(898.6)	1400(1044.0)
耗油率/(lb·h^{-1}·shp^{-1}(kg·h^{-1}·kW^{-1}))	0.52(0.32)(最大)	0.52(0.32)(最大)
尺寸		
长度/in(m)	41.1(1.04)	41.1(1.04)
直径/in(m)	28(0.71)(最大)	28(0.71)(最大)
干重/lb(kg)	436(199.77)	419(190.06)

结构与系统

压气机	2 级离心式压气机
燃烧室	回流式环形燃烧室
燃气涡轮	1 级高负荷轴流式高压涡轮
动力涡轮	2 级轴流式动力涡轮,外场可更换
尾喷管	一般简单管道
功率输出装置	前驱,通过 6000r/min 减速齿轮
控制系统	双通道全权限数字式发动机电子控制系统

应用

派生型	装机对象	获得适航证时间	投入使用时间
阿蒂丹 1H1,Shakti	HAL Dhruv	2007	2011
阿蒂丹 3C	Z－15	2013	
阿蒂丹 3G	卡莫夫公司卡－62	2013	

3. Arrius

Arrius

Arrius(阿赫尤)发动机最初的名称是 TM319 阿赫尤,是透博梅卡公司为法国空军研制的直升机用自由涡轮式单转子涡轮轴发动机。该发动机从 1981 年 9 月开始研制,1983 年 2 月首次运转,1986 年取得适航证并开始交付使用。阿赫尤最突出的技术优势是该发动机的结构非常简单,只有 3 个旋转级。由于零件数量减少,所以单元体个数更少,简化了维修,扩大了市场。

技术参数

发动机型号	阿赫尤 1	阿赫尤 2
国际标准大气海平面		
轴功率/hp(kW)	456(340.0)	432~676(322.1~504.1)
总增压比	8.1	9.1
空气流量/(lb·s^{-1}(kg·s^{-1}))	4(1.81)	4.7(2.13)
应急状态下最大值(单发停车)		
轴功率/hp(kW)	520(387.8)	629~705(469.0~525.7)
最大连续		
功率/hp(kW)	397(296.0)	414~579(308.7~431.8)
耗油率/(lb·h^{-1}·shp^{-1}(kg·h^{-1}·kW^{-1}))	0.56(0.34)	0.526~0.567(0.32~0.35)
尺寸		
长度/in(m)	31.2(0.79)	37.2~45.6(0.94~1.16)
直径/in(m)	22.4(0.57)	27.4(0.70)(最大)
干重/lb(kg)	223(101.15)	227~254(102.96~115.21)

结构与系统

进气装置	蜗壳形进气管
减速器	2级减速齿轮,减速比为0.1333
压气机	1级离心式压气机
燃烧室	回流式环形燃烧室
燃气发生器涡轮	1级轴流式燃气发生器涡轮
动力涡轮	1级轴流式动力涡轮
排气装置	固定面积的排气弯管
控制系统	ELECMA公司提供的全权限数字式电子控制系统
点火系统	高能点火系统

应用

派生型	国际标准大气海平面轴功率/kW	装机对象	获得适航证时间
阿赫尤 1A	357	AS365N	1989
阿赫尤 1M	357	AS555	
阿赫尤 2B1	500	EC135,EC635	1996
阿赫尤 2B2	472	EC135	
阿赫尤 2F	375.8	EC120	1996
阿赫尤 2G1/2G2		Ka-226,Ka-115	
阿赫尤 2K1	559	A109E	
阿赫尤 2K2	534	A109LUH,A109M	

4. Arriel

Arriel

　　Arriel(阿赫耶)发动机是由法国透博梅卡公司在 20 世纪 70 年代初期开始发展的一种单转子自由涡轮式涡轴发动机,用来满足当时迅速扩大的轻型直升机市场的需求,并取代该公司当时应用非常广的 Artouste 和 Astazou 发动机。阿赫耶主要设计特点是采用单元体结构和低维修成本。

技术参数

发动机型号	阿赫耶 1	阿赫耶 2
国际标准大气海平面		
轴功率/hp(kW)	625～738(466.1～550.3)	747～944(557.0～703.9)
总增压比	8	8.2
空气流量/(lb·s^{-1}(kg·s^{-1}))	6(2.72)(最大)	6(2.72)(最大)
应急状态下最大值(单发停车)		
轴功率/hp(kW)	626～802(466.8～598.1)	944～1054(703.9～786.0)
最大连续		
功率/hp(kW)	576～725(429.5～540.6)	728～853(542.9～636.1)
耗油率/(lb·h^{-1}·shp^{-1}(kg·h^{-1}·kW^{-1}))	0.574～0.595(0.35～0.36)	0.54～0.55(0.328～0.334)
尺寸		
长度/in(m)	44.2～60.6(1.12～1.54)	39.9～60.6(1.01～1.54)
直径/in(m)	30.9(0.78)(最大)	28.1(0.71)(最大)
干重/lb(kg)	252～278(114.30～126.10)	287(130.18)

结构与系统

进气装置	环形进气口。空气直接进入压气机,热空气防冰
压气机	1级轴流式压气机,1级超声速离心式压气机
燃烧室	环形燃烧室,带一个设有中心管的双离心燃油喷射系统
燃气发生器涡轮	2级轴流式燃气发生器涡轮
动力涡轮	1级轴流式动力涡轮
减速器	两个输出减速器,允许主桨和尾桨由同一输出轴驱动。减速齿轮箱有2级齿轮
控制系统	机械-液压式。有燃气发生器比例积分调节器和动力涡轮静态补偿比例调节器
燃油系统	使用符合 AIR3405 规格的燃油
滑油系统	独立回路,齿轮式滑油泵
起动系统	电起动机或起动/发电机

应用

派生型	国际标准大气海平面轴功率/kW	装机对象	获得适航证时间	投入使用时间
阿赫耶 1B	478	AS 350B/BA		
阿赫耶 1C	492	AS 365N	1980.12	
阿赫耶 1C2	550	AS 365N2		
阿赫耶 1D	510	AS 350B,AS 350L1		
阿赫耶 1D1	546	AS 350B2,AS550,昌河 Z-11		1990
阿赫耶 1E	528	BK 117C1		1990.4
阿赫耶 1E2	550	EC 145		2006
阿赫耶 1M1	558	AS 565MA,AS565UA		
阿赫耶 1S1	541	S-76A+,S-76C		1990.5
阿赫耶 2B	544	AS 350B3,AS550C3		
阿赫耶 2B2	452	EC135,EC635		
阿赫耶 2C	626	AS365N3,Harbin H-425		
阿赫耶 2C1	626	EC155B		
阿赫耶 2K2	534	A109LUH		
阿赫耶 2S1	638	S-76A++,S-76C+		2001
阿赫耶 2S2	676	S-76	2006	
阿赫耶 2+（2D/2E/2N)	666~709	AS350B3e,EC145T2,AS365N3e		

5. Makila

Makila

Makila(马基拉)发动机是由法国透博梅卡公司研制的一种自由涡轮式单转子涡轮轴发动机。透博梅卡公司的子公司罗·罗/透博梅卡公司也参与了马基拉项目的研制。马基拉涡轴发动机目的是满足 20 世纪 80 年代直升机对效率更高和功率更大的发动机的需求。

技术参数

发动机型号	马基拉 1 A2	马基拉 2
国际标准大气海平面		
轴功率/hp(kW)	1820~1845(1357.2~1375.8)	2101(1566.7)
总增压比	10.4	10.4
空气流量/(lb·s⁻¹(kg·s⁻¹))	12.1(5.49)	12.1(5.49)
应急状态下最大值(单发停车)		
轴功率/hp(kW)	1877~2109(1399.7~1572.7)	2415(1800.9)
最大连续		
功率/hp(kW)	1589~1657(1184.9~1235.6)	1870(1394.5)
耗油率/(lb·h⁻¹·shp⁻¹(kg·h⁻¹·kW⁻¹))	0.456~0.49(0.28~0.30)	0.476(0.29)
尺寸		
长度/in(m)	72.3(1.84)	72.3(1.84)
直径/in(m)	21.8(0.55)(最大)	24.4(0.62)(最大)
干重/lb(kg)	543(246.30)	604(273.97)

结构与系统

进气装置	轴向进气
压气机	3级轴流加1级离心组合式压气机
燃烧室	环形燃烧室
燃气发生器涡轮	2级轴流式燃气发生器涡轮
动力涡轮	2级轴流式自由涡轮
排气装置	喷管面积不可调
控制系统	采用 ELECMA 公司的全权限数字式电子控制系统和透博梅卡公司的燃油控制设备
燃油系统	使用 JP-1,JP-4 燃油
滑油系统	独立回路,全部元件和管路都安装在发动机上
起动系统	电起动机或起动/发电机
点火系统	EYQEM 或史密斯公司的 SD36T72 高能电嘴

应用

派生型	国际标准大气海平面轴功率/kW	装机对象	获得适航证时间
马基拉 1A		AS332	1980
马基拉 1A1	1357	AS322,AS532	1984
马基拉 1A2	1376	AS332,AS532	1991
马基拉 1K2	1376	CSH-2	
马基拉 2A	1567	EC225,EC725	2004

七、俄罗斯民用涡轴发动机

1. TV2-117A

TV2-117A

TV2－117A(TB2－117A)是克里莫夫股份公司研制的自由涡轮式单转子涡轮轴发动机。该发动机于1962年9月17日装在米－8第二架原型机上试飞,其除了在苏联范围内使用外,还出口其他国家。TV3－117是基于TV2－117A发展起来的第二代涡轮轴发动机,1974年开始地面台架试验,1976年首次飞行,1978年开始批生产,批量很大。

技术参数

发动机型号	TV2－117A	TV3－117MT
起飞功率/hp(kW)	1500(1118)	1923(1434); 2001年后改为1874(1397)
总增压比	6.6	9.4
空气流量/(lb·s⁻¹(kg·s⁻¹))	18.5(8.4)	
功率/hp(kW)	1200(895)(最大连续)	2195(1637)(应急)
巡航功率/hp(kW)	1000(746)	
起飞耗油率/(lb·h⁻¹·shp⁻¹(kg·h⁻¹·kW⁻¹))	0.606(0.369)	0.57(0.347)
长度/in(m)	111.5(2.385)	82.1(2.085)
宽度/in(m)	21.5(0.547)	25.5(0.64)
高度/in(m)	29.25(0.745)	28.5(0.725)
干重/lb(kg)	728(330)	628(285)

结构与系统

发动机型号	TV2－117A	TV3－117MT
压气机	10级轴流式	10级轴流式
燃烧室	环形	环形
燃气发生器涡轮	2级轴流式	2级轴流式
自由涡轮	2级轴流式	2级轴流式
排气装置	尾喷管为钛合金焊接结构,可偏转60°,但喷口面积不可调	

应用

派生型	国际标准大气海平面推力 kW	装机对象	投入使用时间
TV2－117A	1118	米－8和米－24A	1965(生产)
TV2－117TG	1118	米－38	1987(首飞)
TV3－117	1397—1864	卡－32,米－28	

2. TV - O - 100

TV - O - 100

TV - O - 100(TB - O - 100)是 20 世纪 80 年代由格鲁申科夫设计局(现鄂木斯克发动机设计局)设计并生产的自由涡轮式单转子涡轴发动机。从 1957 年开始,设计局就在当时中央航空发动机研究院的参与下,开始研制中小型涡轮轴和涡轮螺桨发动机以及辅助动力装置。TV - O - 100 于 1989 年取得适航证,并小批量生产,配装卡 - 126 直升机。

技术参数

最大应急功率/kW	537	总增压比	9.2
起飞功率/kW	522	涡轮进口温度/℃	1027
起飞耗油率/(kg·h^{-1}·kW^{-1})	0.347	长度/mm	1275
最大巡航功率/kW	343	宽度/mm	780
巡航耗油率/(kg·h^{-1}·kW^{-1})	0.390	高度/mm	735
功重比/(kW·kg^{-1})	3.26	干重/kg	160(带附件)

结构与系统

压气机	2 级轴流加 1 级离心组合式压气机
燃烧室	回流式环形燃烧室
燃气发生器涡轮	单级轴流式燃气发生器涡轮
自由涡轮	单级轴流式自由涡轮
尾喷管	短管向后直排
控制系统	带备份系统的电子-液压式自动控制系统

应用

发动机型号	国际标准大气海平面推力/kW	装机对象	获得适航证时间
TV - O - 100	522	卡 - 126	1989

3. TVD - 400

TVD - 400

TVD－400（ТВД－400）自由涡轮式涡轴发动机是"花岗石"机械制造设计局于20世纪90年代在MD－120小型涡轮喷气发动机基础上研制的。"花岗石"机械制造设计局正在研制涡轮风扇、涡轮螺旋桨型TVD－400发动机。该发动机系列可用于军、民用飞机和直升机，同时也可用作船用动力。该发动机核心机的简单结构降低了发动机的研制成本。

技术参数

起飞功率/shp(kW)	400(298.3)	长度/in(m)	24.41(0.62)
起飞耗油率/(lb·h^{-1}·shp^{-1})(kg·h^{-1}·kW^{-1}))	0.816(0.497)	宽度(不带减速器)/in(m)	14.96(0.38)
空气流量/(lb·s^{-1}(kg·s^{-1}))	4.74(2.15)	高度/in(m)	15.75(0.40)
功重比/(kW·kg^{-1})	3.107	干重/lb(kg)	211.64(96.0)
总增压比	7.0		

结构与系统

压气机	1级轴流式加1级离心组合式压气机
燃烧室	环形燃烧室,带有8个喷嘴
燃气发生器涡轮	1级轴流式燃气发生器涡轮
自由涡轮	1级轴流式自由涡轮
功率输出装置	自由涡轮后的轴驱动单元体的齿轮箱。输出转速为2500～6000r/min
控制系统	电子控制系统

应用

发动机型号	国际标准大气海平面推力/kW	装机对象
TVD - 400	298.3	无人机、超轻型运动飞机

4. TV116 – 300

TV116 – 300(TB116 – 300)是莫斯科"联盟"科研生产联合体正在研制的涡轴或涡桨发动机,其基础是一种经过验证的燃气发生器,其涡桨型用于推进式螺旋桨飞机。

技术参数

起飞功率/shp(kW)	1080(805)	长度/in(m)	31.5(0.8)(不带减速器)
起飞耗油率/(lb·h^{-1}·shp^{-1} (kg·h^{-1}·kW^{-1}))	0.463(0.282)	直径/in(m)	16.54(0.42)
功重比/(kW·kg^{-1})	5.37(不带减速器)	干重/lb(kg)	331(150)(不带减速器)

结构与系统

压气机	2级离心式压气机
燃烧室	回流式环形燃烧室
燃气发生器涡轮	2级轴流式燃气发生器涡轮,气冷叶片
动力涡轮	2级轴流式自由涡轮,前传输出
附件传动	通过伞齿轮传动位于进口上面12点钟位置的塔轴

应用

发动机型号	装机对象
TV116 – 300	轻型固定翼飞机和直升机

5. TV7 – 117V

TV7 – 117V

TV7 – 117V(TB7 – 117B)发动机是俄罗斯克里莫夫公司于 21 世纪初在 TV7 – 117S 涡桨发动机核心机的基础上发展而来的自由涡轮式单转子涡轴发动机,是 TV7 – 117 系列发动机中功率最大的轴驱动发动机。

技术参数

发动机型号	TV7 – 117VM	TV7 – 117VK
国际标准大气海平面		
轴功率/hp(kW)	2800(2088)	2500(1866)
总增压比	17	17
空气流量/(lb · s^{-1}(kg · s^{-1}))	20.28(9.2)	20.28(9.2)
应急状态下最大值(单发停车)		
轴功率/hp(kW)	3750(2796)	2800(2089)
最大连续		
功率/hp(kW)	2000(1491)	1800(1342)
耗油率/(lb · h^{-1} · shp^{-1}(kg · h^{-1} · kW^{-1}))	0.496(0.302)	0.496(0.302)
尺寸		
长度/in(m)	63.59(1.614)	81.77(2.077)
宽度/in(m)	25.20(0.64)	26.96(0.685)
高度/in(m)	32.28(0.82)	32.28(0.82)
干重/lb(kg)	793.7(360)	837.7(380)

结构与系统

进气装置	环形冲压式进气道。带可调进口导流叶片
压气机	5 级轴流式加 1 级离心组合式压气机。前 2 级静叶可调
燃气发生器涡轮	2 级轴流式燃气发生器涡轮,冷却叶片。燃气进口温度可达 1227℃
动力涡轮	2 级轴流式动力涡轮
燃烧室	回流式环形燃烧室
尾喷管	2 个排气口,分别向两侧偏转 60°
输出	米 – 38 系列用发动机主减速器输出轴在前端,卡 – 50/52 直升机用发动机则在后端
控制系统	全权限数字式电子控制系统,型号为 BARK – 12 或者 BARK – 57
起动系统	空气涡轮起动机

应用

派生型	装机对象
TV7 – 117VM	米 – 38,米 – 38Z
TV7 – 117VK	卡 – 50,卡 – 52

八、乌克兰民用涡轴发动机

1. D－136

D－136

D－136（Д－136）发动机是苏联伊甫琴科设计局（现乌克兰扎波罗日"进步"机械制造设计局）为米－26 重型运输机研制的自由涡轮式双转子涡轮轴发动机，1977 年开始台架试验，1982 年开始批量生产；由 10 个单元体组成，除主单元体外，每个单元体均可在发动机安装状态下单独拆换而不会影响邻近单元体，5 个燃气发生器单元体与 D－36 相同。

技术参数

起飞功率/shp(kW)	10000(7457)	空气流量/(lb·s⁻¹(kg·s⁻¹))	79.4(36.0)
最大应急功率/shp(kW)	11399(8500)	涡轮进口温度/℃	1205(最高温度为 1243)
最大爬升功率 shp(KW)	8500(6338)	长度/in(m)	156.06(3.964)
起飞耗油率/(lb·h⁻¹·shp⁻¹(kg·h⁻¹·kW⁻¹))	0.436(0.278)	宽度/in(m)	1403(1.382)
功重比/(kW·kg⁻¹)	6.924	高度/in(m)	44.25(1.124)
总增压比	18.4	干重/lb(kg)	2374(1077)

结构与系统

进气装置	带进口粒子分离器
燃气发生器	与 D－36 相同，但重新设计中介机匣
自由涡轮	2 级轴流式自由涡轮。导向器叶片不冷却，转子叶片带冠
传动轴	在后部柔性安装，通过花键向后传至直升机传动系统
尾喷管	转向侧面
起动系统	空气涡轮起动机
控制系统	自由涡轮用机械-液压或转速调节器，带两台发动机功率调节器。自由涡轮燃气温度和转速以及燃气发生器转速用电子控制。压气机放气活门由独立的气动控制系统控制

发动机型号	国际标准大气海平面功率/kW	装机对象
D-136	7457	米-26,米-26T

2. AI-450

AI-450

AI-450(АИ-450)是乌克兰扎波罗日"进步"机械制造设计局全新设计的自由涡轮式涡轴发动机。该发动机的最主要市场预计是用于改装米-2直升机和卡莫夫公司的卡-115,卡-226直升机。AI-450发动机于2001年开始部件试验,2002年初开始发动机整机试验。

技术参数

起飞功率/lb(kW)	465(346.75)	空气流量/(lb·s^{-1}(kg·s^{-1}))	3.79(1.72)
最大连续功率/lb(kW)	400(298)	长度/in(m)	42.72(1.085)
最大巡航功率/lb(kW)	300(223.7)	宽度/in(m)	21.1(536)
应急功率/lb(KW)	550(410)	高度/in(m)	20.28(0.515)
起飞耗油率/(lb·h^{-1}·shp^{-1}(kg·h^{-1}·kW^{-1}))	0.573(0.349)	干重/lb(kg)	227.07(103)
功重比/(kW·kg^{-1})	3.37		

结构与系统

压气机	1级离心式压气机
燃烧室	环形燃烧室,气流进入后有180°的折转角
燃气发生器涡轮	单级轴流式燃气发生器涡轮
动力涡轮	单级轴流式自由涡轮,非冷却
功率输出装置	前输出或后输出,主减速器减速比为6.5
控制系统	双通道全权限数字式电子控制系统

应用

发动机型号	国际标准大气海平面功率/kW	装机对象
AI-450	346.75	米-2,卡-115,卡-226

第四章　民用涡桨/桨扇发动机

一、罗·罗公司民用涡桨发动机

1. Tyne Mk515

Tyne Mk515

Tyne(苔茵)最初以 RB109 著称并因为一条英国河流而得名苔茵。苔茵是一种双轴涡桨发动机,1955 年 4 月首次试验,1956 年开始试飞,1961 年 Mk506 装备维克斯/阿姆斯特朗公司 V.951"先锋"民用运输直升机投入使用,此后为该型飞机总共生产了 238 台苔茵发动机。

苔茵最初功率为 3568kW,后来因提高总增压比、空气流量并采用新材料和气冷涡轮叶片而将功率提高到 4552kW。苔茵有两个操纵杆,一个用于机械校正燃油流量,另一个用于操纵油门开关和发动机转速自动调节器。另外,还设有由低压涡轮控制的应急停止供油系统。

苔茵系列发动机中,Mk506、Mk512、Mk515、Mk515 - 101W 和 Mk801 为民用型,Mk21/22为军用型。

技术参数(苔茵 Mk515,Mk515/101W)

国际标准大气海平面		尺寸	
额定功率/hp(kW)	5730(4272.9)	长度/in(m)	108.72(2.762)
保持功率不变的最高温度/℃	31.8	宽度/in(m)	43.2(1.1)
总增压比	13.85	螺旋桨直径/in(m)	192(4.88)
空气流量/(lb·s^{-1}(kg·s^{-1}))	46.5(21.1)	干重/lb(kg)	2193(995)
耗油率/(lb·h^{-1}·shp^{-1}(kg·h^{-1}·kW^{-1}))	0.6408(0.390)		

结构与系统

进气装置	环形镁合金整体铸造机匣,支板用热滑油防冰,整流罩用电热防冰,还用高压压气机放气防冰
压气机	6 级轴流式低压压气机,9 级轴流式高压压气机
燃烧室	环管形燃烧室(10 个火焰筒)
涡轮	1 级高压涡轮,3 级低压涡轮
尾喷管	不可调结构,内锥体用 10 个径向支板支承
起动系统	Mk515/101W 为电起动机,其他为空气涡轮起动机
控制系统	机械-液压式控制器。多柱塞变行程高压油泵经由流量控制装置将燃油输送到燃烧室
滑油系统	干油池。一个供油泵,6 个正齿轮式回油泵,油箱容量为 26.2L

应用

发动机型号	装机对象	获得适航证时间	投入使用时间
苔茵 Mk506	维克斯/阿姆斯特朗公司"先锋"951 型运输机		
苔茵 Mk512	维克斯/阿姆斯特朗公司"先锋"952 型运输机		
苔茵 Mk515	加拿大飞机公司 CL-44D-4,CL-44J 和 CL-440	1961	1966
苔茵 Mk515-101W	肖特兄弟公司"贝尔法斯特"运输机	1961	1968
苔茵 Mk801	意大利阿莱尼亚飞机制造公司 G222T		

2. AE 2100

AE 2100

　　AE 2100 发动机是继 T56 之后的新一代为高速支线飞机而研制的涡桨发动机。结构部件包括发动机、螺旋桨和减速器,发动机在 T406 涡轴发动机基础上设计而成,其减速齿轮在 T56 减速器基础上重新设计。主要部件都经过使用和试验验证,具有良好的可靠性和耐久性。AE 2100 是第一台具备对发动机和螺旋桨实行整体全权限数字式电子控制的涡桨发动机。

技术参数

发动机型号	AE2100A	AE2100C	AE2100D3
国际标准大气海平面			
额定功率/hp(kW)	4152(3096.1)	3600(2684.5)	4637(3457.8)
保持功率不变的最高温度/℃	37	45	39
总增压比	16.6	16.6	16.6
空气流量/(lb·s^{-1}(kg·s^{-1}))	37.4(16.96)	36.0(16.33)	37.4(16.96)
耗油率/(lb·h^{-1}·shp^{-1}(kg·h^{-1}·kW^{-1}))	0.41(0.249)	0.442(0.269)	0.424(0.258)
尺寸			
长度/in(m)	103(2.62)	103(2.62)	116(2.95)
宽度/in(m)	31.2(0.79)	31.2(0.79)	28.7(0.73)
高度/in(m)	45.3(1.151)	45.3(1.151)	45.3(1.151)
干重/lb(kg)	1578(715.8)	1548(702.2)	1925(873)

结构与系统

压气机	14 级轴流式压气机,带可调进口导叶,且前 5 级静子叶片可调
燃烧室	环形燃烧室,16 个喷嘴和 2 个高能点火器
燃气涡轮	2 级轴流式涡轮(带气冷叶片,第一级叶片为单晶叶片,第二级叶片为实心叶片)
动力涡轮	2 级轴流式非冷却动力涡轮,第 1 级导叶处安装热电偶
功率输出装置	新型齿轮箱使减速器质量减轻 68kg(150lb),故障间隔时间为 3×10^4 h
控制系统	全权限数字式电子控制系统,通过一根控制杆同时控制发动机和螺旋桨
附件	铝合金减速器安装在进气口下方,由压气机前轴驱动。后面轴驱动起动机、燃油计量装置和滑油泵,前面轴驱动永磁交流发电机,为 FADEC 供电

应用

派生型	起飞功率/kW	装机对象	获得许可证时间	投入使用时间
AE2100A	3096(37℃)	萨伯 2000	1993.4	1994.9
AE2100C	2439/2684(45℃)	N-250-100	1993.12	1996.9
AE2100D2	3458(39℃)	阿莱尼亚/洛克希德·马丁 C-27J	2001.6	2007.1
AE2100D3	3424(25℃)	洛克希德·马丁 C-130J"大力神"II(军用) 洛克希德·马丁 L-100F(民用)	1997.4	1998.9
AE2100J	3423	日本航空自卫队 US-1A 计划	2000 年年底	

3. 501 系列

501 - D13

501 - D22

　　最初称为艾利逊 501,由罗·罗艾利逊公司研制的涡桨发动机,是军用型号 T56 派生而来的民用型号。501 发动机从 1952 年开始设计,到配装四发的洛克希德 L-188 Electra,最初配备了带 4 片宽弦叶片的可逆桨距螺旋桨。501 约有 75% 的部件都与 T56 相同。特别是,动力段和螺旋桨的减速齿轮箱都高度相同,但是明显的变化是 501 的齿轮箱安装在发动机轴下方,而不是上方。

　　501-D13 是罗·罗艾利逊公司于 1957 年研制成功的民用涡桨发动机,是 501 系列中的第一个型别,有 4 个安装节。最初的批生产 501 型号于 1955 年 5 月获得适航证。

　　501-D22 与 501-D13A 的结构基本相同,特点是涡轮叶片带冠不冷却,上偏置齿轮箱,没有自动顺桨装置;1964 年 10 月取得适航证。

技术参数 $(501-D13/501-D22A)$

国际标准大气海平面		尺寸	
起飞功率/hp(kW)	3460(2580)/4368(3257)	长度/in(m)	145.2(3.69)/146(3.71)
额定功率/hp(kW)	3094(2307)/4061(3028)	宽度/in(m)	27.0(0.686)
耗油率/(lb·h^{-1}·ehp^{-1}) (kg·h^{-1}·kW^{-1}))	0.54(0.328)/ 0.501(0.305)	高度/in(m)	36.0(0.914)/39.0(0.99)
齿轮传动比	13.54	干重/lb(kg)	1750(793.8)/1834(831.9)

结构与系统

进气装置	机匣与8块整流支板用镁合金整体铸造。在整流支板后,压气机入口前有8个固定的空心进口导叶,结构薄且轻。热空气防冰
压气机	14级轴流式压气机,机匣铸成周向4块,用螺栓连接
燃烧室	环管形燃烧室,整体铸造,带6个不锈钢火焰筒。改进型为环形燃烧室,带16个喷嘴,对开的钢机匣
涡轮	4级轴流式涡轮,不锈钢涡轮盘,钢制对开机匣用螺栓连接。D22第1级涡轮采用气冷转子叶片和导向叶片
排气装置	固定面积喷管,内锥由6个径向支板支承
控制系统	机械-液压式控制系统
功率输出装置	螺旋桨减速齿轮安装在发动机轴下方,传动比为13.54

应用

派生型	起飞功率/kW	装机对象	获得许可证	投入使用时间
501-D13/D13A	2580	L-188 Electra	1955.5	1959.1
501-D13D	2580	Convair CV-580		
501-D22	2800		1964.10	
501-D22A	3257	洛克希德 L-100 Hercules	1968.1	
501-D22C	3257	Aeromaritime Super Guppy	1968.12	
501-D22G	3355	Super-580,KFC CV-5800	1984.3	
501-M62	6025	波音 XCH-62 重型运输直升机(已放弃)		
501-M78		湾流 GⅡ		

4. Dart

Dart

Dart(达特)系列是英国罗·罗公司于 1945 年开始设计的 750kW 级涡桨发动机,1946 年 7 月首次试验,1949 年 4 月达特 1 发动机配装"子爵"号(Viscount)飞机首次试飞,1950 年 8 月投入使用。在投入使用之前,达特发动机进行了大量试验,累积进行了 1.3×10^4 h 地面试验和 1.3×10^4 h 飞行试验,因此,使用安全可靠。截止 1987 年停产前,共计交付 7100 台,到 2002 年飞行时数达到 1.6×10^9 h。早期型别主要是 RDa3 和 RDa6,均为两级涡轮结构,后期型别采用了三级涡轮结构。

技术参数

发动机型号	达特 RDa7 Mk522－2, Mk522－7	达特 RDa7 Mk529－8X	达特 RDa7 Mk536－7R, Mk536－2	达特 RDa10 Mk542－10, Mk542－4
国际标准大气海平面				
额定功率/hp(kW)	2425(1808.3)/ 2465(1838.2)	2250＋(1677.8)	2300＋(1715)	3060＋(2281.8)
保持功率不变的最高温度/℃	50	50	50	50
总增压比	6.33	5.75	5.75	6.2
空气流量/(lb·s⁻¹(kg·s⁻¹))	23.4(10.6)	23.5(10.7)	23.5(10.66)	27(12.3)
耗油率/(lb·h⁻¹·shp⁻¹(kg·h⁻¹·kW⁻¹))	0.929(0.565)	0.929(0.565)	0.929(0.565)	0.775(0.471)
巡航状态($H=4572$m (15000ft);$Ma=0.35$)				
轴功率/hp(kW)	1343(1001.5)	1386(1033.5)	1343(1001.5)	1510(1126.0)
耗油率/(lb·h⁻¹·shp⁻¹(kg·h⁻¹·kW⁻¹))	0.580(0.353)	0.645(0.392)	0.653(0.397)	0.662(0.402)
尺寸				
长度/in(m)	97.64(2.48)	97.64(2.48)	98(2.49)	99.49(2.53)
宽度/in(m)	37.92(0.96)	37.92(0.96)	38(0.97)	38(0.97)
干重/lb(kg)	1303(591.0)	1257(570.2)	1257(570.18)	1397(633.7)

结构与系统

进气装置	带环管的环形进气口,进气口附近的油箱整体铸造而成
压气机	2级离心式压气机串联在同一转轴上,每个叶轮有19片导叶和钢制旋转导叶
燃烧室	7个直流式火焰筒。带高能点火器
燃气涡轮	3级轴流式涡轮(早期为2级轴流式),第1级和第2级由5个螺栓连接,全部三级之间由另外5个螺栓连接而成,传动轴分开,内轴连接涡轮和减速齿轮,外轴连接涡轮和压气机
排气装置	喷口面积不可调
控制系统	机械-液压式控制系统
滑油系统	完全自主式。整体油箱容积为14L
功率输出装置	带高速传动链和后斜齿轮传动的双重齿轮装置,两条齿轮链由三根副轴连接

应用

派生型	装机对象	获得许可证时间	备注
RDa7 Mk522-2/-7	Super 748-2B,F27	1987	Mk522-7 已停产
RDa7 Mk529-8X	湾流I	1958	已停产
RDa7 Mk536-2	艾维欧/HS/BAe 748	1958	其他改进型发动机为"子爵"、"湾流"、Herald、Argosy 提供动力,已停产
RDa7 Mk536-7R	F27 友谊	1958	
RDa10 Mk542-10/-4	NAMC YS-11	1965	已停产

5. Model 250-B17F/2

Model 250-B 系列是罗·罗艾利逊公司研制的涡桨发动机,民用编号为 Model 250-B,军用编号为 T63。Model 250-B17F 是 Model 250 系列中最新的一个系列,采用了 Model 250-C20R 涡轴发动机的压气机,但总增压比、空气流量和功率都有所提高,而耗油率有所下降。Model 250-B17F/2 与 Model 250-B17F 相似,但驱动的是 MT-Propeller 带5片桨叶的螺旋桨,直径保持在2m(8.74in)以内。

技术参数

国际标准大气海平面		巡航状态	
轴功率/hp(kW)	450(335.6)	轴功率/hp(kW)	380(283.4)
总增压比	7.9	耗油率/(lb·h^{-1}·shp^{-1} (kg·h^{-1}·kW^{-1}))	0.635(0.386)
空气流量/(lb·s^{-1}(kg·s^{-1}))	3.82(1.73)	尺寸	
减速齿轮传动比	16.5	长度/in(m)	45(1.14)
耗油率/(lb·h^{-1}·shp^{-1} (kg·h^{-1}·kW^{-1}))	0.61(0.371)	宽度/in(m)	19.4(0.5)
		干重/lb(kg)	205(93.0)

结构与系统

进气装置	环形进气口,整体式钢进气机匣,放气防冰
压气机	4 级轴流加 1 级离心组合式压气机
燃烧室	环管形燃烧室
燃气发生器涡轮	2 级轴流式燃气发生器涡轮,水平对开机匣,整体叶盘
动力涡轮	2 级轴流式动力涡轮,整体叶盘
控制系统	机械-液压式控制系统,等转速调节

应用

发动机型号	装机对象
Model 250 – B17F/2	Extra EA – 500,FC8684C – 6RX,Groen RevCon 6 旋翼飞机

二、普·惠加拿大公司民用涡桨发动机

PW100

PW100

　　1976 年,普·惠加拿大公司开始 PW100 发动机的预先研制和验证机设计,1979 年正式开始研制,当时编号为 PT7A。1980 年 PT7A 燃气发生器开始试验,1981 年改编号为 PW100。1981 年 3 月 PW100 的第一个型别 PW115 首次运转,1982 年 2 月 PW115 首次试飞,1983 年 12 月 PW100 的两个型别 PW115 和 PW120 取得合格证,1984 年投入使用。

　　PW100 是在燃油价格上涨年代,为满足用户要求,在不影响发动机性能又能大幅度降低发动机耗油率的指导思想下设计的,因此其耗油率比当时使用中的 PT6A 的耗油率低 15％以

上。为提高可靠性、耐久性与维护性,采取的主要措施是,制订了 PW100 的设计准则,如所有盘的低循环疲劳寿命为 30000 次循环,规定转子叶片寿命值;采用单元体结构设计原则,每个部件都可在外场更换,所有主要旋转件可用孔探仪检查,所有附件可很方便地安装在发动机上。

结构上,采用两级串联离心式压气机,每级由单级涡轮驱动,其效率超过 80%;回流环形燃烧室设计利用了 PT6 和 JT15D 发动机的研究成果,污染排放物少;涡轮与减速齿轮箱成一整体,这不仅可以提高强度,同时也使压气机具有较好的进口条件,还简化了工艺。PW100 采用了状态监控措施,可及时发现故障,保证飞行安全。

技术参数

发动机型号	PW120 & 100/2	PW124B/125B	PW115
国际标准大气海平面			
轴功率/hp(kW)	2000(1491.4)	2160(1611)/2500(1864)	1600(1193.1)
保持功率不变的最高温度/℃	27.7	34.4	37.8
总增压比	11.4	14.4	10.9
空气流量/(lb·s^{-1}(kg·s^{-1}))	14.8(6.7)	17(7.7)	14.3(6.5)
巡航($H=2000$ft(6096m),$v=128.6$m/s)			
耗油率/(lb·h^{-1}·shp^{-1})(kg·h^{-1}·kW^{-1}))	0.499(0.303)(不包括推力为 230lbf(1.0kN)的型别)	0.473(0.288)	0.529(0.322)(不包括推力为 202lbf(0.9kN)的型别)
宽度/in(m)	25(0.635)	25(0.635)	25(0.635)
高度/in(m)	31(0.787)	31(0.787)	31(0.787)
长度(包括齿轮箱)/in(m)	84(2.13)	84(2.13)	81(2.06)
螺桨速度(正常起飞)/(r·min^{-1})(rad·s^{-1}))	1200(125.6)	2000(209.4)	1300(136.1)

结构与系统

进气装置	整体环形进气道,安装在减速器下部
压气机	2 级离心式压气机。每级装在各自的转子轴上分别由单独的涡轮驱动
燃烧室	回流式环形燃烧室。有 14 个气动雾化喷嘴
高压涡轮	单级轴流式高压涡轮。有 47 片用定向凝固材料制造的转子叶片
低压涡轮	单级轴流式低压涡轮。无冷却措施的低压涡轮由熔模铸造的转子叶片(IN100 材料)和 IN792 材料整体铸造的导向器组成
动力涡轮	2 级轴流式动力涡轮。所有转子叶片均用 IN731LC 铸造
尾喷管	用镍基合金的薄板材料制造。出口面积约为 993.5cm^2
控制系统	机械-液压与电子燃油控制系统

应用

派生型	起飞功率/kW	装机对象	保持推力不变的最高温度/℃	获得适航证时间
PW118	1342	EMB - 120	33	1986
PW118A	1342	EMB - 120	42.1	1987
PW119A	1626	Do. 328		1992(合格证)
PW119B	1626	Do. 328 - 110/120/200	31.1	1993
PW120	1491	ATR - 42,DHC - 8	27.7	1983
PW120A	1491	DHC - 8 - 100	27.9	1984
PW121	1603	ATR - 42	27.9	1987
PW121A	1640	ATR - 42 - 300/400	25	1995(合格证)
PW123	1775	DHC - 8 - 200/300	35	1987
PW123AF	1775	CL - 215T, CL - 415	35	1990
PW123B	1864	DHC - 8 - 300B	30.3	1991
PW123C	1603	DHC - 8 - 200A	25.5	1984
PW123D	1603	DHC - 8 - 200A	45	1994
PW123E	1775	DHC - 8 - 300A/300E	40.6	1995
PW124B	1611	ATR - 72	30.3	1988
PW125B	1864	福克 50,ATR - 72	30	1987
PW126	1978	ATP	32.4	1987
PW126A	1985	ATP	29.2	1989
PW127	2051	ATR - 72 - 100	32	1987
PW127A	1864	安 - 140		1992(合格证)
PW127AF	1775	庞巴迪 415		
PW127B	2051	福克 60	30	1992
PW127C	2015	Y7—200A	30.2	1992(合格证)
PW127D	2051	福克 50 - 200,ATR - 72 - 210,"喷气流"61Y - 7 - 200A,Do328S	33	1994
PW127E	1790	ATR - 72 - 500	45	1994
PW127F	2051	PW 127E,ATR 42 - 500	34.9	1996(合格证)
PW127G	2177	ATR - 72 - 500,C - 295M		1997
PW127H	2051	伊尔 - 114 - 100		1999
PW150A	3781	SAC Y - 8F400	37.4	1998

三、通用电气公司民用涡桨发动机

1. CT64

CT64 - 820 - 4

CT64 是 GE 公司所研制的 T64 军用发动机的民用衍生型,包括了涡轴型号和涡桨型号。此处,介绍涡桨型号 CT64 - 820 - 4。

技术参数

起飞功率/hp(kW)	3133(2336)	宽度/in(m)	26.9(0.683)
保持功率不变的最高温度/℃	38	长度(包括齿轮箱)/in(m)	110(2.793)
总增压比	12.5	高度/in(m)	46(1.167)
空气流量/(lb·s^{-1}(kg·s^{-1}))	26.2(11.9)	干重(包括齿轮箱)/lb(kg)	1145(520)
巡航耗油率/(lb·h^{-1}·shp^{-1}(kg·h^{-1}·kW^{-1}))	0.50(0.304)	齿轮箱传动比	13.4∶1

结构与系统

压气机	14 级轴流式压气机,转子采用钛合金和铬镍铁合金材料
燃烧室	环形燃烧室,带 12 个双油路喷嘴
燃气发生器涡轮	2 级轴流式燃气发生器涡轮
动力涡轮	2 级轴流式动力涡轮
尾喷管	固定面积喷管
控制系统	机械-液压式控制系统

应用

发动机型号	装机对象	获得适航证时间
CT64－820－4	DHC－5D	1974

2. CT7

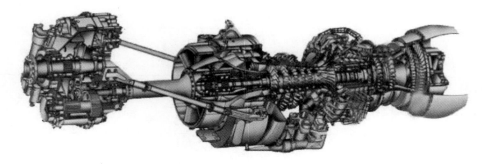

CT7

从 1979 年 7 月起,GE 开始以 T700 为基础研制 CT7 发动机,1983 年 9 月取得型号与生产合格证。CT7 的核心机与 T700 的相同,从涡轴改成涡桨,结构上的改进主要有,CT7 采用了简化的粒子分离器,增设了在低功率时照常给座舱提供高压空气的放气口,起动与排气系统也进行了改进。CT7 的减速器是一种结构简单、质量轻的组合式惰轮系统。CT7－5 是用于初始台架和部件试验和验证的 CT7－2 涡轴发动机的第一个改型系列发动机,目前已停产。CT7－7 是 CT7－5A 的改型。CT7－9 是目前 CT7 系列发动机中功率最大的发动机,CT7－9/9D 的改进包括减速器、新的进口导流叶片、1～2 级轴流式压气机导流叶片、第 1 与第 3 级压气机叶盘结构。

技术参数

发动机型号	CT7－5	CT7－7/CT7－9	CT7－9D
起飞功率/hp(kW)	1735(1293.8)	1700/1750 (1267.7/1305)	1750(1305)
保持功率不变的最高温度/℃	30	40	31
总增压比	17	17	17
空气流量/(lb・s^{-1}(kg・s^{-1}))	10(4.54)	10(4.54)	10(4.54)
耗油率/(lb・h^{-1}・shp^{-1}(kg・h^{-1}・kW^{-1}))	0.476(0.299)	0.471(0.287)	0.455(0.277)
最大宽度/in(m)	25(0.64)	25(0.64)	26(0.66)
长度(包括齿轮箱)/in(m)	96(2.44)	96(2.44)	96(2.44)
干重(包括齿轮箱)/lb(kg)	783(356.3)	783(356.3)	805(366.3)
齿轮箱传动比	15.9∶1	15.9∶1	15.9∶1

结构与系统

进气装置	环形进气道,带防冰分离器,整体离心式粒子分离器
压气机	5 级轴流加 1 级离心组合式压气机
燃烧室	全环形燃烧室
燃气发生器涡轮	2 级燃气发生器涡轮,最高功率时转速可达 44720r/min
动力涡轮	2 级动力涡轮,叶尖带冠
控制系统	带电子备份的机械-液压式燃油控制系统

应用

发动机型号	CT7 - 5	CT7 - 7/CT7 - 9	CT7 - 9D
装机对象	CN - 235 SF - 340	CN - 235 SF - 340	CN - 235 - 300
获得适航证时间	1983.8	1983.6/1986.6	1998.7
备注	整体离心式粒子分离器		

四、霍尼韦尔公司民用涡桨发动机

TPE331

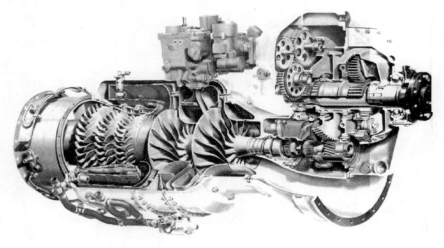

TPE331 - 3

TPE331 是美国加雷特公司(现在的霍尼韦尔公司)研制的小型单转子涡桨发动机,是该公司第一台作为主推进动力的飞机发动机,主要用于双发公务机、支线客机和军用无人机。TPE331 涡桨发动机是由最初的 TSE331 涡轴型添加减速齿轮后得到的。该发动机于 1965

年初取得适航证,配装该发动机的飞机也于同年投入生产并投放市场。

到 2011 年初,TPE331 发动机交付已超过 13250 台,飞行时数接近 $1.18 \times 10^9\,\mathrm{h}$,而且仍在服役的发动机有 11563 台。

技术参数

发动机型号	TPE331 – 3	TPE331 – 15AW
起飞功率/hp(kW)	840(626)	1645(1227)
最大巡航功率/hp(kW)	710(530)	
起飞耗油率/(lb·h^{-1}·shp^{-1}(kg·h^{-1}·kW^{-1}))	0.590(0.359)	0.502(0.305)
功重比/(kW·kg^{-1})	3.91	4.35
总增压比	10.37	11.0
空气流量/(lb·s^{-1}(kg·s^{-1}))	7.8(3.54)	11.6(5.26)
宽度/in(m)	21(0.533)	21(0.533)
高度/in(m)	26(0.660)	26(0.660)
干重/lb(kg)	353(160)	622(282.1)

结构与系统(除 TPE331 – 14/15 之外的型号)

进气装置	漏斗形进气口在螺旋桨中心线下方,从压气机抽热气防冰
压气机	2 级离心式压气机,钛合金材料
燃烧室	环形燃烧室,采用高温合金
涡轮	3 级轴流式涡轮,整体叶盘
功率输出装置	2 级减速齿轮,第 1 级为正齿轮,第 2 级为行星齿轮
控制系统	帮迪克斯或伍德沃德公司的机械-液压式控制系统
滑油系统	中压干油泵

应用

派生型	装机对象	获得适航证时间
TPE331 – 1	三菱重工 MU – 2F/2G,费尔柴尔德 AU – 23A,CJ600,""梅林"Ⅱ B, Fletcher 1284, S2R – G1,湾流 Turbo Ag – Cat D, Weatherly 620 – BTG	1967.12
TPE331 – 2	肖特"空中货车",CASA 212,McKinnon Turbo Goose,DHC – 2 Turbo Beaver	1967.12
TPE331 – 3	"梅林"Ⅲ/Ⅳ,Metro,FMA IA 58,C – 10A	1969.3
TPE331 – 5	MU – 2,CASA 212,"梅林"Ⅱ B,肖特"空中货车",多尼尔 228,湾流 Commander690/840/900	1970.5
TPE331 – 6	比奇"空中国王"B100,画眉鸟公司"涡轮画眉鸟"	1973

续 表

派生型	装机对象	获得适航证时间
TPE331 – 8	赛斯纳"征服"Ⅱ	1976.11
TPE331 – 9	赛斯纳"征服"	
TPE331 – 10	湾流 Commander980/1000,多尼尔 228,赛斯纳 Dash – 10"征服",CASA 212 – 200/300,"涡轮画眉鸟"S2R – G10	1978.1
TPE331 – 10U	"喷气流"31,"梅林"ⅢB/ⅢC/300	
TPE331 – 11U	"梅林"ⅣC,Metro Ⅲ/23,IA 66	1979
TPE331 – 12B – 701A	肖特 S312	
TPE331 – 12B – 701B	CASA C212 – 400	
TPE331 – 12U	CASA C212 – 400,"超级喷气流"31	1984.12
TPE331 – 14UA/UB	费尔柴尔德"梅林"400,Metro Ⅴ 和Ⅵ	1984.4
TPE331 – 15AW	诺斯罗普·格鲁门 S-2	
TPE331 – 25	PZL 梅莱茨公司"单峰骆驼"	
TPE331 – 43/47/55/61/71	三菱重工 MU – 2,Turbo18,Turboliner,Volpar	

五、俄罗斯民用涡桨/桨扇发动机

1. TV7 – 117

TV7 – 117S

TV7－117SM

　　TV7－117（TB7－117）发动机是克里莫夫股份公司研制的第三代涡轮螺旋桨发动机,该发动机新的单元体核心机采用先进的技术和材料,其核心机被认为是未来各种涡轮喷气发动机和涡轮轴发动机的基础。

　　TV7－117S（TB7－117S）涡桨发动机由俄罗斯克里莫夫股份公司研制,在 2 架伊尔-76飞机和伊尔-114 原型机上进行了飞行试验。1997 年获得独立联合体适航证,批生产在俄罗斯鄂木斯克发动机设计局股份公司进行。2004 年该发动机的翻修间隔时间为 1500h,寿命为6000h。有望延长寿命至 20000h 时,翻修间隔时间达到 6000h。

　　TV7－117SM 由克里莫夫股份公司在 2006 年范堡罗航展上正式宣布,并作为投放俄罗斯市场的伊尔-114 飞机的标准发动机,2002 年取得适航证,2005 年 5 月首次在伊尔-114 上应用。

　　TV7－117S 系列 2 发动机是克里莫夫股份公司专为伊尔-114 飞机研制的涡轮螺旋桨发动机。该发动机的应用目标还有伊尔-112、米格-110 的未来型和其他计划中的飞机。

技术参数

发动机型号	TV7－117S	TV7－117SM
国际标准大气海平面		
轴功率/hp(kW)	2466(1839)	2800(2088)
总增压比	16	16
空气流量/(lb · s^{-1}(kg · s^{-1}))	17.53(7.95)	17.53(7.95)
应急状态下最大值(单发停车)		
轴功率/hp(kW)	3500(2600)	3500(2600)
最大连续(H＝6000m,v＝500km/h)		
功率/hp(kW)	1800(1342)	1800(1342)
耗油率/(lb · h^{-1} · shp^{-1}(kg · h^{-1} · kW^{-1}))	0.397(0.241)	0.397(0.241)

续 表

尺寸

长度/in(m)	84.09(2.136)	84.37(2.143)
宽度/in(m)	37.0(0.94)	37.0(0.94)
高度/in(m)	35.04(0.89)	35.04(0.89)
质量/lb(kg)	1168(530)	1124(510)

结构与系统

进气装置	环形冲压式进气道,带可调进口导流叶片
压气机	5级轴流加1级离心组合式压气机
燃烧室	回流式环形燃烧室
燃气发生器涡轮	2级轴流式燃气发生器涡轮,叶片带冷却
动力涡轮	2级轴流式动力涡轮
输出轴	行星齿轮式减速器位于进口中心线上,采用了新的齿形轮廓和防振衬板
控制系统	全权限数字式发动机电子控制系统,在地面和飞行中可自动控制。TV7-117SM安装BARK-65型控制系统与监视系统
起动系统	空气涡轮起动机

应用

派生型	装机对象	获得适航证时间	投入使用时间
TV7-117S	伊尔-114,T-274,图-130,图-136	1997	
TV7-117SM	伊尔-114	2002	2005.5
TV7-117ST	伊尔-112VT		
TV7-117S系列2	伊尔-114,伊尔-112,米格-110		
TVD-117E	Raketa 2.2 地效飞行器		
TV7-117M	T-710,OV-10		

2. TVD-20

TVD-20(ТВД-20)是由苏联格鲁申科夫设计局(现俄罗斯鄂木斯克"火星"航空发动机设计局)在 TVD-10 涡轮螺旋桨发动机基础上研制的自由涡轮式涡轮螺旋桨发动机。其核心机是 TVD-10 的改型,增加了零级压气机和第2级自由涡轮。

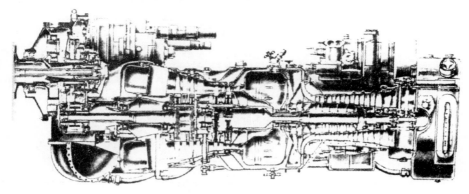

TVD - 20

技术参数

发动机型号	TVD - 20	TVD - 20M
起飞功率/shp(kW)	1450(1081)	1430(1066)
最大连续功率/shp(kW)	1400(1044)	1375(1025)
起飞耗油率/(lb·h^{-1}·shp^{-1}(kg·h^{-1}·kW^{-1}))	0.485(0.295)	0.540(0.328)
功重比/(kW·kg^{-1})	4.50	3.74
总增压比	9.0	9.0
空气流量/(lb·s^{-1}(kg·s^{-1}))		13.23(6.0)
长度/in(m)	74.8(1.9)	69.7(1.77)
宽度/in(m)	33.46(0.85)	33.27(0.845)
高度/in(m)	31.5(0.80)	33.46(0.85)
干重/lb(kg)	529(240)	628.3(285)

结构与系统

进气装置	无进口导流叶片
压气机	7 级轴流式加 1 级离心组合式压气机, TVD-20M 采用 2 级离心式压气机
燃烧室	短环形燃烧室
燃气发生器涡轮	2 级轴流式燃气发生器涡轮
动力涡轮	2 级轴流式动力涡轮
输出	主轴由花键与自由涡轮轴相连,经输入小齿轮到两级行星减速器,以 1700r/min 的转速驱动螺旋桨
减速器	主齿轮箱安装在发动机前面的螺旋桨齿轮箱后表面,带动一个 16kW 的发电机。另一个齿轮箱位于后面,通过 12 点钟位置的塔轴带动燃油泵和滑油泵,还有 1 台测速发动机,并带动除尘和喷雾设备
起动系统	1 台或 2 台 27V 电起动机

应用

派生型	国际标准大气海平面功率/kW	装机对象
TVD-20	1081	安-3, NIAT 2.5ST
TVD-20-01		安-3
TVD-20M	1066	T-101V, M-102
TVD-20-03	1066	安-38

3. TVD-1500

TVD-1500

　　TVD-1500(ТВД-1500)系列涡轴、涡桨和涡扇发动机是俄罗斯雷宾斯克发动机制造设计局在共用核心机基础上研制的。其设计特点是采用最少量的零件、先进材料(新的钛合金、高温合金和复合材料)、全权限数字式电子控制系统和单元体结构。

　　其中,TVD-1500B是涡桨型,TVD-1500A/S/V都是涡轴型。

技术参数

发动机型号	TVD-1500B	TVD-1500V(RD-600V)
起飞功率/shp(kW)	1300(970)	1282(956)
巡航功率/shp(kW)	750(559)(H=7500m,Ma=0.65)	1000(746)
巡航耗油率/(lb・h^{-1}・shp^{-1})(kg・h^{-1}・kW^{-1}))	0.507(0.308)	0.4955(0.301)
功重比 kW/kg	4.042	4.345
总增压比	14.4	12.7
空气流量/(lb・s^{-1}(kg・s^{-1}))	8.8(4.0)	8.8(4.0)
长度/in(m)	77.4(1.965)(涡桨,前输出)	49.2(1.25)
宽度/in(m)	24.4(0.62)	24.4(0.62)
高度/in(m)	29.9(0.76)(涡桨,前输出)	
干重/kg	529(240)	485(220)

结构与系统

进气装置	环形进气口位于发动机后部
压气机	3级轴流式加1级离心组合式压气机
燃烧室	回流式环形燃烧室。能使用多种燃油
燃气发生器涡轮	2级轴流式燃气发生器涡轮,采用实心单晶转子叶片
动力涡轮	2级轴流式动力涡轮,第1级采用定向结晶叶片。前输出轴
减速器	涡桨型用2级正齿轮后加1级行星齿轮减速器

应用

派生型	国际标准大气海平面功率/kW	装机对象	投入使用时间
TVD-1500B	970	安-38,M-102/112,别-32K,S-80	
TVD-1500S	969	安-102	
TVD-1500V	956	V-62,卡-52	1998.12

4. VK - 1500

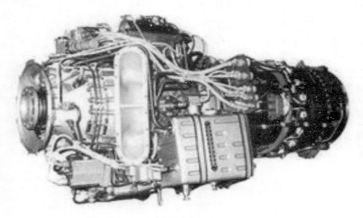

VK - 1500

VK - 1500（BK - 1500）是克里莫夫股份公司与乌克兰斯奇发动机公司从 1999 年开始为 30 座级以下飞机研制的新型涡轮螺旋桨发动机,是 TV3 - 117 系列分阶段的降功率型产品,用于安 - 38、安 - 3、别 - 32 和别 - 132 等飞机。VK - 1500 以 TV3 - 117VMA 的燃气发生器为基础,采用新的侧面进气道,自由涡轮轴穿过核心机轴与前面的主减速器连接,采用先进的设计和制造技术,同时应用了现代化的控制和监视系统,使发动机的性能好、可靠性高、寿命长,污染和烟尘排放低于国际民航组织的标准。

技术参数

起飞功率/shp(kW)	1500(1118)	空气流量/(lb·s^{-1}(kg·s^{-1}))	16.09(7.3)
巡航功率(H=3000m,v=400km/h)/shp(kW)	1050(783)	宽度/in(m)	27.87(0.708)
起飞耗油率/(lb·h^{-1}·shp^{-1}(kg·h^{-1}·kW^{-1}))	0.507(0.308)	高度/in(m)	33.35(0.847)
巡航耗油率/(lb·h^{-1}·shp^{-1}(kg·h^{-1}·kW^{-1}))	0.507(0.308)	长度/in(m)	67.48(1.714)
功重比/(kW·kg^{-1})	3.29	干重/lb(kg)	749.6(340)
总增压比	7.4		

结构与系统

进气装置	侧面对称垂直安装的半矩形进气道
压气机	10 级轴流式(TV3 - 117 为 13 级),前两级压气机和压气机轴重新设计
燃烧室	参照 VK - 2500 按比例全新设计
燃气发生器涡轮	涡轮进口温度降低到 914℃
动力涡轮	涡轮螺旋桨型沿发动机轴线前输出,涡轮轴型向后输出
控制系统	全权限数字式发动机电子控制系统

应用

派生型	装机对象
VK‑1500	安‑38,安‑3,别‑32 和别‑132 等飞机
VK‑1500V	卡‑60,卡‑62,米‑8

5. NK‑12M

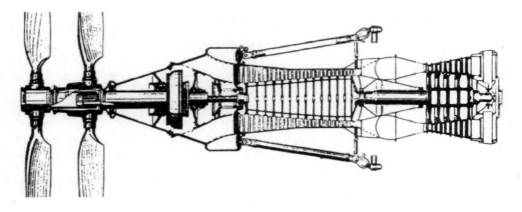

NK‑12M

　　NK‑12M(HK‑12M)发动机是在苏联库兹涅佐夫领导下和一些德国工程师在古比雪夫设计局(现国营萨马拉库兹涅佐夫股份公司)设计的一种军民两用固定涡轮式单转子涡桨发动机。该发动机于 1952 年 10 月首次进行试验,1954 年 12 月底顺利完成 100h 的国家鉴定试验,1955 年 2 月配装在图‑95 第 2 架原型机上进行了首飞,随后开始批量生产。

技术参数

发动机型号	NK‑12M	NK‑12MV
起飞功率/shp(kW)	14785(11025)	14785(11025)
巡航功率($H=11$km, $Ma=0.68$)/(lb·h^{-1}·shp^{-1}(kg·h^{-1}·kW^{-1}))	6407(4778)	6407(4778)
起飞耗油率/(lb·h^{-1}·shp^{-1}(kg·h^{-1}·kW^{-1}))	0.463(0.282)	0.463(0.282)
巡航耗油率($H=11$km, $Ma=0.68$)/(lb·h^{-1}·shp^{-1}(kg·h^{-1}·kW^{-1}))	0.348(0.212)	0.355(0.216)
功重比/(kW·kg^{-1})	3.80	3.60
总增压比		9.7
空气流量/(lb·s^{-1}(kg·s^{-1}))		123(55.8)
涡轮进口温度/℃		1060
长度/in(m)	188.4(4.785)	190.23(4.832)
直径/in(m)	46.85(1.190)	46.85(1.190)
干重/lb(kg)	6393(2900)	6757(3065)

结构与系统

进气装置	铝合金铸造,环形进气口,进口导流叶片可调
减速器	2 个 4 叶对转螺桨。通过复式齿轮与压气机轴相连,减速比为 0.0909
压气机	14 级轴流式压气机
燃烧室	环管形燃烧室,头部有一圈 12 个火焰筒,下游带 24 个气动雾化喷嘴
涡轮	5 级轴流式涡轮
尾喷管	扩张型喷管,通过 6 个径向支板与后主轴承连接
起动系统	自动起动循环系统,燃气涡轮起动机为电起动
控制系统	机械-液压式控制系统,单杆操纵

应用

派生型	国际标准大气海平面功率/kW	装机对象	获得适航证时间	投入使用时间
NK‑12M	11025	图‑95M	1956.6	
NK‑12MV	11025	图‑95,图‑114,图‑116,图‑142	1958.9	1960
NK‑12MA	11025	安‑22	1965.7	1966
NK‑12MP	11025	图‑95MS,图‑142	1979.9	
NK‑12MK	11025	Orlyonok 系列	1974.10	

6. NK‑93

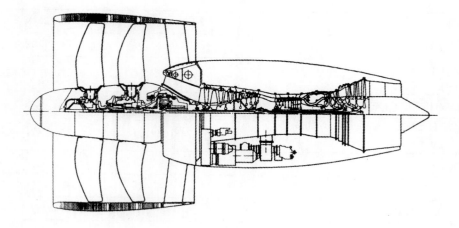

NK‑93

　　NK‑93(HK‑93)是苏联库兹涅佐夫公司(现俄罗斯萨马拉"劳动"科研生产联合体)于 20 世纪 80 年代中期研制的当时世界上最大的桨扇发动机。其三转子齿轮传动对转涵道桨扇方案是在中央航空流体力学研究院、中央航空发动机研究院与一些飞机设计局的参与下,对燃油效率、起飞推力级和发动机在飞机上的布局等进行了大量研究的基础上提出来的。

1985 年开始设计 NK-93 发动机的核心机,1989 年首台原型机试验。2006 年和 2008 年两度装在伊尔-76 飞行试验台上试飞,并于 2008 年初完成 90% 的科研与试验工作。

技术参数

国际标准大气海平面		尺寸	
额定推力/lbf(kN)	39683(176.5)	长度/in(m)	235(5.972)
总增压比	28.85	进气口直径/in(m)	57.28(1.455)
耗油率/(lb·h^{-1}·lbf^{-1}) (kg·h^{-1}·daN^{-1}))	0.23(0.235)	桨扇直径/in(m)	114.2(2.900)
巡航(H=11000m,Ma=0.75)		干重/lb(kg)	8047(3650)
额定推力/lbf(kN)	7055(31.38)		
总增压比	37.0		
耗油率/(lb·h^{-1}·lbf^{-1}) (kg·h^{-1}·daN^{-1}))	0.49(0.500)		
涵道比	16.6		
空气流量/(lb·s^{-1}(kg·s^{-1}))	2171.67(985)		
涡轮进口温度/℃	1247		

结构与系统

桨扇	2 级桨扇,对转。前面级 8 个桨叶,吸收 40% 功率,后面级 10 个桨叶,吸收 60% 功率
功率输出装置	行星式齿轮箱,设计巡航速度为 850km/h,使用寿命为 20000h
压气机	7 级低压压气机,钛轮盘和叶片;8 级高压压气机,前 5 级为钛,后 3 级为钢
燃烧室	全环形燃烧室,带蒸发式喷嘴
高压涡轮	1 级高压涡轮
中压涡轮	1 级中压涡轮,传动低压压气机
低压涡轮	3 级低压涡轮,传动桨扇齿轮箱

应用

发动机型号	装机对象	首台发动机运行
NK-93	伊尔-96M,图-204	1991.8

六、乌克兰民用桨扇发动机

D-27

乌克兰扎波罗日"伊甫琴科-进步"机械制造设计局于 20 世纪 80 年代中期对中等运输机及其发动机进行了充分调研后开始 D-27(Д-27)发动机的设计工作。该设计局与航空研究院的发动机和螺旋桨设计人员共同进行该发动机的研究和设计。

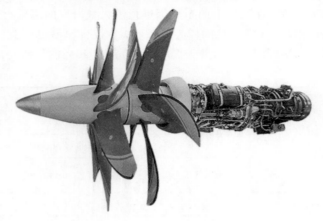

D-27

1988 年,D-27 桨扇发动机进行了首次核心机试验。1992 年开始整机试验,此后投入研制试验的 D-27 发动机有 16 台。D-27 发动机台架试验时还进行了加速模拟试验,减少了大量的试验时间。1994 年 12 月,配装 4 台 D-27 的首架安-70 飞机首飞。1998 年 8 月,配装 D-27 的安-70 飞机交付俄罗斯空军。

技术参数

起飞功率/shp(kW)		14000(10440)
最大巡航功率($H=11000$m,$Ma=0.7$)/shp(kW)		6750(5033)
最大起飞推力/lbf(kN)		26785(119.1)
起飞耗油率/(lb·h^{-1}·shp^{-1}(kg·h^{-1}·kW^{-1}))		0.3748(0.228)
巡航耗油率/(lb·h^{-1}·shp^{-1}(kg·h^{-1}·kW^{-1}))		0.2866(0.174)
功重比/(kW·kg^{-1})		4.63
空气流量/(lb·s^{-1}(kg·s^{-1}))		60.41(27.4)
长度(包括桨扇)/in(m)		165.3(4.1985)
宽度/in(m)		49.57(1.259)
高度/in(m)		53.94(1.370)
桨扇直径/in(m)		177(4.50)
干重/lb(kg)	带桨扇	5071(2300)
	不带桨扇	3638(1650)

结构与系统

桨扇	两排对转的 SV - 27 桨扇,由 Aerosila 公司研制,直径为 4.5m
低压压气机	5 级轴流式低压压气机
高压压气机	2 级轴流加 1 级离心组合式压气机
燃烧室	环形燃烧室,火焰筒头部径向向外偏斜,呈倒锥状
高压涡轮	单级轴流式高压涡轮,带气冷单晶叶片
低压涡轮	单级轴流式低压涡轮
自由涡轮	4 级轴流式自由涡轮,通过长套轴传动两级行星减速器。减速器有对转输出轴。带推力计
尾喷管	固定面积喷口。喷管向下倾斜
控制系统	双余度双通道的全权限数字式发动机电子控制系统

应用

发动机型号	装机对象
D - 27	安 - 70,安 - 70T,安 - 180,别 - 42 等其他客机和货机

七、其他公司民用涡桨发动机

H80

H80

　　H80 小型自由涡轮式涡桨发动机是在 GE 航空捷克公司商标下制造的首个新型发动机,从 M601 发展而来。GE 在两级整体叶盘轴流式压气机级中引入了三维设计与新的空气动力设计。燃烧室火焰筒出口导流叶片中使用了新材料。

技术参数

起飞功率/shp(kW)	800(596)	长度(包括齿轮箱)/in(m)	66.00(1.67)
巡航耗油率/(lb・h^{-1}・ehp^{-2} (kg・h^{-1}・kW^{-1}))	0.585(0.356)	干重/lb(kg)	390(177)
最大宽度/in(m)	22.00(0.56)		

结构与系统

进气装置	环形进气口,回流式
压气机	2级轴流式压气机,钛合金整体叶盘,1级离心式压气机
燃烧室	环形燃烧室,旋转燃油注射
燃气发生器涡轮	1级燃气发生器涡轮,非冷却叶片
动力涡轮	1级自由涡轮,与M601相同
起动系统	电动起动机/发电机
控制系统	机械-液压式控制系统
滑油系统	整体式滑油箱、油滤和压力泵

应用

发动机型号	国际标准大气海平面轴功率/kW	装机对象	获得适航证时间	投入使用时间
H80	596	"画眉510"农用飞机 L410-UVP-E20通勤飞机	2011	2010.12 首飞

附录 国外航空发动机公司一览表

Aero-engine Scientific and Technical Complex "SOYUZ"	俄罗斯"联盟"航空发动机科学技术联合体开放式股份公司
Alison	美国艾利逊公司(1995年被罗·罗公司收购)
Aviadvigatel OJSC	俄罗斯彼尔姆航空发动机开发式股份公司
Central Institute of Aviation Motors(CIAM);	俄罗斯中央航空发动机研究院
CFM/CFMI	国际CFM公司
Federal State Unitary Enterprise MMPP "Salute"	俄罗斯"礼炮"燃气轮机科研生产中心
Fiat	意大利菲亚特公司
Fiat-Avio	菲亚特-艾维欧公司
GE	美国通用电气公司
GE-Honda	GE-本田航空发动机公司
GTRE	印度燃气涡轮研究院
HAL	印度斯坦航空有限公司
Hamiltion Sundstrand Company	美国汉胜公司
Honeywell	美国霍尼韦尔公司
IAE	国际航空发动机公司
IHI	日本石川岛播磨重工业股份公司
JAEC	日本航空发动机公司
Klimov	俄罗斯克里莫夫科研生产联合公司
Machine-Building Design Bureau "GRANIT"	俄罗斯"花岗石"机械制造设计局
MHI	日本三菱重工业股份公司
Motor Sich	乌克兰斯奇发动机股份公司
MTU	德国慕尼黑发动机和涡轮联合有限公司
ND Kuznetsov Scientific and Technical Complex	俄罗斯库兹涅佐夫科学技术联合体
NPO Saturn JSC	俄罗斯"土星"科研生产联合体股份公司
Omsk Aircraft Engine Design Bureau "Mars"	俄罗斯鄂木斯克"火星"航空发动机设计局
Omsk Engine Design Bureau(OEDB)	俄罗斯鄂木斯克发动机设计局
Pratt & Whitney; P&W	美国普拉特·惠特尼公司;普·惠公司
PW&C	普·惠加拿大公司

续表

PZL Rzeszow	波兰航空集团热舒夫公司
Rolls-Royce PLS;R·R	英国罗尔斯·罗伊斯公司;罗·罗公司
SNECMA	法国斯奈克玛公司
Turbomeca	法国透博梅卡公司
Ufa Engine Industrial Association	俄罗斯乌法发动机工业联合体股份公司
Volvo Aero Corporation	瑞典沃尔沃航空公司
Williams International	美国威廉姆斯国际公司
Zaporozhye Ivchencnko-Progress Machine-Building Design Bureau Progress/ZMKB	乌克兰扎波罗日"伊甫琴科-进步"机械制造设计局